図説
わかる環境工学

渡辺信久・岸本直之・石垣智基 編著

学芸出版社

はじめに

　環境工学の入門書は数多くあります。どれもひととおりの「環境分野の社会常識」を身につけるのに適した構成になっています。たしかに、どんな分野でも、入門の段階では、知識を頭に詰め込まなければならないので、まずは、知識の獲得が大切です。本書でも、まずは入門者がこの分野になじみを持つように、解説をつけながら、専門用語を盛り込みました。最初は、「詰め込み」を楽しんでください。

　しかし工学は、知識を身につけることが目的なのではなくて、その「知識の使い方」を身につけてこそ、目標に到達したことになります。昨今、「大学の教育力」が問われていますが、これは教育の内容が「知識の使い方」にまで至っていないことに原因があります。この認識に基づけば、本書は「知識の使い方」を例示する義務を負うことになり、本書の執筆にあたっては、例題を設けて「課題と解決」の構図をとるように工夫しました。

　一方、今日、わが国の大学で「環境工学分野」の授業科目として教えられている内容は、現代的な問題としての環境問題と少々ずれているように思います。これは、時代とともに、中身の変革が求められているということです。実際、著者らが学生時代に受けた教育は、水や排ガスの処理を中心としたものでした。一方で、化学物質による健康リスクなどは、刻々と評価が変わる最先端分野ですから、授業科目にはなじまないものと思われてきたのです。しかし現在、これらの最新の問題は、環境工学の守備範囲として見なされています。いまでも、確立された学問分野であるとは言い難いですが、本書は、最新の問題への足がかりを提供しているつもりです。

　新しい事項は、いささか、トピック的な内容になりがちです。すなわち、今日の環境工学分野が抱える問題「キーワードは知っているけれど、中身が薄い」の原因は、大学教員が新規の研究に夢中になるあまり、基礎部分の教育がおろそかになる点にあります。また、あまり大きな声では言えませんが、基礎部分の素養が十分でない教員が増えたことも、遠因です。そこで著者らは、もう一つのこだわり「環境工学の学理とも言うべき内容が必要」から、本書の第7章、第8章に、「環境システム解析の基礎」と「熱力学的方法」を著しました。これらの内容は、いつの時代にも、環境工学分野の技術者が修めておくべきものです。

　本書を作成するにあたって、ご尽力いただいた学芸出版社 井口夏実氏に謝意を表します。学者仲間が集まって、専門馬鹿の自己満足で作る本では、入門者に受け入れられるはずもなく、素人的でありながら高い社会常識を備えた氏の素朴な質問が、本書を教科書たるものに仕上げるのに、必要不可欠であったことは言うまでもありません。

2008 年 10 月
渡辺信久
岸本直之
石垣智基

もくじ

1 水の利用と循環を理解する　5
- 1・1　資源としての水　6
- 1・2　水中での物質の変化　8
- 1・3　水の汚れと富栄養化　10
- 1・4　水の利用・再生システム　13
- 1・5　高度処理技術　32

2 大気汚染物質を制御する　39
- 2・1　物質が燃えること―燃えて発生するガスと大気汚染　40
- 2・2　大気汚染防止対策　46
- 2・3　固形物の燃焼形態と装置　53
- 2・4　大気汚染を防止する技術 ―(1) 集じん技術　56
- 2・5　大気汚染を防止する技術 ―(2) 汚染物質の除去技術　60

3 廃棄物を適正処理から資源循環へ導く　65
- 3・1　廃棄物対策の歴史　66
- 3・2　廃棄物処理の基本事項　68
- 3・3　廃棄物の解体・破砕 ― 適正処理と資源化の第一段階　70
- 3・4　廃棄物と資源の選別プロセス　74
- 3・5　ごみの熱処理　77
- 3・6　熱利用という名の資源化 ― サーマルリサイクル　82
- 3・7　プラスチックリサイクル　84
- 3・8　バイオマス廃棄物のリサイクル　87
- 3・9　廃棄物の最終処分（埋立処分）　89

4 環境化学物質の環境運命を予測する　93
- 4・1　化学物質の規制　94
- 4・2　コンパートメントモデル　96
- 4・3　分配係数と濃度　99
- 4・4　分解と相間移動　103
- 4・5　モデルの線形性　107

5 リスクを考える ― 比較と受容　109
- 5・1　リスクの大きさの表現方法　110
- 5・2　リスク係数の使用　114
- 5・3　天然起源のリスク　116

6 ✻ エネルギーをマクロにとらえる　123
　　6・1　熱工学の基礎　124
　　6・2　燃焼エネルギー　126
　　6・3　熱エネルギーと動力エネルギーの変換　130
　　6・4　エネルギーの持続可能性　133

|資料編|

7 ✻ 環境システム解析の基礎　137
　　7・1　物質収支の考え方　138
　　7・2　環境システム解析法とその応用　142
　　7・3　物質の移動—移流と拡散　152
　　7・4　物質の生成・消失—生成項　157

8 ✻ 熱力学的方法　167
　　8・1　環境分野の熱力学とは　168
　　8・2　pHの計算方法　170
　　8・3　金属水酸化物の沈殿と溶解　175
　　8・4　雰囲気の概念　179
　　8・5　データの入手方法　184

索　引　190

単位表記について

　本書では、単位表記に際して、近年広まってきている「/（スラッシュ）を使わず、べき乗で表現する方法」に統一しています。たとえば、1Lの水に3mgの物質が含まれる場合は、3 mg/Lではなく、3 mg L^{-1} と表記しています。この、べき乗で表現する方法が広まってきている理由は、もう少し複雑な単位のときに、誤解が生じないようにするためです。

　たとえば、気体定数 $R = 8.31$ J mol^{-1} K^{-1} を、スラッシュを用いる方法で表記すると、J/mol/K あるいは J/(mol K) のどちらでも良いことになります。しかし、前者はスラッシュが2つ以上重なり、後者は単位の中に（ ）を含めなければならないという変則的なことが起こります。しかし、すべてをべき乗で表現すれば、J mol^{-1} K^{-1} の1通りの方法で、表現することができます（詳しくはp.169）。

　さて、流束（フラックス）についてはどうでしょう。1平方メートル（m^2）の面を1秒間（s）に2モル（mol）の物質が通過するとき、流束 J はつぎのどれになりますか？

1　$J = 2$ mol m^{-2} s^{-1}、　2　$J = 2$ mol^{-1} m^2 s、　3　$J = \frac{1}{2}$ mol m^{-2} s、　4　$J = \frac{1}{2}$ mol^{-1} m^2 s^{-1}

答えは1です（詳しくはp.152）。

1 水の利用と循環を理解する

　水は言うまでもなく、生命維持に不可欠な物質です。人間を含め、すべての生物は水無しには生きていけません。私たちは自然界を循環する水の一部を利用することにより便利な社会生活を営んでいます。水を利用すると水は汚れます。世界の人口増加に伴い、人が汚した水が環境に与える負荷は無視できないほど大きなものとなっています。人間も地球生態系の構成員であることを認識し、環境への負荷を極力抑える水利用システムを構築しなければなりません。

　人間社会における水利用は自然界からの取水に始まり、下水を処理し、自然界に処理水を還流することで終わります。これは自然界での水循環とは異なる人工的な水循環システムであると捉えることができます。本章では、水資源の現況および水処理技術を理解するための基礎知識を学んだ後、人工水循環系を構成する水利用・再生システムについて学習します。

1・1 資源としての水

▶ 1章　水の利用と循環を理解する

*1　年間降水量が過去10年間の平均降水量に等しくなるような年のこと

　地球は水の惑星とも呼ばれ、地球の表面の約70%は水面です。成人体重の約60%が水分であり、最初の生命が海で生まれたことを考えれば、水は生命にとって不可欠であることが分かります。地球上には約13.86億 km^3 という途方もない水が存在しています（図1・1）。しかし、その多くは海水であり、淡水は約0.35億 km^3、割合にして2.5%程度しかありません。しかも淡水の多くは南極や氷河の氷として存在し、陸上生物が利用できる地表水は0.01%だけです。この極わずかな淡水に依存して陸上生物や淡水生物は生命を営んでいるのです。

　現在、世界人口の約1/3が水不足に直面しており、このままで行けば、2025年には世界人口の2/3が水不足に直面すると予測されています[*2]。ここで世界各国の降水量について見てみましょう（表1・1）。日本の降水量は世界平均の2倍近い1,718 mm y^{-1}もあり、比較的多雨地帯にあると言えます。しかし、人口1人当たりの降水量を見ると世界平均の1/3程度しかありません。砂漠地帯にあるサウジアラビアと同程度です。このように日本は必ずしも水資源が豊富にあるわけではなく、貴重な水資源の保全を継続的に進めていく必要があります。

　日本における平水年[*1]の水収支を図1・2に示します。約6,500億 m^3 の降水のうち地表から2,300億 m^3 が蒸発するため、4,200億 m^3 が利用可能な水資源となります。地表水から約731億 m^3、地下水から104億 m^3 を取水し、生活用水、工業用水、農業用水として利用しています。工業用水の一部と生活用水の一部は下水処理場で処理され、汚濁物質を取り除いた後、自然界へ戻されます。なお、日本は多くの食料を輸入に頼って

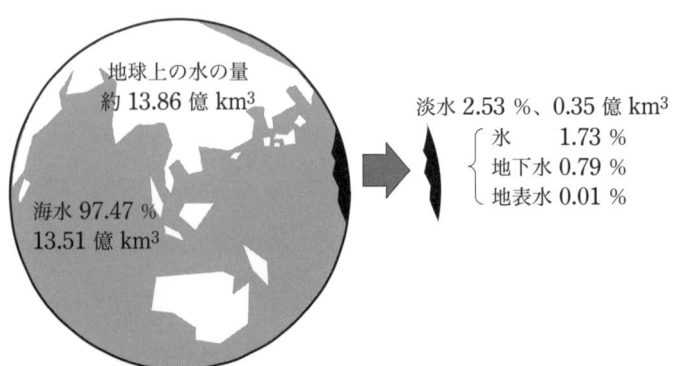

図1・1　地球の水の存在量（出典：文1）

表 1·1　世界の降水量（出典：文 1）

国名	人口 (万人)	面積 (千 km²)	年降水量 (mm y^{-1})	年降水総量 (km³ y^{-1})	人口1人当り降水総量 (m³ y^{-1} person^{-1})
インドネシア	22,531	1,905	2,702	5,146	22,840
フィリピン	8,281	300	2,348	704	8,506
日　　　本	12,692	378	1,718	649	5,114
タ　　　イ	6,408	513	1,622	832	12,988
イタリア	5,725	301	832	251	4,379
U．S．A	30,004	9,373	715	6,885	22,946
フランス	6,071	552	867	478	7,876
オーストラリア	2,009	7,687	534	4,134	205,744
クウェート	267	18	121	2	807
サウジアラビア	2,563	2,150	59	127	4,949
エジプト	7,488	1,001	51	51	682
世 界 平 均	645,555	133,972	807	108,179	16,758

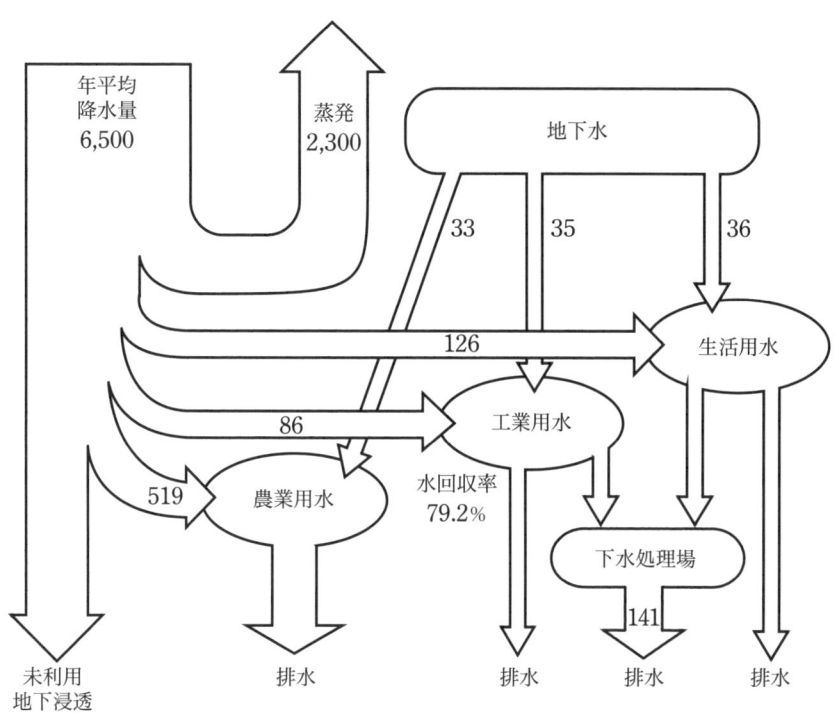

図 1·2　平水年の日本の水収支（出典：文 1）

　います。食料の生産には多量の水が必要であり、結果的に日本は食料に形を変えて多くの水を輸入していると言えます。これを**仮想水**（virtual water）といいます。2000 年に日本が輸入した仮想水は 640 億 m³ に上ると試算されており[※3]、年間の農業用水使用量を上回ります。つまりもし、食料を国内で自給するならば、深刻な水不足が起こることが予想されるのです。

1・2 水中での物質の変化

▶ 1章　水の利用と循環を理解する

*2　結合状態にある原子が電子を引きつける能力
*3　結合状態の原子がもつ電荷を電子の数で表したもの
*4　絶えず変化しているにもかかわらず、見かけ上、安定して存在しているように見える状態

私たちが普段親しんでいる水は水分子のみから成る純水ではなく、様々な物質や物体が溶け込んだり、混ざった状態で存在しています。これらの物質や物体は、例えば、大気から溶け込んだり、地面を流れるうちに岩石や土壌から流出したりして付加されたものです。もちろん人為的な活動によっても様々な物質が水に付加されます。水中に溶け込んだり、混ざった物質は化学的・生物学的に時々刻々と変化していきます。

1 水中における化学的な物質変化

化学的な物質変化とは、化学反応によってある物質が別の物質に変化することです。水中の物質を考えるとき、特に重要な現象は**酸化還元反応**と**化学平衡**です。

酸化還元反応は狭義には酸素原子が結合したり解離したりすることをいいます。酸素原子は電気陰性度[*2]が高いことから、酸素原子が被酸化物質に結合すると、物質の原子核の周りを回っている電子が酸素原子の方に引き寄せられます。ですから、酸素原子が結合するということは被酸化物質から電子が奪われることを意味します。よって、広義には物質間で電子を授受することを酸化還元反応といいます。化学反応の多くは電子の授受を伴うことから、酸化還元反応として位置づけられます。例えば、水道の消毒剤として用いられる塩素ガスが水に溶ける反応 $Cl_2 + H_2O \rightarrow HOCl + HCl$ では、塩素ガス（Cl_2：酸化数[*3]は 0）は水分子（H_2O）から電子を奪って次亜塩素酸（$HOCl$：Cl の酸化数は 1）や塩化水素（HCl：Cl の酸化数は -1）になります。このとき、塩素ガスは水分子によって還元され、水分子は塩素ガスによって酸化されています。この反応における塩素ガスのように相手を酸化し、自身は還元される物質を**酸化剤**といい、逆に相手を還元し、自身は酸化される物質を**還元剤**といいます。酸化反応と還元反応は必ず対になって起こります。

化学平衡は化学反応が平衡状態[*4]にあることをいいます。
$aA + bB \leftrightarrow cC + dD$ という反応が平衡状態にあるとき、

$$K = \frac{C_C{}^c C_D{}^d}{C_A{}^a C_B{}^b} \qquad C は各成分のモル濃度 (mol\ L^{-1})$$

で表される値 K を**平衡定数**といい、一般に温度が一定であれば一定の値となります。なお、平衡定数 K の逆数の常用対数をとって pK（$= -\log$

K）として表されることもあります。詳しくは第8章を参照してください。

2 水中における生物学的な物質変化

　水中には様々な生物が棲息し、**同化**[*5]や**異化**[*6]を通して物質変化を促します。生物はエネルギーを用いて細胞外にある炭素を取り込み新たな細胞を合成します。つまり、生物が生きていくためにはエネルギー源と炭素源が必要になります。表1・2に生物のエネルギー獲得様式と炭素源に基づく微生物の分類を示します。細胞を合成するということは細胞外にある物質を化学反応によって細胞構成物質に作り替えるということですから、酸化還元反応が起こります。表1・2で**電子供与体**とあるのは酸化される物質（還元剤）を表しています。例えば、植物プランクトンは光エネルギーを使って $nCO_2 + nH_2O \rightarrow (CH_2O)_n + nO_2$ という反応を起こします。このとき、H_2O（Oの酸化数は2）が電子供与体となり最終的に O_2（Oの酸化数は0）に酸化されています。

[*5] 生物が体外から摂取した物質を生物にとって有用な物質に作り替えること
[*6] 生物が物質を代謝し、化学的に複雑な物質をより簡単な物質に分解すること

表1・2　エネルギー獲得様式と炭素源に基づく微生物分類

分類	エネルギー獲得様式	炭素源	電子供与体	電子受容体	例
光合成独立栄養	光合成	CO_2	H_2O H_2S	O_2 有機酸	藻類 硫黄細菌
光合成従属栄養	光合成	有機物	H_2、有機物	有機物	紅色非硫黄細菌
化学合成独立栄養	化学合成	CO_2	NH_3 NO_2^- Fe^{2+} $S、S_2O_3^{2-}$ $H_2S、S、S_2O_3^{2-}$	O_2 O_2 O_2 O_2 NO_3^-	アンモニア酸化菌 亜硝酸酸化菌 鉄酸化菌 硫黄酸化菌 硫黄脱窒菌
化学合成従属栄養	化学合成	有機物	有機物 有機物 有機物 有機物 H_2	O_2 NO_3^- NO_3^-、NO_2^- 有機物 SO_4^{2-}、SO_3^{2-}、$S_2O_3^{2-}$	多種の好気性細菌 発酵細菌 脱窒菌 メタン発酵菌 硫酸還元菌

▶ 1 章　水 の 利 用 と 循 環 を 理 解 す る

1・3 水の汚れと富栄養化

*7 酸素分子がある環境で生息する細菌
*8 酸素分子がない環境で生息する細菌
*9 酸素分子の有無にかかわらず生息可能な細菌
*10 英語で Biochemical Oxygen Demand といい、試料水を20℃に保ち、5日間静置して、その間に好気性細菌が消費した酸素の量で表されます。一般に、生物分解可能な有機物量を表すと考えられています

　自然水はどんなにきれいに見えても純水ではなく、水に不純物が混入した状態で存在しています。不純物の量が増えると不純物を利用する植物プランクトンやバクテリアが増殖するため、水が汚濁し始めます。植物プランクトンやバクテリアは有機物でできているので、一般に水が汚れることを**水質汚濁（有機汚濁）**と呼んでいます。水質汚濁が進行すると、水中で好気性細菌[*7]による好気分解が活発に起こるようになります。その結果、溶存酸素（水中に溶け込んでいる酸素）濃度が低下し、ひどいときには溶存酸素が全く無くなることもあります。溶存酸素がなくなると嫌気性細菌[*8]や通性嫌気性細菌[*9]による嫌気分解が進み、硫化水素等の毒性ガスや温暖化ガスであるメタンガス等の発生が起こります。さらに、底生動物の多くは生息ができなくなります。ですから、溶存酸素をある値以上に維持することが水質管理上極めて重要です。日本の河川では**生物化学的酸素要求量（BOD）**[*10]が環境基準に用いられていますが、これは自然環境下で溶存酸素を消費する物質量を規制することで過度の溶存酸素濃度の低下を防ぐことを狙ったものです。

Column　琵琶湖底層の貧酸素化

　1980年代以降、琵琶湖北湖底層において夏季の溶存酸素濃度の低下現象が観測されています。その結果、貧酸素条件に弱いエラミミズが減少し、貧酸素条件に強いイトミミズが増加したり[※4]、硫化水素をエネルギー源とするチオプローカと呼ばれる硫黄酸化細菌が高密度に出現する現象が確認されています[※5]。この原因として、琵琶湖の富栄養化に伴い、集水域から流入した有機物や湖内生産された有機物が堆積し、湖底で分解することによって溶存酸素を消費していることが考えられます。また、琵琶湖北湖では晩冬から初春にかけ集水域から溶存酸素を豊富に含んだ雪解け水が流入し、密度流となって深層に流れ込んで湖底に酸素を供給していますが、近年の暖冬化・積雪量の減少によって春先に湖底に供給される酸素の量が低下していることも要因として考えられています。地球温暖化が多くの固有種を育む琵琶湖の環境にも大きな影響を及ぼしていると言えるのかもしれません。

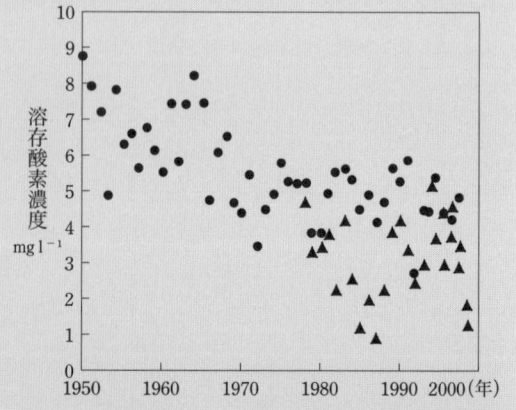

図1・3　琵琶湖北湖今津沖中央深層の溶存酸素濃度の変化（●：水深80m、▲：水深90m）（出典：文6）

水質汚濁に関連の深い現象として**富栄養化**があります。富栄養化とは、窒素やリン等の栄養塩類濃度が高くなるに従い、生物生産量が増加することをいいます。結果として、透明度が低下し、有機物濃度が上昇しますので、水質汚濁と同じ意味で用いられる場合が多いようです。水中の生物生産は主に植物プランクトンが担っています。植物プランクトンは光合成により増殖しますが、その際に窒素やリンといった栄養塩を平均的にモル比 C：N：P ＝ 106：16：1（レッドフィールド（Redfield）比[文7]といいます）で必要とします。一般に、炭素源である二酸化炭素は大気からの溶解や有機物の微生物分解により十分供給されるのに対し、窒素

表1・3　富栄養化限界の例（出典：文8）

指標	貧栄養	中栄養	富栄養	出典
TN ($mgN\ L^{-1}$)	0.02〜0.2	0.1〜0.7	0.5〜1.3	坂本（1996）
	< 0.4	0.4〜0.6	0.6〜1.5	Forsberg & Ryding（1980）
IN ($mgN\ L^{-1}$)	0.2〜0.4	0.3〜0.65	0.5〜1.5	Vollenweider（1967）
TP ($\mu gP\ L^{-1}$)	2〜20	10〜30	10〜90	坂本（1966）
	5〜10	10〜30	30〜100	Vollenweider（1967）
	< 15	15〜25	25〜100	Forsberg & Ryding（1980）
	< 10	10〜35	35〜100	OECD

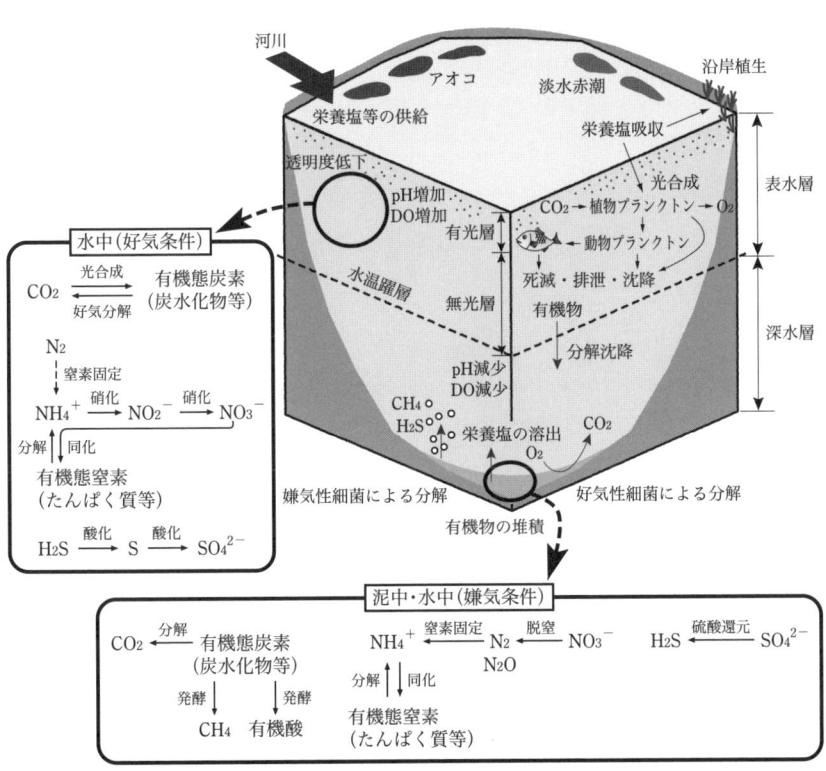

図1・4　富栄養化湖沼における水質現象と生物が関与する物質変化過程

やリンは不足することが多いため、窒素濃度やリン濃度が上昇すると植物プランクトンの増殖が起こります。よって、栄養塩濃度で富栄養化のレベルを評価することがよく行われます。その一例を表1・3に示します。また、図1・4に富栄養化した湖沼での水質現象を模式的に示します。自然界では生物が水質形成に大きな役割を果たしています。

Column 富栄養化現象（アオコ・赤潮・青潮）

湖沼や内湾等が富栄養化すると様々な水質汚濁現象が現れてきます。代表的なものがアオコや赤潮です。

アオコはシアノバクテリア（ラン藻）が大増殖して水表面付近に集積する現象です。水面に青い粉を散らしたように見えることからアオコと呼ばれています。原因藻類には *Microcystis* 属や *Anabaena* 属等が知られています。一部のシアノバクテリアは2-メチルイソボルネオール（2-MIB）やジオスミン（geosmin）といったカビ臭物質を産生することでも問題となっています。

赤潮は、プランクトンが増殖し、水表面に集積して水表面が赤褐色に変色する現象です。海域ではラフィド藻（*Chattonella* 属等）や渦鞭毛藻（*Alexandrium* 属等）、繊毛虫等が代表的な原因プランクトンです。湖沼等の淡水域に発生する赤潮は淡水赤潮と呼ばれ、渦鞭毛藻（*Peridinium* 属等）や黄色鞭毛藻（*Uroglenopsis* 属）等が原因となっています。赤潮が発生すると魚類のえらにプランクトンが詰まって魚類が窒息死したり、赤潮生物が浜に打ち上げられて腐敗臭を発する等の問題を引き起こします。

東京湾等で水面が青白色に着色する現象が観測されており、青潮と呼ばれています。底質が嫌気化すると硫酸還元菌の働きで水中の硫酸イオンが還元され、毒ガスである硫化水素（H_2S）が発生します。硫化水素を多量に含んだ水が海面付近まで上昇し、酸素と触れると硫化水素が酸化されて硫黄（S）に変わります。硫黄は水に溶けないので、微細な粒子となって水中を漂います。微細な硫黄粒子は太陽の青色の光を反射し、水面を青白く変色させるのです。青潮はアオコや赤潮のようにプランクトンが原因で起こるのではありませんが、底質の嫌気化は富栄養化の進展により起こりますので、青潮も富栄養化現象の一種であると言えます。

図1・5 アオコ（*Microcystis novacekii*）の集積の様子（ⓒ一瀬諭）

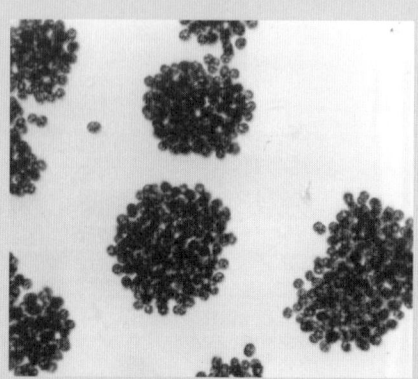

図1・6 アオコ原因プランクトン（*Microcystis novacekii*）の光学顕微鏡写真。細胞サイズは約4〜5 μm（ⓒ一瀬諭）

1・4 水の利用・再生システム

▶ 1章　水の利用と循環を理解する

　自然界では、水は太陽によって暖められて蒸発し、上空で凝結して雲となり、降水として再び地表に降り注ぐというように循環しています（図1・7）。私たちは自然界を循環する水を必要に応じて利用し、使用後に再び自然界に戻すという人工的な水循環系を構築することで便利な社会を築いています。

　水環境の保全や適切な水利用を行うため、水循環の各段階において法律により様々な規制がかけられています。水に関係する法律の一部も図1・7に示しておきました。日本においては、1993年に制定された環境基本法を基本として、水質汚濁防止法、水道法、下水道法等により、環境基準や水質基準等が定められています。

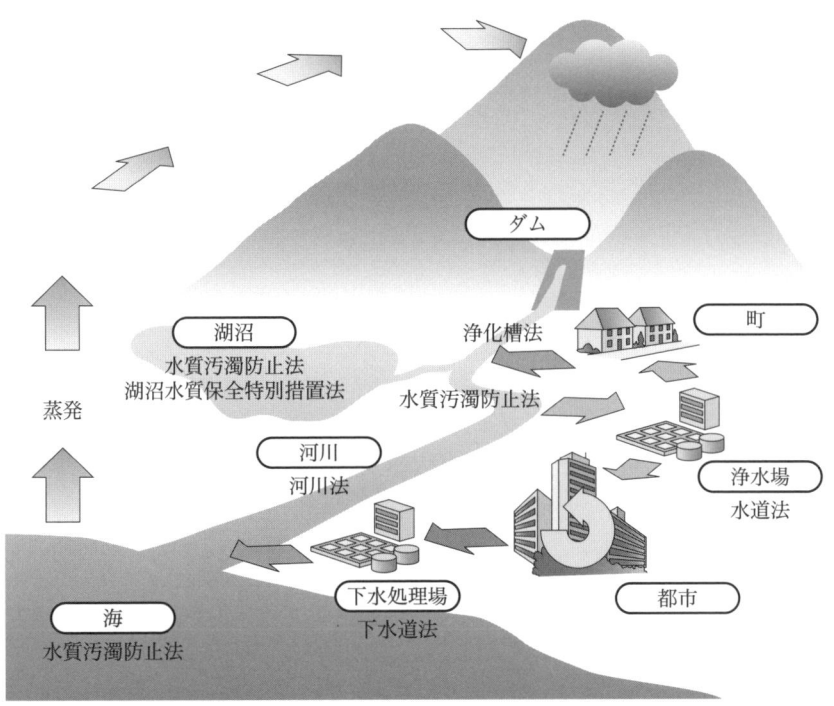

図1・7　生活圏での水の循環

1 水道のしくみ

　水道は「清浄にして豊富低廉な水の供給を図り、もって公衆衛生の向上と生活環境の改善に寄与する」（水道法：昭和32年6月制定、平成18年6月改正）ことを目的としています。水道には、水道原水を必要量取

り入れる**取水施設**、取水した原水を浄水場まで送水する**導水施設**、原水を飲用に適するように浄化する**浄水施設**、浄化した水を一時的に貯める配水池と供給するための配水管等の**配水施設**、配水管から各戸の給水栓まで導水するための**給水施設**、そして水源から給水栓までの水量、水質を管理するための様々な**管理施設**から構成されます。

水道原水には、ダム（45.0％）や河川水（26.5％）、井戸水（20.5％）、湖沼水（1.4％）等が用いられています（割合は2005年度データ[※9]）。水道水の安全性を確保するため、取水された水道原水は浄水施設により浄化されます。しかし、多様な汚染物質をすべて除去するような経済的な浄水施設を構築することは困難であることから、良質な水源確保が重要です。公共用水域の環境基準[*11]では、AA類型、A類型を通常の浄水プロセスに適する水質であるとしています。

(1) 浄水施設

典型的な浄水施設の構成を図1・8に示します。取水された原水には様々な懸濁物（濁り成分）が含まれています。そこで、化学薬品（**凝集剤**）を添加し、懸濁物同士を会合させて（**凝集**）、大きな粒子（**フロック**）を作り、沈殿除去します。さらに残った微細な粒子を砂層の間を通過させて、捕捉・除去します。懸濁物が除去された水はバクテリアの繁殖を抑え、疫学的安全性を確保するため塩素消毒され、水道水として供給されます。それぞれの内容について、以降で説明します。

◆凝集操作

自然水中には様々な微細粒子が含まれています。粒子にはファン・デル・ワールス（van der Waals）力と呼ばれる引力が作用していますが、一方で自然水中の懸濁粒子表面は一般に負に帯電していて互いに静電気的に反発するため、凝集しにくい状態にあります。しかし、水中に正の電荷を持つコロイド[*12]やイオンが存在すると、懸濁物の表面の電荷が中和されて静電反発力が弱まります。静電反発力がファン・デル・ワールス力より小さくなると、粒子は互いに凝集し始めます。

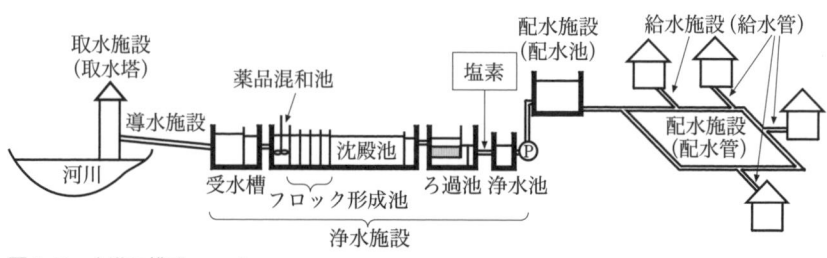

図1・8 水道の構成

---

*11 環境基準は、環境基本法第16条に基づき、公共用水域の水質汚濁に係る環境上の条件につき人の健康を保護し、および生活環境を保全するうえで維持することが望ましい基準として、環境省告示で定められています。人の健康保護に関する環境基準として有害な26化合物について基準が設けられ、生活環境の保全に関する環境基準として、河川・湖沼・海域毎に区分し、さらに類型分けして基準値が定められています。AA類型およびA類型は最も厳しい基準値および2番目に厳しい基準値が設けられている水域です

*12 1μm以下の粒子のこと。コロイドは水分子のブラウン運動（熱運動）によりほとんど沈降せず水中に分散する性質があります

凝集剤は大きな正の電荷を持つコロイドやイオンを含む化学薬品であり、懸濁粒子の静電反発力を弱めることで凝集を促進する効果を持っています。浄水プロセスでは凝集剤として硫酸バンド（$Al_2(SO_4)_3 \cdot 18H_2O$）やポリ塩化アルミニウム（PAC、$(Al_2(OH)_nCl_{0-n})_m$）等がよく用いられます。これらの凝集剤は水中の**アルカリ度成分**[*13]と反応して水酸化アルミニウム（$Al(OH)_3$）の沈殿を生じます。

$$Al_2(SO_4)_3 + 6HCO_3^- \to 2Al(OH)_3 \downarrow + 3SO_4^{2-} + 6CO_2 \uparrow$$

水酸化アルミニウムは $Al_8(OH)_{20}^{4+}$ のような正の電荷を持つ重合体を形成し、水中の懸濁物質と会合してフロックとして沈殿します。凝集の際にアルカリ度成分が必要になるため、アルカリ剤（苛性ソーダ、消石灰、炭酸ソーダ等）も加えられる場合が一般的です。さらに生成したフロックの強度を高めるためにフロック形成補助剤（活性ケイ酸、アルギン酸ソーダ等）が加えられることもあります。フロック形成補助剤はフロック同士を架橋して結合させる作用があります。アルカリ剤とフロック形成補助剤を合わせて**凝集補助剤**と呼ばれます。

凝集効果は原水水質、凝集剤や凝集補助剤の種類、添加率、pH、撹拌強度、撹拌時間によって変わり、一般には、ジャーテスターと呼ばれる実験装置（図1・9）を用いて、凝集実験を行い、最適条件を決定します。

凝集施設は**薬品混和池**と**フロック形成池**で構成されます。薬品混和池は水に凝集剤を添加して急速に混和（急速撹拌）する施設です。結果として、凝集剤と懸濁粒子が会合した微小フロックが形成されます。$G > 100\ s^{-1}$[*14] となるように設定され、水理学的滞留時間[*15]は1-5分に設計されます。図1・10に薬品混和池の例を示します。

フロック形成池は懸濁物の凝集を促進し、沈降性のよいフロックを作るための施設です。撹拌強度が大きすぎるとフロックが壊れてしまうため、緩やかな撹拌（緩速撹拌）を行います。$G = 30 \sim 60\ s^{-1}$[文10]、GT[*16]

[*13] アルカリ度成分とは酸と反応して中和する能力のある物質・イオンをいいます。例えば、OH^-、CO_3^{2-}、HCO_3^-、PO_4^{3-}、HPO_4^{2-}等が挙げられます

[*14] G は G 値という撹拌強度を表す指標で、槽内での水流の速度勾配を表しています

$$G = \frac{du}{dy} = \sqrt{\frac{W}{\mu}}$$

ここで、
G：速度勾配（s^{-1}）
u：水流の流速（$cm\ s^{-1}$）
y：水流の向きに垂直な方向の座標（m）
W：フロック形成池内の単位体積の水に単位時間当たりに加えられた仕事量（$g\ cm^{-1}\ s^{-3}$）
μ：水の粘性係数（$g\ cm^{-1}\ s^{-1}$）です

[*15] 流入した水が槽内に平均的にとどまっている時間で、槽の体積を流入流量で除することで求められます

[*16] GT は GT 値と呼ばれ、$G \times T$（水理学的滞留時間）で求められます

図1・9　ジャーテスター　様々な撹拌条件を設定して、撹拌実験を行う装置

*17 静水中での球形粒子の沈降速度は、以下のストークス (Stokes) の沈降速式で表されます

$$v_s = \frac{(\rho_s - \rho_w)gd^2}{18\mu}$$

ここで、v_s：は粒子の沈降速度（m s^{-1}）、ρ_s、ρ_wはそれぞれ粒子および水の密度（kg m^{-3}）、g は重力加速度（= 9.8 m/s^2）、d は粒子の直径 [m] であり、μ は水の粘性の大きさを表す物性値で粘性係数 [Pa s = N m^{-2} s = kg m^{-1} s^{-1}] といいます

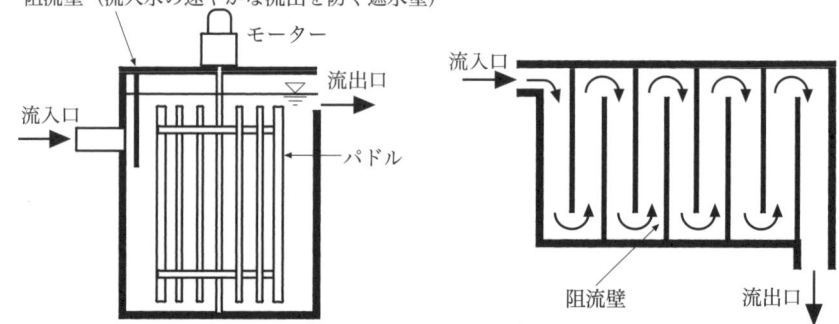

図 1・10　薬品混和池の例　左：機械撹拌式、右：水平迂流(うりゅう)式

= 23,000 〜 210,000 程度[※11]に設定するのがよいとされています。一般的なフロック形成池では水理学的滞留時間は 20 〜 40 分です。

◆沈殿操作

水中の自然沈降可能な懸濁粒子や凝集操作によって生成されたフロックを重力沈降により分離する操作を**沈殿**といいます。

最も基本的な沈殿池は長方形沈殿池です。これは直方体の槽の一端から原水が流入し、他端から流出する構造の沈殿池で、水中の懸濁粒子は槽内を流れる間に沈降し、底部に沈積します。沈積した懸濁粒子は汚泥掻き寄せ機により掻き寄せられ除去されます。沈殿池内の流れが押し出し流れで渦流、偏流、密度流がなく、粒子が互いに干渉することなく一定の沈降速度 v_s（m s^{-1}）[*17]を有し、一旦沈積した懸濁粒子が再浮上することのない**理想沈殿池**（図 1・11）を考え、その体積を V（m^3）、流入水量を Q（m^3 d^{-1}）とすると、流入水は水理学的滞留時間 $T = \dfrac{V}{Q}$（d）だけ沈殿池内に滞留することになります。この滞留時間内に H（m）以上沈降する粒子はすべて除去されます。

$$v_s \geq \frac{H}{T} = \frac{Q}{WL} = \frac{Q}{A} \ (\text{m d}^{-1})$$

ここで A は沈殿池の水表面積 (m^2) です。よって、$\dfrac{Q}{A}$ 以上の沈降速度を有する粒子はすべて除去されることになります。このように粒子の除去を考えるにあたり $\dfrac{Q}{A}$ というパラメータは大変重要です。$\dfrac{Q}{A}$ は沈殿池の単位表面積当たり、1 日当たりの流入水量を表しており、**表面積負荷**もしくは、**水面積負荷**（m^3 m^{-2} d^{-1}）といいます。一般に、薬品凝集後に設置される沈殿池(薬品沈殿池)では、水面積負荷は 20 〜 24 m^3 m^{-2} d^{-1} となるように設計され、薬品凝集を行わない普通沈殿池では、9 〜 12 m^3

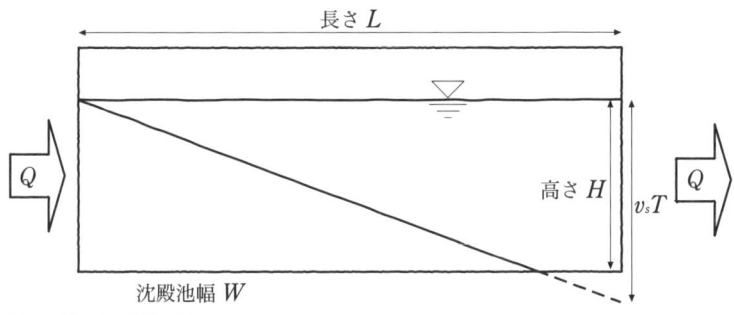

図1·11 理想沈殿池

m^{-2} d^{-1}に設計されます^{文12}。水面積負荷が異なるのは、普通沈殿池では薬品凝集を行わないので平均粒子径が小さく、沈降速度も小さいためです。

> 例題① 普通沈殿池の設計
>
> 計画浄水量10,000 m^3 d^{-1}の浄水場に普通沈殿池を2池設置します。滞留時間8時間以上、有効水深3〜4 m、池内平均流速0.3 m min^{-1}以下とし、沈殿池長さを幅の3〜8倍となるように沈殿池を設計しましょう。

> 解答 ▼
>
> 1池当たりの浄水量は10,000 m^3 d^{-1} ÷ 2 = 5,000 m^3 d^{-1}
>
> 水面積負荷を10 m^3 m^{-2} d^{-1}とすると必要面積は5,000 m^3 d^{-1} ÷ 10 m^3 m^{-2} d^{-1} = 500 m^2
>
> 沈殿池長さと幅の条件より、長さ50 m、幅10 mと仮定します。
>
> 滞留時間8時間以上より、必要容積は5,000 m^3 d^{-1} × $\frac{8}{24}$ d = 1,667 m^{3}以上なので、有効水深1,667 m^3 ÷ 500 m^2 = 3.33 m以上となります。そこで有効水深3.5 mと仮定します。
>
> 仮定した条件において、沈殿池断面積10 m × 3.5 m = 35 m^2、流量5,000 m^3 d^{-1} ÷ 1,440 min d^{-1} = 3.47 m^3 min^{-1}より、池内平均流速は3.47 m^3 min^{-1} ÷ 35 m^2 = 0.099 m min^{-1}
>
> 以上、条件を満たしているので、長さ50 m、幅10 m、有効水深3.5 mとします。
>
> 補足：本例題で与えている条件は、実際の普通沈殿池の設計に用いられている条件と同じものです。薬品沈殿池では滞留時間3〜5時間、池内平均流速0.4 m min^{-1}以下で設計されます。

◆砂ろ過

ろ層に通水することで水中の懸濁物等の不純物を除去する操作を**ろ過**といいます。ろ過には、ろ層に細孔を有するろ過膜を用いる**膜ろ過方式**

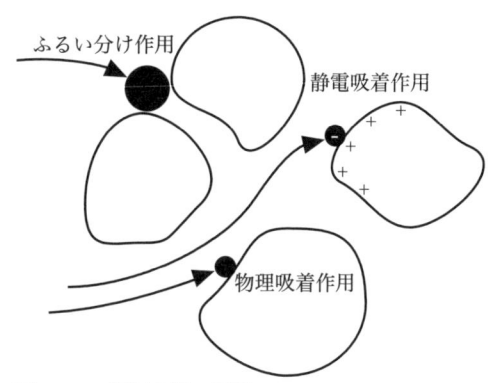

図 1・12　深層ろ過の原理

と砂等のろ材を充填した充填層をろ層とする**深層ろ過方式**があります。

　浄水プロセスでは主に砂をろ材に用いた深層ろ過方式（砂ろ過）が用いられます。深層ろ過では、ふるい分け作用、物理吸着作用、静電吸着作用により水中の懸濁粒子の除去が起こります（図 1・12）。そのため、ろ材の間隙より小さな粒子まで除去することができます。

　浄水プロセスで用いられる砂ろ過には**緩速ろ過**と**急速ろ過**があります。緩速ろ過と急速ろ過の最も大きな違いはろ過速度です。緩速ろ過ではろ過速度が $4～6\,\mathrm{m\,d^{-1}}$（$1\,\mathrm{m^2}$、1 日当たり $4～6\,\mathrm{m^3}$ をろ過する速度）程度であるのに対し、急速ろ過では $120\,\mathrm{m\,d^{-1}}$ にもなります。この違いは用いるろ砂のサイズに起因しています。緩速ろ過ではろ砂の有効径が $0.3～0.45\,\mathrm{mm}$ と小さいのに対し、急速ろ過では $0.45～0.7\,\mathrm{mm}$ と大きいものが用いられます。急速ろ過では前処理として薬品凝集沈殿を行うことによって大きな有効径のろ砂による高速ろ過と高い濁質除去率を実現しているのです。緩速ろ過では一般には薬品凝集沈殿を行わず、前処理に普通沈殿池を用いています。その結果、高い濁質除去率を達成するためにより小さな有効径を持つろ砂を用いることになり、ろ過速度が小さくなります。ただし、ろ過速度が小さいためにろ砂表面に発達した微生物膜による溶解性有機物の分解除去が進むという利点もあります。緩速ろ過と急速ろ過の使い分けは原水水質に依存し、原水水質が清浄な場合、緩速ろ過が適し、比較的濁り等が多い場合は急速ろ過が適しています。日本においては、主に必要な敷地面積が小さいという点から大部分の浄水場において急速ろ過方式が採用されています。

◆**消毒**

　砂ろ過された水は懸濁物がほとんど除去された清浄な水ですが、細菌はサイズが $0.2～$ 数 $\mu\mathrm{m}$ と小さいため、一部が残留してしまいます。また、衛生的な水道水を供給するという観点から、万が一浄水に病原性微

生物（病原性細菌や病原性原生生物等）が混入してもその繁殖を抑え、死滅させる消毒を行う必要があります。そのため、日本では水道法で**塩素消毒**を行うことが義務づけられています。

塩素消毒のための塩素剤には、液化塩素（塩素ガスを液化ボンベに充填したもの。有効塩素99%）や次亜塩素酸ナトリウム（有効塩素濃度5～12%の水溶液）、次亜塩素酸カルシウム（さらし粉、有効塩素60%以上）が用いられます。

塩素による消毒は以下の反応により生成する次亜塩素酸（HOCl）や次亜塩素酸イオン（ClO⁻）、クロラミン類（モノクロラミン NH_2Cl、ジクロラミン $NHCl_2$）の作用によります。

$Cl_2 + H_2O \rightleftarrows HOCl + H^+ + Cl^-$

$HOCl \rightleftarrows ClO^- + H^+$

アンモニアが存在する場合

$NH_4^+ + HOCl \rightleftarrows NH_2Cl + H^+ + H_2O$

$NH_2Cl + HOCl \rightleftarrows NHCl_2 + H_2O$

$NHCl_2 + HOCl \rightleftarrows NCl_3 + H_2O$

$NH_2Cl + NHCl_2 \rightarrow N_2 + 3H^+ + 3Cl^-$

$NH_2Cl + NHCl_2 + HOCl \rightarrow N_2O + 4H^+ + 4Cl^-$

等

塩素の殺菌作用については、細胞の原形質に作用して細胞組織が変質することが原因であるとする説や代謝に必要な酵素に作用して不活性化するという説（グリーン－スタンプ（Green-Stumpf）の酵素説）等がありますが、正確なところは分かっていません。殺菌力の強さには、

$HClO > ClO^- > NHCl_2 > NH_2Cl$

という大小関係があります。殺菌力の強い HOCl、ClO⁻ を合わせて**遊離塩素**、$NHCl_2$ と NH_2Cl を合わせて**結合塩素**といい、合わせて**残留（有効）塩素**といいます。水道法では給水栓において残留塩素が遊離塩素として 0.1 mg L⁻¹ 以上、結合塩素として 0.4 mg L⁻¹ 以上を保つように規定しています[*18]。

水の塩素消毒を行うとき、塩素注入量と残留塩素との間に図 1·13 のような関係が得られます。水中に遊離塩素を加えると、最初のうちは水中に存在している遊離塩素と反応する物質と遊離塩素が反応し、残留塩素が検出されません。この間の塩素必要量を**塩素要求量**といいます。水中にアンモニアが存在しない場合（グラフⅠ）は塩素要求量以上に塩素注入量を増やしていくと直線的に残留塩素濃度が増加していきます。水中にアンモニアが存在している場合（グラフⅡ）は、塩素要求量以上に

*18 残留塩素の単位は消毒効果を Cl_2 に換算し、Cl_2 の質量濃度（mg L⁻¹）で表したものです。Cl_2 は水に溶けると $Cl_2 + H_2O \rightarrow HOCl + H^+ + Cl^-$ と変化するので、原子量 H = 1、O = 16、Cl = 35.5 より、残留塩素 1 mg L⁻¹（1 $mgCl_2$ L⁻¹）は HOCl 0.74 mg L⁻¹（0.74 mgHOCl L⁻¹）に相当します

＊19 不連続点の手前では遊離塩素とアンモニアの反応により結合塩素が生成しています。しかし、ジクロラミンの生成が始まると、モノクロラミンとジクロラミンの反応により残留塩素（結合塩素）が減少し始めます。不連続点を超えるとアンモニアが無くなっているため、再び残留塩素（遊離塩素）が増加し始めます
＊20 生活や事業によって発生する廃水（汚水）と雨水

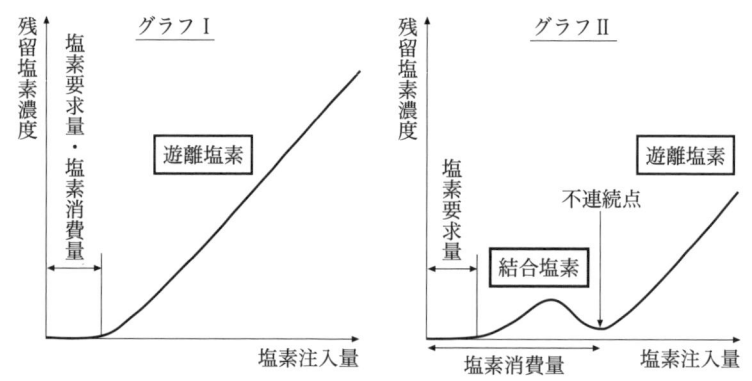

図1・13　塩素注入量と残留塩素濃度　グラフⅠ：原水にアンモニアが含まれない場合、グラフⅡ：原水にアンモニアが含まれる場合

塩素注入量を増やしていくと、残留塩素濃度は増加し始めますが、その後、一時的に低下する現象が現れます＊19。これを**不連続点**といいます。通常、不連続点を超えて遊離塩素が残存するまで塩素を注入する操作（**不連続点塩素処理**）を行って水中に十分な残留塩素を確保し、配水管や給水管内での細菌等の繁殖を防止しています。

(2) 配水施設

浄水施設により、浄化・消毒された水道水は配水池に貯水され、そこから各家庭に配水管を使って送られます。水道水は圧力をかけて送る圧送方式（動水圧 $1.5\ \mathrm{kg\ cm^{-2}}$ 以上）を採っていますので、給水栓を開くと自動的に水道水が出てきます。圧送方式を採用しているのは、単に利便性のためだけではなく疫学的安全性を確保する目的があります。配水管の一部に亀裂が入った場合、周辺地下水が水道水に混入し、水道水の疫学的安全性が損なわれる危険がありますが、圧送方式では配水管内の水圧の方が配水管外の地下水圧よりも高いため、水道水が地下に漏出することはあっても地下水が配水管に浸入する可能性が低くなります。

2 排水処理のしくみ

生活排水は都市部を中心とした**下水道**や農村における**農業集落排水施設**、人口密度の低い地域を中心とした**浄化槽**等により処理されます。

下水道は「都市の健全な発達および公衆衛生の向上に寄与し、あわせて公共用水域の水質の保全に資する」（下水道法：昭和33年4月24日制定、平成17年6月22日改正）ことを目的とする環境保全施設であり、下水＊20を排除するための排水管や排水渠等から成る**排水施設**、排水施設によって排除された下水を処理するための**処理施設**およびポンプ施設等の付属施設で構成されます（図1・14）。下水道には以下のような種類が

あります。

「**公共下水道**」地方公共団体が管理する下水道で終末処理場を有するもの、もしくは流域下水道に接続するもの。

「**流域下水道**」公共下水道より排除される下水を受けて排除・処理する終末処理場を有する下水道、もしくは公共下水道より排除される雨水のみを受けて公共用水域に放流する下水道。複数の市町村の下水を排除するもので、地方公共団体が管理する。

「**都市下水路**」市街地における下水を排除するために地方公共団体が管理している下水道（公共下水道や流域下水道を除く）。

「**特定環境保全公共下水道**」自然環境の保全または農山漁村における水質の保全に資することを目的に市街化区域外において設置される下水道。処理対象人口は概ね 1,000 〜 10,000 人。

下水道未普及地域においては農業集落排水施設や浄化槽が用いられています。農業集落排水施設や大型の浄化槽は制度の違いによって名称は異なりますが、排水処理方式は下水道の終末処理場とほぼ同様です。小型浄化槽は戸別処理を行うために日本で独自に発展したもので、前処理として嫌気ろ床を組み込んだ処理方式を採用しています（図1・15）。以降に、下水排除方式の特徴や汚水処理のしくみについて説明します。

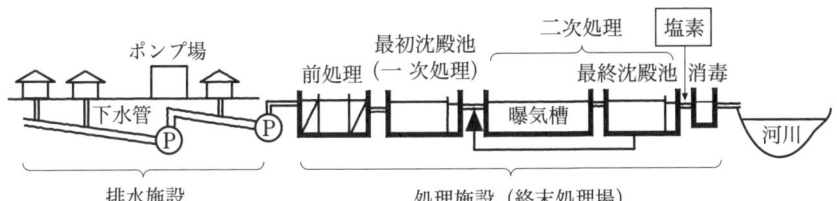

図1・14　下水道の構成（雨水管は省略）

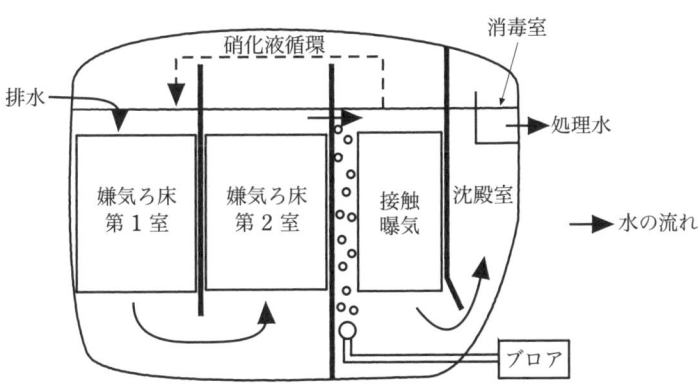

図1・15　小型合併処理浄化槽の構造例　高さ約170 cm

(1) 下水の排除

　下水を排除する下水管には2つの方式があります。1つは、1本の下水管で汚水も雨水もどちらも排除する方式（**合流式**）で、もう1つは汚水を排除する汚水管と雨水を排除する雨水管を個別に設置する方式（**分流式**）です。下水道は1900年制定の旧下水道法では、市街地からの下水の排除を目的としたため、合流式が用いられていましたが、終末処理場が設置されるようになると処理が不要な雨水と処理が必要な汚水を分けた方が効率的であるため分流式が用いられるようになりました。現在では、早くから下水道整備が進められた大都市中心部に合流式管渠が残っていますが、新設される下水道では一般に分流式が採用されています。

　下水道における下水の排除は自然流下方式によっているため、下水管は下流に行くにつれ、埋設位置が深くなっていきます。そのため、途中でポンプ場を設置し、ポンプで下水をくみ上げることで、下水管の埋設位置が深くなりすぎないようにしています。

(2) 汚水処理のしくみ

　一般的な下水の水質は BOD 150～200 mg L^{-1}、SS 100～250 mg L^{-1}、全窒素 15～50 mg L^{-1}、全リン 2～5 mg L^{-1} 程度です。下水は「**前処理**」「**一次（簡易）処理**」「**二次（高級）処理**」「**消毒**」という流れで浄化されます。

　前処理は粗目スクリーン（目開き 50～150 mm）＋沈砂池＋細目スクリーン（目開き 15～25 mm）により下水中の粗い浮遊物質や砂礫を取り除く目的で設置されます。

　一次処理は主として有機性浮遊物質を沈殿除去する目的で設置されます。終末処理場では最初沈殿池と呼ばれ、滞留時間 1.5～3.0 時間、有効水深 2.5～4.0 m です。沈殿池の理論は 1・4・1 (1)「沈殿操作」(p.16) を参照してください。水面積負荷は合流式で 25～50 m d^{-1}、分流式で 25～70 m d^{-1} に設計されます。概ね浮遊物質の 40～60%、BOD の 30～50％が除去されます。

　二次処理は一次処理水を受けて下水中の溶解性有機物除去を行う目的で設置されます。経済性の観点から一般に微生物の働きを活用した生物学的水処理法が用いられます。

　消毒は二次処理水を公共用水域に放流する前に行われるもので、処理水を殺菌し、疫学的安全性を確保するため、塩素消毒が行われます。消毒のしくみは 1・4・1 (1)「消毒」(p.18) を参照してください。

　処理施設によっては二次処理のあとに**三次（高度）処理**を行ってさらに放流水質を向上させることが行われています。高度処理は窒素やリン

等の有機物以外の物質除去を目的としたり、浮遊物質・有機物の除去を
より高度化するために設置される水処理プロセスです。様々なプロセス
が開発・実用化されています。

Column 合流式下水道の問題点（オイルボール）

　大雨が降った後、東京湾岸に白っぽい塊が多数流れ着く現象が起こっています。この塊の正体は食用油や石けん等の高級脂肪酸を主成分とする白色〜灰褐色の固形物（朝日新聞2001年1月26日朝刊）でオイルボールといいます。そのサイズは豆粒程度のものから大きなものでは70cmにもなります。1997年頃から見つかり始め、お台場周辺だけで年間1〜2tのオイルボールを回収しています。その後の調査でオイルボールは合流式下水道の放流口から排出されていることが分かりました。

　なぜ合流式下水道からオイルボールが流れ出たのでしょうか。合流式下水道では出水時に終末処理場への下水の過度の流入を防ぐため、下水管の途中に分流堰が設けられ、終末処理場の処理能力の3倍を超える下水を未処理放流するようになっています。家庭や事業所等から流された油等が下水管壁にスライム状に付着したものが出水時に水流によって剥がされ、未処理放流水（越流水）とともに下水管から海に排出されたと考えられています。現在、合流式下水道の未処理越流水の問題を解消するため、様々な検討が進められています。

図1・16　オイルボールの漂着状況を伝える新聞記事（日本経済新聞2008年1月7日朝刊）

◆**生物学的水処理法の特徴**

　生物学的水処理法では様々な処理操作が組み合わせて用いられています。処理操作は、用いる微生物の違いから**好気処理**と**嫌気処理**に分けられます。また、反応器内の微生物の保持方法の違いから**浮遊生物処理**と**付着生物処理**に分けられます。

　好気処理は空気曝気(ばっき)により汚水に酸素を供給し、好気性微生物により汚濁物質を代謝分解させる処理方式です。主として好気性他栄養性細菌の働きを利用しています。細菌細胞の有機成分の化学組成($C_5H_7O_2N$)[文13]を用いると好気条件下で有機物とアンモニアから細胞が合成される化学量論式は以下の通りとなります。

$$C_xH_yO_z + NH_3 + \left(x + \frac{y}{4} - \frac{z}{2} - 5\right)O_2$$
$$\rightarrow C_5H_7O_2N + (x-5)CO_2 + \frac{1}{2}(y-4)H_2O$$

　この式から判るように、細菌が有機物を分解するとき、分解した有機物がすべて細胞合成に使われるわけではありません。好気性他栄養性細菌の場合、その**増殖収率**[*21]は概ね0.6前後の値となります。つまり、好気処理によって下水中の有機物の約40%がCO_2に、残りが生物汚泥に変換されます。

　下水中には有機物以外に窒素（アンモニア）が20〜40 $mgN\,L^{-1}$程度含まれています。アンモニアは好気条件下で硝化菌（アンモニア酸化菌 *Nitrosomonas*、亜硝酸酸化菌 *Nitrobacter*）の働きにより、硝酸イオン（NO_3^-）になります。これを**硝化**といいます。

$$NH_4^+ + \frac{3}{2}O_2 \rightarrow NO_2^- + H_2O + 2H^+ \quad (\textit{Nitrosomonas})$$

$$NO_2^- + \frac{1}{2}O_2 \rightarrow NO_3^- \quad (\textit{Nitrobacter})$$

　嫌気処理は酸素供給を行わずに汚水を微生物処理する方法です。主に嫌気性他栄養性細菌の働きを利用しています。嫌気性細菌の増殖速度は常温では小さいため、大きな反応器が必要という欠点がありますが、増殖収率が好気性他栄養性細菌の1/3以下と小さく、汚泥発生量が小さいという利点があります。

　酸化態窒素（NO_3^-、NO_2^-）が存在する場合[*22]、脱窒菌によって窒素ガスとなります。これを**脱窒**(だっちつ)といいます。以下にメタノールを電子供与体として用いる場合の脱窒反応の化学量論式を示します。

$$6NO_3^- + 5CH_3OH \rightarrow 3N_2\uparrow + 5CO_2 + 7H_2O + 6OH^-$$

　浮遊生物処理は微生物を水中に浮遊した状態で汚水に接触させ、汚水

[*21] 分解した有機物のうち、細胞合成に使われる割合
[*22] 酸素分子はないが、酸化態窒素がある状態を無酸素条件ということがあります。無酸素条件は広い意味で嫌気条件に含められますが、嫌気条件を酸素分子も酸化態窒素もない状態と定義して両者を区別することがあります

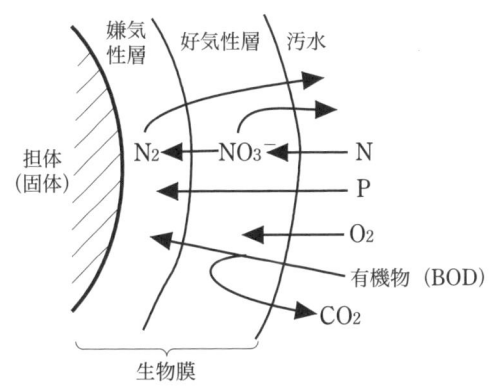
図1・17　生物膜の模式図

*23　微生物が付着する土台となる物体のこと。活性炭やポリウレタンフォーム、プラスチック材など様々なものが開発され、用いられている

中の汚濁物質の微生物処理を行う処理法です。代表的なものが**活性汚泥法**です。下水に空気を吹き込むと好気性・通性嫌気性細菌が増殖し、細菌同士がフロック状に凝集します。これを**活性汚泥**といいます。この活性汚泥を汚水に接触させると、汚水中の有機物の一部は CO_2 になり、残りは活性汚泥に取り込まれます。活性汚泥は曝気を止めて静水状態にすると容易に沈殿するため、汚水から有機物を分離除去することができます。浮遊生物処理の利点は微生物と汚水との接触効率が高く、容積当たりの処理能力が大きい点にあります。

　付着生物処理は担体[*23]上に微生物を付着させた生物付着担体を汚水に接触させ、汚水中の汚濁物質の微生物処理を行う処理法であり、**生物膜法**ともいいます。担体表面には微生物が増殖し、微生物層（生物膜）が形成されます（図1・17）。水中の有機物や栄養塩類、酸素は生物膜の表面から拡散によって生物膜の内部に浸透しながら微生物分解を受けます。生物膜には細菌や原生生物、ワムシ類、貧毛類といった多種多様な微生物が生息し、生態系を構築しているので、活性汚泥に比較して余剰な汚泥の発生量が小さくなる利点があります。**散水ろ床法、回転板接触法、接触曝気法、嫌気ろ床法**等があります。

◆活性汚泥法とその変法

　代表的な活性汚泥法の処理の流れを図1・18に示します。

　活性汚泥法の基本となるのが、**標準活性汚泥法**です。最初沈殿池からの一次処理水を曝気槽に流入させ、そこで空気を吹き込み、酸素を供給することで、溶解性有機物の活性汚泥による分解を促進させます。曝気槽からの流出水には活性汚泥が含まれていますので、最終沈殿池で沈殿分離し、上澄みを二次処理水として消毒の後、放流します。沈殿した活性汚泥の一部は曝気槽に返送（**返送汚泥**）して曝気槽内の活性汚泥濃度を適切な値に保つのに用いられ、余った活性汚泥は**余剰汚泥**として引抜

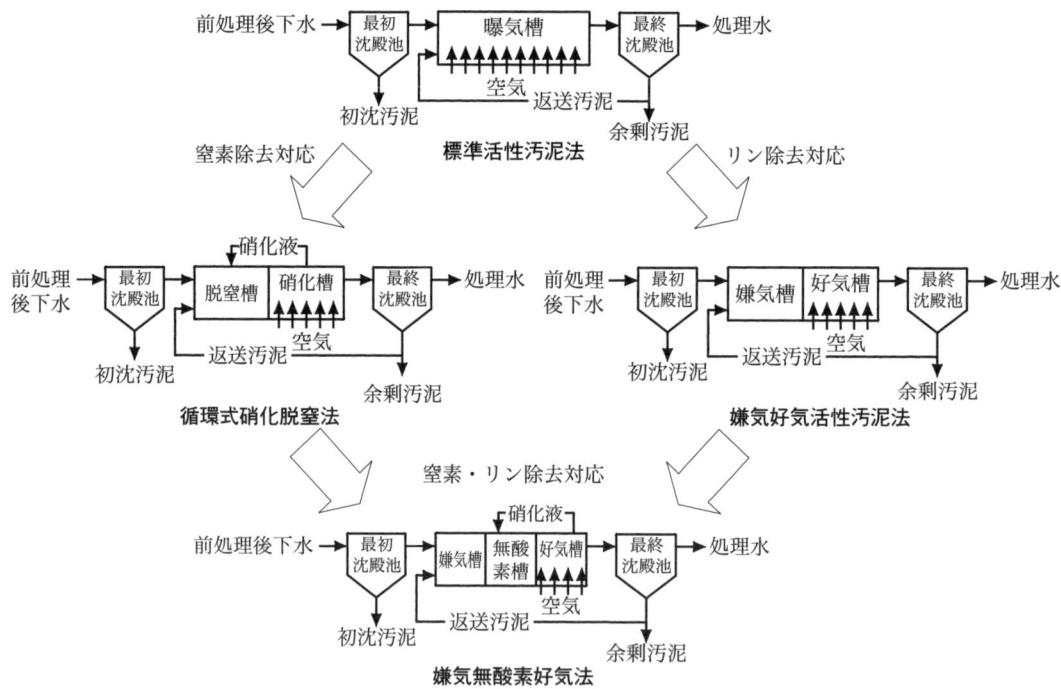

図1・18　代表的な活性汚泥法の処理の流れ

*24　流入下水流量に対する返送汚泥流量の比
*25　曝気槽内の活性汚泥1 kg当たりに1日に負荷されるBOD量(kg)

かれます。一般に活性汚泥濃度は1,500〜2,000 mg L^{-1}、曝気槽滞留時間6〜8時間、曝気量は下水1 m^{3}当たり3〜7 m^3、汚泥返送率*24 20〜30%に設定されます。適切な処理にはBOD負荷量（BOD-SS負荷）*25を0.2〜0.4 kg kg^{-1} d^{-1}に設定するのが良いとされています。適切に運転されればBODを90%以上、浮遊物質を90%以上除去可能です。活性汚泥は下水中のBOD、N、PをBOD：N：P＝100：5：1（重量比）の割合で消費すると経験的に知られていますので、この割合で窒素やリンが除去されますが、最初沈殿池流出水中にはこの割合以上に窒素やリンが存在しているため、その除去率は高くありません。

例題② 標準活性汚泥法

BOD 150 mg L^{-1}の下水が15,000 m^3 d^{-1}流入する下水処理場の曝気槽の必要容積を求めましょう。ただし、曝気槽は2系列設けるものとし、最初沈殿池のBOD除去率を40%とします。

[解答▼]

最初沈殿池のBOD除去率40%より、曝気槽流入下水のBODは150 mg L^{-1}×(1−0.4) ＝ 90 mg L^{-1} ＝ 0.090 kg m^{-3}

よって1槽当たりの流入BOD量は0.090 kg m^{-3}×15,000 m^3 d^{-1}÷2 ＝ 675 kg d^{-1}

BOD−SS負荷を0.2 kg kg^{-1} d^{-1}とすると、曝気槽内活性汚泥量は675

kg d^{-1} ÷ 0.2 kg kg^{-1} d^{-1} = 3,375 kg

活性汚泥濃度を 1,500 mg L^{-1} = 1.5 kg m^{-3} とすると、必要容積は 3,375 kg ÷ 1.5 kg m^3 = 2,250 m^3 ▲

活性汚泥法を窒素除去もできるように改良したのが**循環式硝化脱窒法**です。**生物学的硝化脱窒法**ともいいます。標準活性汚泥法との違いは反応槽を脱窒槽と硝化槽に分け、硝化槽のみに曝気を行い、硝化液を脱窒槽に循環させる点です。硝化槽は曝気により好気状態となり、アンモニアを硝化菌の働きで硝酸イオンに変えます。脱窒槽では循環されてきた硝化液に含まれる硝酸イオンを脱窒菌の働きで窒素ガスにして除去します。窒素除去率（R）は硝化液循環率（r_n）および汚泥返送率（r_r）によって決まります。硝化槽での硝化率を 100％、脱窒槽での硝酸イオンの脱窒率を 100％とすると、

$$R = \frac{r_n + r_r}{1 + r_n + r_r} + \alpha$$

ここで、α は余剰汚泥の引抜きによる窒素除去率です。この式より、循環流量を上げれば除去率は向上することが分かりますが、上げすぎると硝化液とともに持ち込まれる酸素によって脱窒槽を無酸素状態に保てなくなります。実用的な範囲は全循環率 $r_n + r_r = 2$（200％）くらいまでで、窒素除去率は 70％くらいが限度となります。

例題③ 循環式硝化脱窒法

循環式硝化脱窒法において窒素除去率 60％、70％となる硝化液循環率を求めなさい。ただし、汚泥返送率は 50％、余剰汚泥引抜きに伴う窒素除去率 5％とし、硝化槽での硝化率を 100％、脱窒槽での脱窒率を 100％と仮定します。

解答 ▼

窒素除去率 60％のとき、窒素除去率の式より $0.6 = \dfrac{r_n + 0.5}{1 + r_n + 0.5} + 0.05$、$r_n = 0.72$

よって、硝化液循環率は 72％とすればよい。このとき、全循環率は $0.72 + 0.5 = 1.22 = 122\%$

同様にすると、窒素除去率 70％のとき、$0.7 = \dfrac{r_n + 0.5}{1 + r_n + 0.5} + 0.05$ より、$r_n = 1.36$

よって、硝化液循環率は 136％、全循環率は $1.36 + 0.5 = 1.86 = 186\%$ ▲

リン除去も可能な活性汚泥法として開発されたのが、**嫌気好気活性汚**

*26 送気装置のこと。エアーコンプレッサー（空気圧縮機）などが用いられる

泥法です。活性汚泥を下水とともに嫌気状態に曝すと、細菌が蓄積していたリンを放出します。この活性汚泥を好気状態に移すと細胞合成に必要な量以上のリン酸をポリリン酸塩の形で細胞内に過剰に再蓄積します。嫌気好気活性汚泥法は嫌気槽のあとに好気槽を配置することで活性汚泥に過剰にリンを蓄積させ、リンを過剰に含む活性汚泥を引き抜くことによりリン除去を達成する処理法で、**生物学的リン除去法**ともいいます。通常の活性汚泥ではリン含有量は活性汚泥重量の 1.5～2% 程度ですが、この方法によれば 3～5% 程度リンを含有する活性汚泥が得られます。この方法を適切に運転すれば、処理水中リン濃度を $1\ \mathrm{mgP\ L^{-1}}$ 以下にすることができます。

嫌気無酸素好気法は循環式硝化脱窒法と嫌気好気活性汚泥法を組み合わせた方法です。反応槽を嫌気槽、無酸素槽、好気槽の順に配置し、好気槽の硝化液を無酸素槽に循環させます。嫌気槽で活性汚泥からのリン放出を行い、無酸素槽で脱窒反応を行わせ、好気槽で硝化とリンの再蓄積を行わせます。窒素については循環式硝化脱窒法と同等、リンについては嫌気好気活性汚泥法と同等の処理水質を得ることができます。

◆ 様々な生物膜法

生物膜法のうち、最も古くから使われているのが**散水ろ床法**です。ろ材を充填した反応槽に排水を滴下し、排水がろ材表面を滴っていく間に、排水中の汚濁物質が除去されていきます。ろ材の間隙には空気があるため、ブロア[*26]を用いて曝気をしなくても好気分解に必要な酸素が供給されるという利点を持っています。一方でろ床面積当たりの下水負荷量が小さく（標準散水ろ床法 $1～3\ \mathrm{m^3\ m^{-2}\ d^{-1}}$、高速散水ろ床法 $15～25\ \mathrm{m^3\ m^{-2}\ d^{-1}}$）大きな床面積を必要とする欠点があります。高速散水ろ床の構造を図 1・19 に示します。標準散水ろ床法ではろ床に 25～50 mm の大きさの砕石が用いられ、高速散水ろ床法では 50～60 mm の砕石が用いられます。

散水ろ床法が固定されたろ材（担体）表面を排水が流れていくのに対し、**回転板接触法**では槽内に貯留された排水中を担体である円板が移動

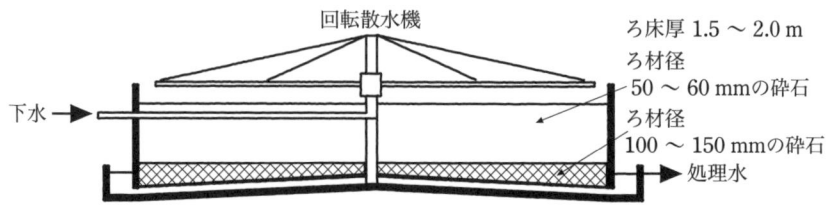

図 1・19　高速散水ろ床の構造

します（図1・20）。円板はモーターにより低速回転しており、回転板上に形成された生物膜は水面上で空気から酸素を取り込み、水中に浸かったときに有機物等の基質を摂取します。また、回転によって反応槽内の排水を撹拌するとともに、必要以上に厚くなった生物膜を剥離して生物膜の厚さを一定に保っています。維持管理が容易で必要電力が小さいという利点がありますが、円板の半分強が水面上に出ているため気温の影響を受けやすいという欠点があります。一般に円板径3～4m、円板浸漬率35～45%、円板間隔15 mm以上とし、液量面積比5 L m^{-2}以上*27で運転されます。

曝気を併用する生物膜法に**接触曝気法**があります。汚水に浸漬したろ材に付着した生物膜を利用して汚水の浄化を行う処理法であり、酸素は曝気により供給されます。ろ材には様々な形状や材質、大きさのものが用いられています。比表面積*28の大きいろ材ほど生物膜の付着面積が大きくなるため、単位体積当たりの処理速度やSS補足率が大きくなりますが、一方で、ろ材に水を循環するのに大きな動力が必要となり、過剰に付着した生物膜の剥離が困難になります。ろ材充填率は、50～70%程度です。浄化槽では生物処理として単独で用いられる他、小型合併処理浄化槽を中心に、嫌気ろ床の後段に適用される場合があります。処理水BOD 20 mg L^{-1}以下に対応する浄化槽では、BOD容積負荷は、0.3 kg m^{-2} d^{-1}以下となるように設計されます。

嫌気ろ床法は排水に浸漬したろ材に付着した生物膜を利用するところは接触曝気法と同じですが、曝気を行わないところが異なっています。嫌気性微生物処理は処理速度が遅く、比較的大きな滞留時間を必要としますが、汚泥発生量が少なく、曝気が不要であるため省エネルギーであるという利点があります。ただし、単独では十分なBOD除去性能が得られないため、後処理として好気処理を行うことが一般的です。小規模小型合併処理浄化槽では前述の接触曝気法と組み合わせて広く用いられ

*27 反応槽の実容積と回転円板の面積比
*28 単位体積当たりの表面積のこと

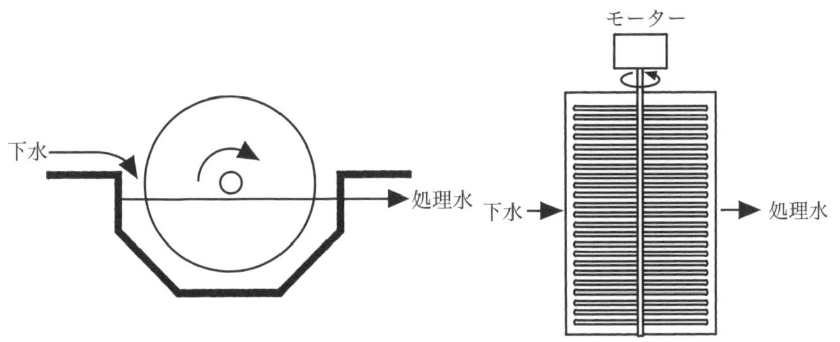

図1・20　回転板接触法の反応槽　左：側面、右：上面

ています。さらに接触曝気槽から嫌気ろ床槽への循環を行って生物学的硝化脱窒プロセスを利用した窒素除去を行わせる浄化槽も開発されています（図1・15、p.21）。

◆**汚泥処理**

　現在の下水処理は生物学的水処理が主体となっており、処理に伴って余剰汚泥が発生します。その発生量は、2004年度において年間約7,500万tであり、日本の年間産業廃棄物発生量の20％弱、年間産業廃棄物汚泥発生量の40％弱を占めています[※14]。余剰汚泥を適切に処分してはじめて下水処理が完了すると言っても過言ではありません。

　汚泥処理の基本は**減容化**と**安定化**です。図1・21に一般的な汚泥処理の処理フローを示します。

　汚泥は含水率が非常に高いため最初に濃縮し、容積を減らします。含水率$R_W(\%)$は以下の式で求められます。

$$R_W = \frac{W_{WS} - W_{DS}}{W_{WS}} \times 100\,(\%)$$

　ここで、W_{WS}は汚泥の湿重量、W_{DS}は汚泥の乾燥重量です。濃縮方法には**重力濃縮**と**遠心濃縮**、**常圧浮上濃縮**などがあります。重力濃縮は水と汚泥の比重差を利用して重力沈降により濃縮するもので含水率96〜97％の濃縮汚泥を得ることができます。遠心濃縮は遠心機を用いて遠心力により沈降濃縮を早めるもので含水率95〜96％の濃縮汚泥を得ることができます。常圧浮上濃縮は加圧して空気を溶解させた加圧水と汚泥を混合し、常圧まで減圧したときに生じる微細気泡を汚泥に付着させ、その浮力で汚泥を浮上させて濃縮する方法で含水率95〜97％の濃縮汚泥が得られます。

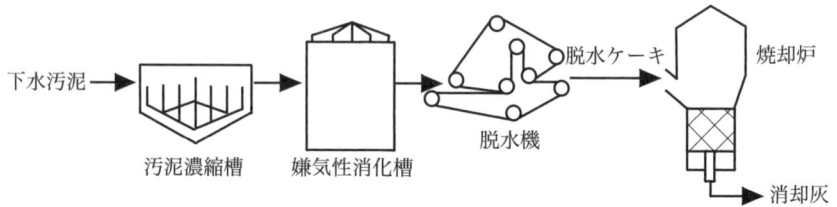

図1・21　一般的な汚泥処理フロー

> **例題④　汚泥含水率**
> 　含水率99％の汚泥を重力濃縮により含水率96％まで濃縮しました。このとき、汚泥量は濃縮前に比較してどの程度減少したでしょう。

解答▼

　濃縮前後でW_{DS}は変化しないことに着目し、汚泥重量W_{WS}をW_{DS}で表して濃縮前後の重量変化を求めます。

濃縮前の含水率は99％なので、含水率の式より、

　濃縮前汚泥重量 $W_{WS} = 100W_{DS}$

濃縮後の含水率は96％なので、含水率の式より、

　濃縮後汚泥重量 $W_{WS} = 25W_{DS}$

したがって、汚泥量は $\dfrac{25W_{DS}}{100W_{DS}} = \dfrac{1}{4}$ になります。　▲

　この例題から分かるように含水率の変化は数％でも濃縮によって汚泥量は大きく減少します。

　嫌気性消化は嫌気性細菌の働きで汚泥を嫌気分解し、汚泥の有機物含有量を低下させて減容化するとともに、生物学的安定化を図るものです。一般的に30～35℃での中温消化で運転され、嫌気性消化槽全体の滞留時間は30日程度にもなります。消化槽では酢酸生成細菌やメタン生成細菌が増殖し、メタン発酵によりメタンが生成します。消化槽の加温に生成したメタンを利用することも行われています。酢酸生成細菌やメタン生成細菌の増殖収率はそれぞれ0.15、0.03程度と小さいことから、嫌気性消化により汚泥の減容化が進みます。消化後の汚泥中有機物含有率は50～70％程度です。

　脱水は安定化した汚泥をさらに減容するために行われるもので、真空脱水機、遠心脱水機、加圧脱水機、ベルトプレス脱水機等が用いられます。脱水後の汚泥は固形物状態になっており、脱水ケーキと呼ばれます。含水率は50～80％程度です。多くの場合、脱水の際に脱水性向上のために汚泥に凝集剤が添加されます。

　脱水ケーキの状態で埋め立て処分される場合もありますが、多くの場合、熱風乾燥等により脱水ケーキの含水率を40％以下に下げた後、**焼却処理**が行われています。焼却炉にはストーカ式焼却炉や流動床式焼却炉があります。焼却の詳細については2章「大気汚染物質を制御する」を参照してください。

1・5 高度処理技術

　高度処理は、二次処理水質以上の処理水質を得るための様々な水処理法を指します。高度処理の採否は、被処理水の水質、要求される処理水質と、処理にかかるコストに依存しています。1・4・②「排水処理のしくみ」（p.20）で説明した循環式硝化脱窒法や嫌気好気活性汚泥法、嫌気無酸素好気法も高度処理に位置づけられます。ここでは物理化学的高度処理技術について学びます。物理化学的高度処理技術といっても、表1・4に示すような多種多様な処理方法があり、除去すべき物質に合わせて適切な処理法を選択する必要があります。以降、各技術の特徴を簡単に説明します。

表1・4　物理化学的高度処理技術

処理法	処理機能				備考
	固液分離	有機物除去	栄養塩類除去	無機塩類除去	
砂ろ過	○	△	—	—	有機物除去は固形成分に有効
凝集沈澱	○	△	○	—	有機物除去はコロイド以上に有効 栄養塩類除去はリン酸に有効
MF膜	○	△	—	—	有機物除去は固形成分に有効
UF膜	○	△	—	—	有機物除去は高分子以上に有効
活性炭吸着	—	○	—	—	有機物除去は疎水性物質に有効
オゾン処理	—	○	—	—	色度、臭気物質除去、消毒に有効
促進酸化処理	—	○	—	—	有機物を完全分解可能
不連続点塩素処理	—	△	○	—	栄養塩類除去はアンモニアに有効、消毒に有効
アンモニアストリッピング	—	—	○	—	栄養塩類除去はアンモニアに有効
晶析脱リン	—	—	○	—	栄養塩類除去はリン酸に有効
電気透析	—	—	○	○	濃縮液の処理が必要
RO膜	—	○	○	○	濃縮液の処理が必要
イオン交換	—	—	○	○	イオン交換体の再生が必要

○：効果有り、△：一部効果有り

1 固液分離技術

　固液分離とは、水に含まれる固形物を水から分離することです。高度処理として用いられる固液分離技術には、上水道で用いられている凝集沈殿や砂ろ過法（1・4・1「水道のしくみ」p.13 参照）があり、下水道の終末処理場の最終沈殿池を経た処理水中の微細な SS 成分を除去する必要がある場合に広く用いられています。これ以外の固液分離技術として膜ろ過法があります。**膜ろ過**は、被処理水を微細な穴（孔）が無数に開いた膜に通すことによって、孔径よりも大きな懸濁粒子をふるい分け作用（図1・12、p.18）により分離する技術です。膜ろ過の利点は、孔径よりも大きな懸濁物質を完全に分離できる点にあり、非常に清澄な処理水を得ることができます。欠点は、ろ過に圧力を要することと、膜の閉塞を防ぐための洗浄操作が必要なことです。膜ろ過は、膜孔径に合わせて**精密ろ過**（micro filtration：MF）、**限外ろ過**（ultra filtration：UF）、**逆浸透**（reverse osmosis：RO）等と呼び分けられています（図1・22）。固液分離には精密ろ過（孔径＞ 0.01 μm）と限外ろ過（孔径＜ 0.01 μm）が用いられます。最近では、下水処理プロセスの最終沈殿池をなくし、MF 膜や UF 膜を用いて活性汚泥と水との分離を行う**膜分離活性汚泥法**も実用化されています[文15]。また上水道でも、凝集沈殿－砂ろ過の代わりに MF 膜分離を適用することも行われています。

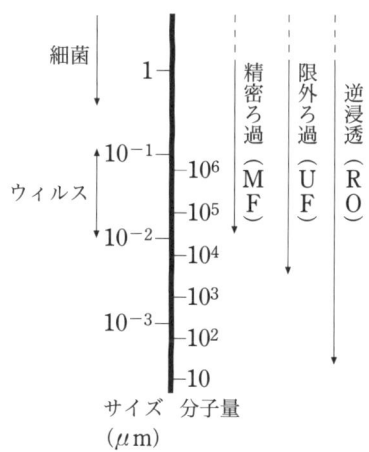

図1・22　膜の種類と除去対象粒子サイズ

2 有機物除去技術

　一般的な水処理では、有機物は生物処理により除去されます。生物処理は処理効率が高い優れた技術ですが、一方で生物毒性のある物質や化

*29 粉体単位量当たりの表面積のこと。質量基準比表面積（$m^2 kg^{-1}$）と体積基準比表面積（$m^2 m^{-3}$）が用いられます

*30 ある一定温度下において、固体表面への吸着量 q と水中平衡濃度 C_e の関係は多くの場合、以下の式で表されます。

$$q = kC_e^{1/n} \quad (1)$$
$$q = \frac{q_0 KC_e}{1+KC_e} \quad (2)$$

ここで q_0 は最大吸着量、k、n、K は定数です。式 (1) は経験的に得られた式であり、フロイントリッヒ（Freundlich）の式といいます。式 (2) は単分子吸着の理論から導かれた理論式でラングミュア（Langmuir）の式といいます。また、定数 K を吸着平衡定数と呼んでいます

*31 水との相互作用・親和性が小さい性質、水と混ざりにくい性質。反対の性質を親水性といいます

*32 水の着色の程度を表す指標

学構造から、生物分解されにくい物質（生物難分解性物質）の処理は困難です。このような生物難分解性物質の除去のために、様々な物理・化学的水処理技術が開発・実用化されています。

固液分離にも用いられている**凝集沈殿**は、有機物の分離機能も併せ持っています。凝集剤が生成するフロックには、水中で沈殿しないコロイドと呼ばれる微細な粒子も吸着し、沈殿除去されます。コロイドの多くは有機物ですので、結果として有機物の除去が進むのです。

活性炭は、その表面にナノメートルサイズの微細な穴をたくさん持っていて、大きな比表面積[*29]を有しています。その穴に水中に溶存している有機物分子がはまり込み、吸着されることによって、有機物を分離することができます[*30]。活性炭は主に、疎水性[*31]の有機物を吸着することができます。浄水場において、微量な臭気物質を吸着分離するために活性炭粉末を投入したり、多くの浄水器に活性炭カートリッジが搭載される等、**活性炭吸着**は幅広く利用されています。

オゾンは強い酸化剤であり、水中で図 1・23 のように、炭素二重結合の部分に反応して有機物を分解します。この、オゾンを水に吹き込むことにより水中の有機物を酸化分解させる処理方法を、**オゾン処理**といいます。オゾンは、色度[*32]除去や臭気除去の目的で、浄水プロセスや下水・排水処理プロセス、パルプの漂白等に用いられています。オゾンの利用の歴史は長く、フランスでは 100 年以上前から水道水の消毒にオゾンを利用しています。

オゾン処理は優れた酸化処理法ですが、有機物を二酸化炭素まで完全に分解することはできず、炭素二重結合を持たない有機物の分解には効果的ではありません。そこで、有害な難分解性有機物を分解処理する手法として発展したのが、**促進酸化法**です。促進酸化法は、水酸化物イオン（OH^-）から電子が 1 つとれた水酸基ラジカル（OH ラジカル、・OH）を用いて酸化分解を行わせる処理法です。水酸基ラジカルは、周りの物質から電子を奪う（周りの物質を酸化する）能力が高く、多くの有機物を完全分解することが可能です。促進酸化法には、オゾンに紫外線を照射

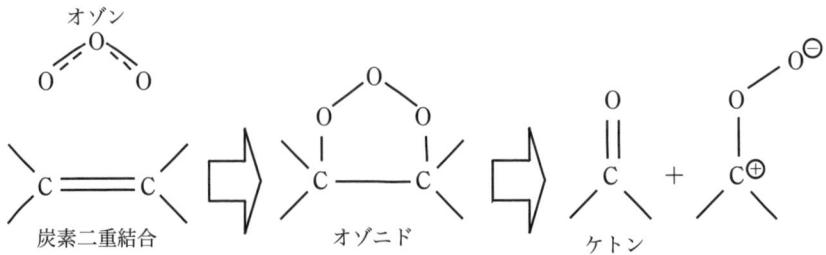

図 1・23　オゾンと炭素二重結合の反応（クリーギーメカニズム）

する方法、オゾンと過酸化水素を反応させる方法、オゾンを電解還元する方法等[※16]、様々な方法があります。

3 栄養塩類除去技術

栄養塩類（窒素やリン）除去技術として最も広く用いられているのは、循環式硝化脱窒法や嫌気好気活性汚泥法、嫌気無酸素好気法です。これらの生物処理法の詳細は1・4・2「排水処理のしくみ」（p.20）を参照してください。ここでは、これ以外の栄養塩類除去技術について説明します。

生物処理以外の窒素除去技術には、**不連続点塩素処理法**と**アンモニアストリッピング法**があります。

1・4・1「水道のしくみ」（p.18）において示した不連続点塩素処理の反応式を見ると、モノクロラミンとジクロラミンが窒素ガスになる反応があります。モノクロラミンもジクロラミンも、水中のアンモニウムイオンが次亜塩素酸と反応して生成したものですから、アンモニウムイオンを含む排水に遊離塩素を過剰に加えると、アンモニウムイオンを窒素ガスとして除去できます。

アンモニアストリッピング法は、排水にアルカリを加え、pHをアルカリ性にした状態で曝気を行う方法です。アンモニウムイオンのpKは9.24（25℃）[※17]なので、解離平衡により25℃、pH10.5では約95%がアンモニア分子になります。生成したアンモニア分子は曝気により大気中に揮散し、水から分離されます。ただし、大気中に揮散したアンモニアを回収して処理する必要があるという欠点があります。

リンは窒素と違って常温では気体になりません。そのため化学処理では、難溶性の化合物にして除去することが行われます。

最も広く用いられている化学的リン除去法は、**凝集沈殿法**です。PAC（ポリ塩化アルミニウム）や硫酸バンド等のアルミニウム系凝集剤や、塩化第二鉄等の鉄系凝集剤を加えると、リン酸イオンは、水酸化アルミニウムや水酸化鉄に吸着して沈殿除去されます。

晶析脱リン法は日本で開発された方法です。食塩の再結晶のように、過飽和溶液中で結晶が析出する現象を晶析といいます。晶析脱リン法は、リンを含む排水にカルシウム塩を加えてpH調整することにより過飽和状態を作り出し、種晶となる脱リン材上にリン酸カルシウムを析出させることにより、排水からリンを除去する方法です。晶析脱リン法で得られる結晶は純度が高く、資源として再利用しやすいという利点があります。

*33 壁面等に形成される固体生成物。水中に含まれるイオンが難溶性の塩を形成したもので、酸化物、水酸化物、炭酸塩、硫酸塩、塩化物等を含みます。ひどい場合にはパイプの閉塞等を引き起こします

4 塩類除去技術

　排水を再利用する場合、塩分濃度が高いとスケール*33の生成が起こり、水利用上の障害となります。そこで必要に応じて塩類除去を行うことがあります。また、離島や乾燥地域等では海水から飲料水を得るために海水淡水化を行うことがありますが、これも塩類除去技術の応用例です。塩類除去技術には、**電気透析法**、**逆浸透法**（Reverse Osmosis 法：RO 法）、**イオン交換法**等があります。

　電気透析とは、膜を介して電位をかけたときに電位勾配によってイオンが膜を通過して移動する現象をいいます。図1・24に示すように、陽イオンは通過できるが陰イオンは通過できない陽イオン交換膜と、陽イオンは通過できないが陰イオンは通過できる陰イオン交換膜を交互に配置し、外部から電位をかけると、イオンが除去される室（脱塩室）とイオンが濃縮される室（濃縮室）が交互にできます。このようにして塩類を濃縮分離することができます。電気透析は比較的塩分濃度が高い水の脱塩に効果的で、海水から塩を作る製塩プロセス等でも用いられています。

　水分子は通過できるが溶質は通過できない半透膜を介して溶質濃度が異なる溶液を接触させると、溶質濃度が高い溶液を薄めるように水が移動します。このとき膜にかかる圧力差を浸透圧といいます。溶質濃度が高い溶液側に浸透圧よりも高い圧力をかけると水分子は溶質濃度の高い溶液から低い溶液へ移動します。このようにして溶質と水を分離する方法を逆浸透法（RO 法）といいます（図1・25）。また、RO 法で用いられる半透膜を逆浸透膜（RO 膜）といいます。RO 法を用いると、塩分のみならず非イオン性物質も分離されるので、純水製造にも用いられています。RO 膜の運転には、一般に 3 MPa 以上の圧力が必要ですが、溶質の阻

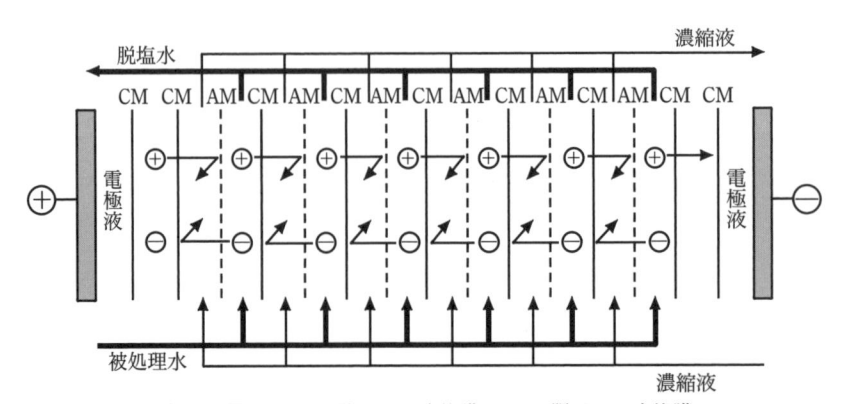

図1・24　電気透析法の原理　AM：陰イオン交換膜、CM：陽イオン交換膜

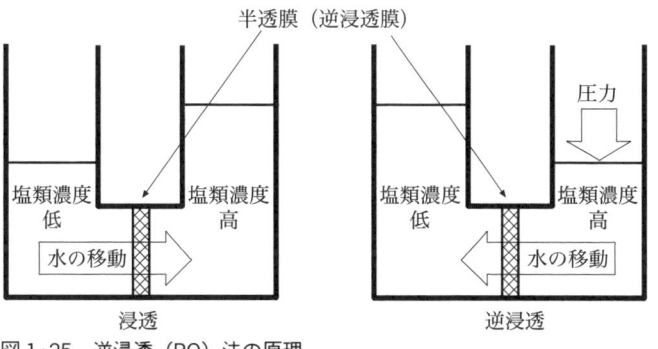

図1・25 逆浸透（RO）法の原理

*34 イオン交換体単位量（質量もしくは体積）当たりのイオン吸着量のこと（単位は meq g^{-1} または meq mL^{-1}）。meq はイオン量をその電荷で表したもので1 meq は電子1 mmol に相当する電荷を表します

止率は低いが、低い運転圧力（0.3～1.5 MPa 程度）で運転できる低圧RO 膜やナノろ過膜（nanofiltration 膜、NF 膜）等も実用化され、排水処理等に用いられています。

　イオン交換法は、塩類を含む水にイオン交換体を接触させたときにイオン交換体の一部が解離して H$^+$ や OH$^-$ 等のイオンを放出し、逆に水中のイオンを取り込む現象を利用して水中の塩類を除去する方法です。イオン交換体のイオン交換容量*34には限界があるため、処理を続けるとそのうちに塩類除去ができなくなります。そのため、定期的なイオン交換体の再生が必要になります。一般に塩酸や水酸化ナトリウム等の薬剤を用いて再生を行います。イオン交換法は、低濃度の塩類を含む水の処理に適しています。

　塩類除去技術は塩類を分離するものであり、必ず濃縮液が発生するので、使用にあたっては濃縮液の処理・処分法を確立しておく必要があります。

＊引用文献

1　データ出典：国土交通省土地・水資源局水資源部編（2007）『日本の水資源』平成19年版

2　Kofi A. Annan（2000）*We The Peoples*：*The Role of The United Nations in the 21st Century*, the United Nations Department of Public Information

3　T. Oki, S. Kanae（2004）*Virtual water trade and world water resources,* Water Science and Technology, 49（7）, p.203-209

4　西野麻知子、大高明史（2005）「北湖深底部における底生動物の変化」『琵琶湖研究所記念誌』（所報第22号）、pp.187-196

5　中島拓男（2005）「チオプローカ研究」『琵琶湖研究所記念誌』（所報第22号）、pp.197-200

6　『琵琶湖研究所ニュースオウミア』No.73（2002）

7　A. C. Redfield, B. H. Ketchum and F. A. Richards（1963）, *The Influence of Organisms on the Chemical Composition of Seawater,* In：*The Sea*：*Ideas and Observations on Progress in the Study of the Seas,* Vol. 2, M. H. Hill（ed）, *Interscience*, New York

8　宗宮功、高橋正（1990）「湖沼の水質・生態と環境」『湖沼工学』岩佐義朗編著、山海

	堂より一部抜粋
9	日本水道協会 HP
10	G. M. Fair, J. C. Geyer (1961) *Water Supply and Waste‐Water Disposal*, John Wiley & Sons
11	T. R. Camp, P. C. Stein (1943) *Velocity Gradient and Internal Work in Fluid Motion, J. Boston Soc. Civil Engrs.*, 30, p.219-237
12	津野洋・西田薫（1995）『環境衛生工学』共立出版
13	R. E. McKinney (1962) *Microbiology for Sanitary Engineers*, McGraw‐Hill
14	環境省（2004）『産業廃棄物の排出及び処理状況等・処理状況調査』（平成 16 年度実績）
15	和泉清司（2007）「2－2－4 膜分離活性汚泥法による排水処理技術」『排水・汚水処理技術集成』エヌ・ティー・エス、pp.194-206
16	津野洋、山田春美（2007）「3－1 オゾンとオゾン＋促進酸化処理法による排水・汚水処理のメカニズム」『排水・汚水処理技術集成』エヌ・ティー・エス、pp.289-306
17	国立天文台（2002）『理科年表』平成 15 年、丸善

＊参考文献

- 山村恒年（2001）『検証しながら学ぶ環境法入門－その可能性と課題』[全訂版]、昭和堂
- 宗宮功・津野洋（1997）『水環境基礎科学』コロナ社
- 有田正光編著（1998）『水圏の環境』東京電機大学出版局
- 巽巌（1971）『上水工学』共立出版
- 中村玄正（2005）『三訂版 入門上水道』工学図書
- 津野洋・西田薫（1995）『環境衛生工学』共立出版
- 松本順一郎・西堀清六（1994）『新版 下水道工学』朝倉書店
- 北尾高嶺（2003）『生物学的排水処理工学』コロナ社
- 土木学会（2004）『環境工学公式・モデル・数値集』丸善
- 日本下水道協会（1994）『下水道施設計画・設計指針と解説』（後編）1994 年版
- 北尾高嶺編著（1996）『浄化槽の基礎知識』日本環境整備教育センター

2 大気汚染物質を制御する

　私たちの呼吸する大気の質が悪化する要因としては、火山の噴火等の自然由来の大気汚染物質の排出と、人間の生産・消費活動に伴う大気汚染物質の排出が考えられます。人為的な活動による大気汚染を防止するためには、汚染物質の除去・処理等の末端での処理だけではなく、汚染物質を排出しないような生産形態への転換等の上流側での取り組みが必要です。本章では、主に燃焼由来の大気汚染を防止するための技術はもちろん、抜本的な解決に通じるような施設の運転管理についても解説します。

▶ 2章　大気汚染物質を制御する

2・1 物質が燃えること
燃えて発生するガスと大気汚染

*1　固形物のうち揮発しやすい成分が空気中の酸素と混合して起こる燃焼で、ガス化燃焼ともいいます

1 燃焼とは何か

　ある化合物が酸素と結合する化学反応のことを**酸化**といいます。広い意味での酸化反応は、水素を失うこと、および電子を失うことまで含みます。鉄がさびて赤く変色するのも酸化反応ですし、動物が食事をして栄養を摂取するのも体内での酸化反応です。酸化の反対が酸素を奪われる**還元**反応ですが、この2つの反応は表裏一体のものであり、ある物質が酸化されれば同時に別の物質が還元されているはずです。**燃焼**というのは、この酸化が**熱**と**光**を伴って急激に進行する反応のことをいいます。燃焼には、**燃焼の3要素**といわれる、燃えるもの、酸素、そして着火のエネルギー、が必要になります。また、燃焼が継続するためには、燃えるものが供給されるとともに、発熱の速度が放熱の速度を上回る必要があります。

　燃えるものの形態によって燃焼の様子は異なります。気体燃料は空気と混合して燃焼し火炎を形成します。液体燃料の燃焼には、液体の表面から燃焼する (a) **表面燃焼**、燃料に接触させた芯を通じて気化した成分が燃焼する (b) **灯芯燃焼**、燃料に熱を与えて蒸発気化させ燃焼させる (c) **蒸発燃焼**、燃料を噴霧して微細化し空気と混合させて燃焼する (d) **噴霧燃焼**があります。

　また固形物の燃焼は、(1) 水分の蒸発、(2) 蒸発燃焼*1、(3) 固形物の燃焼の順に進行します（図2・1）。固形物の燃焼はさらに、固形分中の熱分解によって生じた成分が揮発して燃焼する**分解燃焼**、揮発しなくとも自己の持つ酸素原子を用いて燃焼が起こる**自己燃焼**、揮発性のない固定炭素が、表層から酸素と接触し燃焼が進行する**表面燃焼**と細かく分類されます（図2・2）。

```
├─ (1) 水分の蒸発
├─ (2) 蒸発燃焼                  ┌─ 分解燃焼
└─ (3) 固形物の燃焼 ─────────────┼─ 自己燃焼
                                 └─ 表面燃焼
```

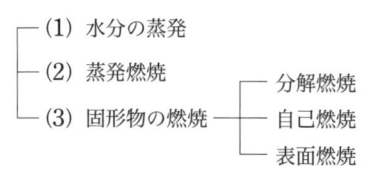

図2・1　固形物の燃焼の分類

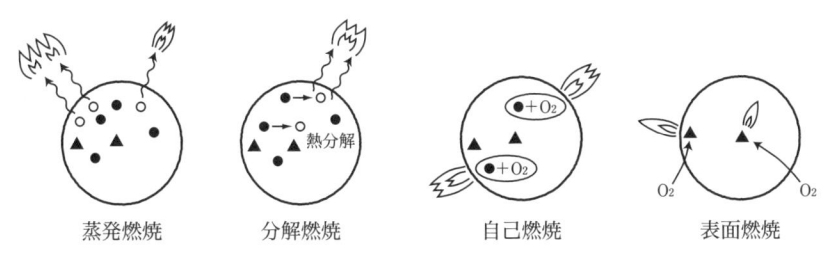

蒸発燃焼　　分解燃焼　　自己燃焼　　表面燃焼

○ 揮発しやすい成分　● 固形成分　▲ 固定炭素

図 2・2　燃焼過程の概略

完全燃焼に必要な空気量：理論空気量 L_0

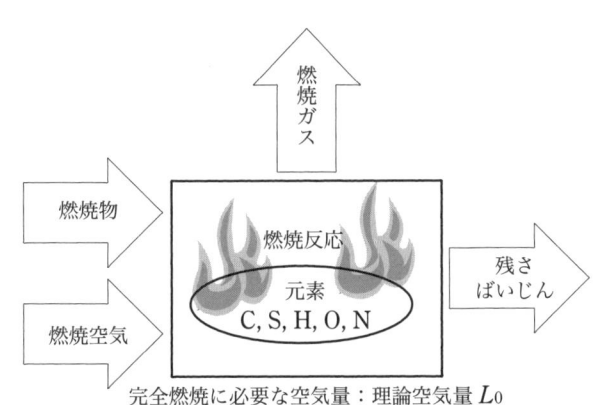

図 2・3　燃焼反応における気体・固体のフロー

2 燃焼に必要な空気量

　ものが燃えるのに必要な空気の量や、発生する燃焼ガスの量は、可燃元素の化学反応から算出できます。例えば炭素の完全燃焼で起こる反応としては、以下の反応があげられます。

$$C + O_2 = CO_2 \qquad \text{式 (2.1)}$$

$$C + \frac{1}{2}O_2 = CO, \quad CO + \frac{1}{2}O_2 = CO_2 \qquad \text{式 (2.2)}$$

　仮に、式（2.2）が第一式で反応が終わる場合は、完全燃焼とは言えません。すなわち炭素 1 mol の完全燃焼に必要な酸素は 1 mol であるといえます。別の言い方をすれば、酸素の量が充分でないと、完全燃焼には至らないということが分かります。ものを燃やすときに、完全燃焼できるかどうかは、理論的に必要な酸素を含む空気の供給にかかっています。この空気量は**理論空気量**と呼ばれます（図 2・3）。

例題①　理論空気量

　固体燃料 1 kg に、炭素 C (kg)、水素 H (kg)、硫黄 S (kg)、窒素 N (kg)、酸素 O (kg) が含まれているとします。元素としての炭素、水素、硫黄および酸素の原子量をそれぞれ 12、1、32、16 とします。理論空気量 L_0 を求めてみましょう。

> 解答 ▼
>
> まずは、すべての可燃性元素について、酸化反応式を書きます。
> $C + O_2 = CO_2$、$4H + O_2 = 2H_2O$、$S + O_2 = SO_2$
>
> 炭素 C (kg) は $\frac{C}{12}$ (kmol) です。この炭素の完全燃焼に必要な酸素量は $\frac{C}{12}$ (kmol) です。同じように、水素 H (kg) の完全燃焼に必要な酸素量は $\frac{H}{4}$ (kmol)、硫黄 S (kg) の完全燃焼に必要な酸素量は $\frac{S}{32}$ (kmol) と表されます。自身が持っている酸素の量は $\frac{O}{32}$ (kmol) ですから、その分を差し引いて、この固体燃料 1 kg の完全燃焼に必要な酸素量 O_0 (kmol) は
>
> $O_0 = \frac{C}{12} + \frac{H}{4} + \frac{S}{32} - \frac{O}{32}$ となります。1 kmol の気体容積は 22.4 (m^3_N) であり、空気中の酸素容積比は約 21％ であることから、$L_0 (m^3_N) = O_0 \times 22.4 \div 0.21$ と求められます。
>
> ▲

3 燃焼に実際に必要な空気量—空気比の考え方—

　前項では、燃料を完全燃焼するのに必要な理論空気量について解説しました。しかし、実際に燃料等の物質を燃焼する場合、燃焼室（炉）の内部で空気が均一に混ざり合うことは不可能です。炉の内部では、燃えるものの分布や空気の吹き込み位置に応じて、燃焼空気が不足する箇所が発生し、不完全燃焼状態になってしまい、一酸化炭素（CO）やすす等が多量に発生します。こうした現象を解決し完全燃焼させるためには、実際には理論空気量 L_0 の λ 倍の空気が必要となります。この λ を**空気比**といいます。空気比が多ければ、完全燃焼は起こせますが、多すぎると燃焼時に生じる燃焼ガス（次項参照）の量が増え、熱エネルギー損失が増えてしまいます。また、窒素酸化物等の大気汚染物質の生成も促進するため、空気比は適正に管理しなくてはなりません。

　空気比は、酸化反応の起こりやすさや、燃焼の速さに依存するので、気体、液体、固体の順で大きくなる傾向があります。都市ガス等の気体燃料の場合 1.1〜1.3、重油等の液体燃料の場合 1.2〜1.4、石炭等の固体燃料の場合 1.4〜2.0 といわれています。固形物では、成分の不均質性も高く、性状に応じて適切な空気比が異なります。特にごみ燃焼の場合、ごみの質（低位発熱量）によって空気比は大きく変わります。また燃焼装置の形式や性能に応じても空気比の調整が必要です（図 2・4）。

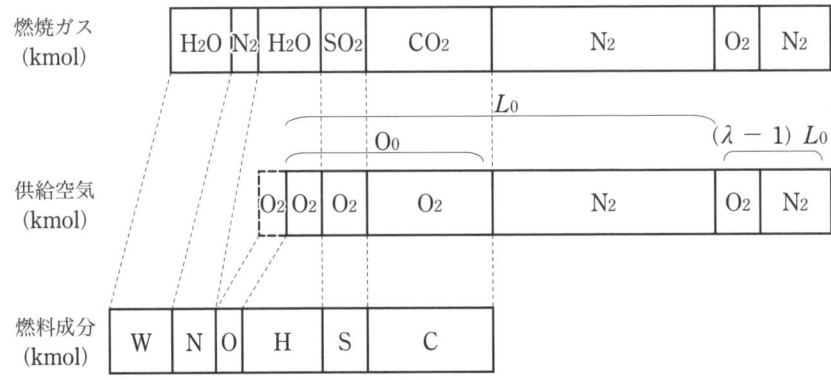

燃焼ガス (kmol)	H$_2$O	N$_2$	H$_2$O	SO$_2$	CO$_2$	N$_2$	O$_2$	N$_2$

図中の対応:
- L_0 は H$_2$O・SO$_2$・CO$_2$・N$_2$ の範囲
- O_0 は H$_2$O・SO$_2$・CO$_2$ の範囲
- $(\lambda - 1) L_0$ は末尾の O$_2$・N$_2$ の範囲

供給空気 (kmol)		O$_2$	O$_2$	O$_2$	O$_2$	N$_2$	O$_2$	N$_2$
燃料成分 (kmol)	W	N	O	H	S	C		

図2・4 空気量と燃焼ガス

*2 塩素が含まれることを考慮する場合(ごみ等)、燃焼による塩化水素の生成を考慮する必要があります。ただし、燃料中の塩素は水素に比べて含有量が少ないので一般的には無視されます

4 燃焼ガス量の算出

燃焼時に発生する高温のガスを燃焼ガスといいます。燃焼ガスには多くの有害成分が含まれており、その除去設備(ガス処理や通風設備)や、燃焼ガスの熱エネルギーを利用するボイラー設備によって大気汚染を防止することが必要です。こうした設備の設計には、燃焼ガスの発生量を知る必要があります。燃焼ガスの発生量は、**可燃分が燃焼して発生するガス**(1)だけではなく、**水分が蒸発した水蒸気**(2)も含みます。また、**燃焼空気に含まれる窒素**(3)は燃焼反応に関与しないので、そのまま燃焼ガスとして発生します。さらに、理論空気量に対して空気比 λ 倍だけ必要とする分を吹き込む分、**燃焼に未利用の空気**(4)も燃焼ガスとして発生します。これらの合計が湿り燃焼ガス量(G_w)であり、水蒸気をのぞいた合計が乾き燃焼ガス量(G_D)です。

例題② 湿り燃焼ガス量

例題①と同じ条件の固体燃料1kg燃焼時の湿り燃焼ガス量 G_w を求めましょう。ただし、計算上窒素酸化物は発生しないものとします。

解答 ▼

まずは、可燃性元素の燃焼で発生するガスについて考えます[*2]。

C + O$_2$ = CO$_2$、4H + O$_2$ = 2H$_2$O、S + O$_2$ = SO$_2$、2N = N$_2$

炭素 C(kg)は $\frac{C}{12}$(kmol)ですから、燃焼で発生する二酸化炭素量は $\frac{C}{12}$(kmol)になります。同じように、水素 H(kg)(H(kmol))の燃焼で発生する水蒸気量は $\frac{H}{2}$(kmol)、硫黄 S kg ($\frac{S}{32}$(kmol))の燃焼で発生する二酸化硫黄量は $\frac{S}{32}$(kmol)、窒素 N kg ($\frac{N}{14}$(kmol))の燃焼で生じる窒素ガス量

は $\dfrac{N}{28}$ (kmol)とあらわされます。これらの合計に 1 kmol の気体容積である 22.4 (m³$_N$)をかけ、可燃分の燃焼で生じるガス量は

(1) $\left(\dfrac{22.4C}{12} + \dfrac{22.4H}{2} + \dfrac{22.4S}{32} + \dfrac{22.4N}{28} \right)$ (m³$_N$)となります。

また、水分(H$_2$O)量を W kg $\left(\dfrac{W}{18} \text{(kmol)} \right)$ とすると、その燃焼時に発生する水蒸気は (2) $\dfrac{22.4W}{18}$ (m³$_N$)です。空気中の窒素分を 79%とすると理論空気中の未燃焼の窒素分は (3) $0.79\,\lambda L_0$ (m³$_N$)、過剰吹き込みで未燃焼の酸素は (4) $0.21(\lambda - 1)\,L_0$ (m³$_N$)となります。(1)から(4)までの合計が G_w となります。

▲

5 燃焼管理とは

ものを効率的に完全燃焼させるには、燃えるものと酸素（空気）をできるだけよく混合させることと、その状態に応じて適正な量の酸素（空気）を吹き込むことが必要です。空気比はその指標として使われます。

また、燃焼ガス中には有害物質や大気汚染物質が含まれることもあり、大気中へ排出する際には、燃焼ガス性状に応じた排ガス処理が必要です。しかし、空気比や燃焼温度等の燃焼条件を管理することで、有害な物質の発生そのものを抑制することができます。

例えば、窒素酸化物に対しては、燃焼ガスを再度炉内に吹き込むことで、部分的に酸素濃度の低い領域を作り出し、還元的雰囲気で窒素酸化物の発生を抑制することができます。燃焼炉内に吹き込む空気を減らしても同様の効果は得られますが、完全燃焼と両立させるためにこの方法が採用されます。

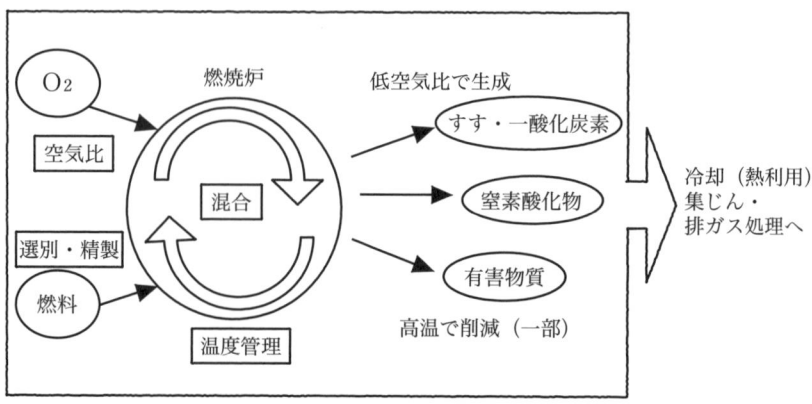

図 2・5　燃焼管理：燃焼効率向上と大気汚染物質削減の両立

燃焼管理とは、効率的な完全燃焼と有害物質の発生抑制を目的としているのです。その最たるものは空気比管理ということになりますが、それ以前の、燃焼における装置・炉の形式の選定も重要になります（図2・5）。

Column　エネルギーのクリーン化とグリーン化

　この章では燃焼にともなって発生する大気汚染物質や有害物質を大気中に排出しないための取り組みについて解説していますが、大気汚染物質の排出の少ない燃料やエネルギー源（クリーンエネルギー）への転換は1つの有望な考え方です。クリーンは大気汚染を起こさないという点で清浄であることですが、CO_2等の温室効果ガス排出削減に効果のあるエネルギー源は、環境負荷が少ないという点で環境に優しいことをイメージしたグリーンエネルギーとも呼ばれます。

　例えば、太陽光、水力、風力、地熱等の自然エネルギーはクリーンであり、グリーンであると評価されているほか、化石燃料の中では大気汚染物質の発生が少ない天然ガスもクリーンであるという意見もあります。3章で述べますが、廃棄物のエネルギー利用や、バイオマスエネルギーの活用はグリーン、従来エネルギーの効率化や新技術（コージェネレーションや燃料電池）もエネルギーのクリーン化と捉えることがあります。

　この例でも分かるように、クリーンやグリーンというのは、これまでの主流のエネルギー源である化石燃料と比べて相対的に呼ばれるだけで、厳密な定義があるわけではありません。確かに、化石燃料の燃焼では多くの大気汚染物質や温室効果ガスが排出され、現実の問題が起こったことから、その改善に向けた取り組みの一環としてのエネルギーのクリーン化の要求は強かったといえます。しかし、新エネルギーが多く開発されてくる中で、化石燃料に比較してクリーン、というだけでは、社会の多くの問題に対応できなくなってきているのも事実です。

　例えば、水素エネルギーは、燃焼時に大気汚染物質を発生しないという点でクリーンであるといえますが、水素の製造・保管や燃料電池の製造に関して有害物質の排出が全くないわけではありません。バイオマスエネルギー由来のCO_2はすべてグリーン扱いでよいでしょうか？原子力発電は発電時にCO_2を放出しないのでグリーンであるという論調がありますが、資源の採掘にかかるCO_2、使用済み燃料の処理が与える環境負荷や、事故時の放射能影響も含めて環境に優しいという評価が適切でしょうか？

　エネルギーの過渡期においては、相対的にクリーン・グリーンという評価で問題解決に向かうことも必要でしょう。しかし、いつかは抜本的な解決に取り組まなければいけません。エネルギー依存型の社会生活を維持するためには、一定の環境負荷は避けられません。その中で今後どのような環境負荷を許容していくのか、それが嫌ならば快適な生活を犠牲にするのか、について議論を深め、真にクリーン・グリーンと呼べるエネルギーを定義していく必要があるでしょう。いずれにせよ、公害問題でも地球環境問題でも、その解決策を考えるうえで根底にある、人間生活の快適・安全性の確保と向上という基本理念を忘れてはいけません。

2・2 大気汚染防止対策

*3 ばい煙とは、燃焼で発生する硫黄酸化物、燃焼・熱源での電気使用で発生するばいじん（すす）、燃焼で発生する有害物質（カドミウムおよびその化合物、鉛およびその化合物、塩素および塩化水素、フッ素、フッ化水素およびフッ化珪素、窒素酸化物（NO_x）のことを指します

1 大気汚染防止法の概要

大気環境基準を達成するためには、大気への汚染物質の排出量を制限する必要があり、それを定める法律が、「大気汚染防止法」です。大気汚染防止法で規制されている物質は、下表のように（1）ばい煙[*3]、（2）粉じん、（3）自動車排出ガス、（4）有害大気汚染指定物質、（5）特定物質に分けられます。

汚染物質の排出基準としては、基本的な**一般基準**、地域によってばい煙の発生施設の新設時にさらに厳しい基準を課す**特別基準**、都道府県が国の定める排出基準より厳しい基準を課すことのできる**上乗せ基準**、排出基準のみでは大気環境基準の達成が困難な場合に大規模な発生源（工場）ごとに設定される**総量基準**があります。ばい煙発生施設として、33の産業施設が指定されており、その規模に応じて排出基準が定められています。

自動車排出ガスの成分は、燃料油（ガソリン・軽油等）中に含まれる成分と燃焼状態に応じて排出量が異なるため、自動車の構造に応じた排ガス規制がとられています。また、特に NO_x と粒子状物質（PM）の環境基準の達成度が低い地域（全国で8県の一部市町村）は、自動車 NO_x・PM法による対策地域として指定され、車種規制（トラック、ディーゼ

表2・1　大気汚染防止法の概要（出典：文1）

	主な対象成分	指定されている排出源
ばい煙	硫黄酸化物、ばいじん、有害物質（カドミウム・その化合物、鉛・その化合物、塩素・塩化水素、フッ素・フッ化水素・フッ化珪素、NO_x）	ばい煙発生施設として、33の産業施設が規定
粉じん	特定粉じん（石綿）、一般石綿（セメント粉・鉄粉等）	燃焼以外の解体・破砕・研磨等の産業活動で排出するもの
自動車排出ガス	一酸化炭素、ベンゼン等の炭化水素、鉛化合物、NO_x、PM	自動車
有害大気汚染物質	ダイオキシン類、テトラクロロエチレン、トリクロロエチレン等	排出業種等の指定なし
特定物質	アンモニア、硫化水素、フェノール等、臭気と人体影響が大きい28物質	産業事故による原材料・副産物の排出を想定

ル車等）がなされます。また、対策地域に流入する自動車の対策として、大型の特定施設（ホテル、店舗、工場、倉庫等）の設置に関する届出や自動車保有台数の報告が義務づけられています。

2 ばいじんの排出基準

ばいじんとは、燃焼によって排出する飛散性の粒子状物質です。具体的には、巻き上げられた燃焼灰、高温でガス化した無機物が冷却・合成によって生成した結晶化物、有機物の未燃成分・すす、排ガス処理のために投入された薬剤、が含まれます。ただし、排ガス中に含まれるのは飛散が可能な粒径や比重の小さいものになります。

ばいじんの排出基準は、排出施設の種類と規模に応じて一般排出基準と特別排出基準がそれぞれ定められています。排出ばいじん量 C (g) は、排ガス中の計測されたばいじん量 C_s (g) と、排ガス中の残存酸素濃度 O_s %を用いて以下の計算により算出されます。

$$C = \frac{21-O_n}{21-O_s} \cdot C_s$$

ここで O_n は、排出施設の種類や規模に応じて設定される係数です。つまり、法律では、施設の種類と規模に応じて3種の基準（一般排出基準、特別排出基準、O_n 値）が設定されていることになります。

例を挙げると、重油燃焼炉では、20万 $(m^3{}_N)\,h^{-1}$ 以上の規模の場合、一般排出基準が 0.05 g $(m^{-3}{}_N)$、O_n が4%と設定されています。規模が4〜20万 $(m^3{}_N)\,h^{-1}$ と小さくなると、O_n は4%のままですが一般排出基準は 0.15 g $(m^{-3}{}_N)$ と定められています。また、廃棄物焼却炉では4万 $(m^3{}_N)\,h^{-1}$ 以上で一般排出基準が 0.15 g $(m^{-3}{}_N)$、4万 $(m^3{}_N)\,h^{-1}$ 以下で 0.50 g $(m^{-3}{}_N)$ と設定されており、O_n はどちらも12%とされています。このように排出源に応じた排出基準が設定されています。地域によってはさらに厳しい特別排出基準が設定されています。

3 硫黄酸化物（SO_x）の排出基準

硫黄酸化物（SO_x）は、燃料中の硫黄が燃焼により酸化されることで発生します。重油や石炭には3〜5%もの硫黄が含まれていることもあり、燃焼によって多くの SO_x が発生しますが、そのほとんどが二酸化硫黄で、亜硫酸も一部発生します。いずれも水溶性が高く、硫酸ミストや酸性雨の原因物質として問題です。排ガス中の水分が多いと、冷却過程で硫酸を生成してしまい、排ガス流路の腐食の原因ともなります。人体（粘膜・気管）への影響も大きく、歴史的に、早くからその対策が講じら

れてきた大気汚染物質と言えます。

　排出基準は、煙突による拡散の効果を考慮して、地上への影響を現実的に評価できるよう基準が定められています。具体的には、地域ごとに定められた K 値と、煙突の有効高さ H_e (m) から、以下の計算式で排出基準 q（$(m^3{}_N)$ h^{-1}）が定められます。

$$q = K \times 10^{-3} \times H_e^2$$

H_e は、煙突の実際の高さ H_0、排ガス排出時の運動量による上昇高さ H_m、浮力による上昇高さ H_t の合計です。すなわち、煙突が低いほど、また K 値が小さい地域ほど、排出基準は厳しくなります。K 値はそれぞれの地域毎に、一般排出基準で 3.0 〜 17.5、特別排出基準で 1.17 〜 2.34 の範囲内で定められています。また、施設での規制では環境基準の達成が困難であると考えられる 24 の地域では、総量基準が設定されています。

　H_e を実測で求めるのは困難ですから、一般的には以下の補正式が用いられます。

$$H_e = H_0 + 0.65\,(H_m + H_t), \quad H_m = \frac{0.795\sqrt{QV}}{1 + \frac{2.58}{V}}$$

$$H_t = 2.01 \times 10^{-3} \cdot Q \cdot (T - 288) \cdot \left(2.30 \log J + \frac{1}{J} - 1\right),$$

$$\text{ただし、}\quad J = \frac{1}{\sqrt{QV}}\left(1,460 - 296 \times \frac{V}{T - 288}\right) + 1$$

Q は 15℃ での排ガス流量（$m^3\ s^{-1}$）、V は排出速度（$m\ s^{-1}$）、T は排ガス温度（K）です。

例題③　有効煙突高さ

　直径 1.5 m、高さ（H_0）30 m の煙突から排ガス温度 394 K、排出速度 13 $m\ s^{-1}$ の排ガスが排出される時の有効煙突高さ H_e (m) を算出してみましょう。

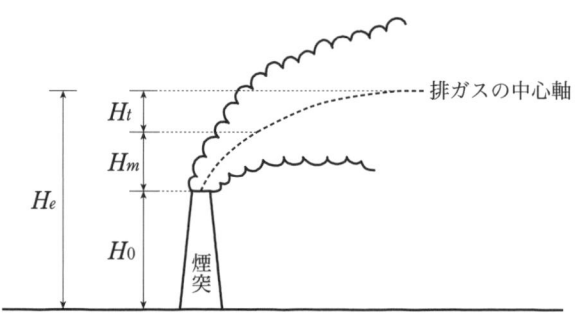

図 2・6　排出高さの補正（有効煙突高さ H_e の算出）

解答▼

煙突からの排ガス温度を15℃にしたとき、排ガス流量は $Q = 16.8 \text{ m}^3 \text{ s}^{-1}$ です。[*4] $V = 13 \text{ m s}^{-1}$ ですから $H_m = 9.8 \text{ m}$、また $J = 97.4$ となり、$H_t = 12.8 \text{ m}$ と算出されます。以上より $H_e = 44.7 \text{ m}$ と求められます。

▲

*4 排ガス温度を394 Kから15℃（273 + 15 = 288 K）にしたときの流量は次のように計算されます。

$$23 \times \frac{273 + 15}{394} = 16.8 \text{ m}^3 \text{ s}^{-1}$$

4 窒素酸化物（NO$_x$）の排出基準

窒素酸化物（NO$_x$）には、燃料中の窒素が燃焼によって酸化される**フューエル（fuel）NO$_x$** と、空気中の窒素が高温環境下で酸素と結合する**サーマル（thermal）NO$_x$** があります（図2·7）。一時的に発生するのはほとんどが一酸化窒素ですが、大気中でさらに二酸化窒素に酸化されます。酸素の量が多いほど、また燃焼温度が高いほどサーマルNO$_x$ の生成量は増えます。温度が低いとサーマルNO$_x$ の発生量を減らすことができますが、不完全燃焼を引き起こし、ダイオキシン類や一酸化炭素（CO）の生成量が増えてしまうという新たな問題が起こります。また、還元性物質との脱硝反応によってNO$_x$ 濃度は減少します。

NO$_x$ の排出基準については、排出施設の種類と規模に応じて一般排出基準のみが定められています。また、濃度だけの規制では環境基準が達成できない、として、東京、川崎・横浜、大阪の3地域では、排出量を規制する総量基準が定められています。

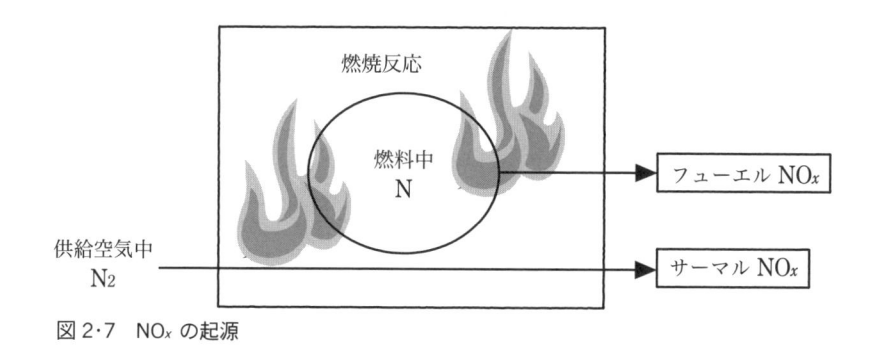

図2·7 NO$_x$ の起源

5 塩素・塩化水素の排出基準

塩素・塩化水素の発生要因としては、燃料中の塩化物（塩化ナトリウム、塩化カルシウム）が排ガス中の二酸化炭素やSO$_x$ と水分との反応による置換生成、または有機塩素化合物の燃焼によるガス化による生成が挙げられます。化石燃料では塩化物はあまり含まれませんが、都市ごみにはプラスチック類や紙等に塩素を含有する成分が多数含まれており、燃焼時における塩化水素の発生量は大きくなります。酸性ガスとして炉

や排ガス流路の腐食に影響する物質として問題視されるほか、ガス状の塩化水素は冷却されて凝縮し、ばいじんとなります。

塩化水素の排出基準としては、塩素を扱う化学産業の施設および廃棄物焼却施設について一般排出基準が設定されています。化学産業の施設では塩素として 30 mg $(m^{-3}{}_N)$、塩化水素として 80 mg $(m^{-3}{}_N)$ という排出基準が、廃棄物焼却施設では 700 mg $(m^{-3}{}_N)$ という排出基準が設定されています。

6 ダイオキシン類の排出基準

ダイオキシン類とは、化学式中にベンゼン環を 2 つもち、塩素がいくつか結合した物質群の総称で、ベンゼン環の結合様式に応じて、ポリ塩化ジベンゾパラジオキシン（PCDD）、ポリ塩化ジベンゾフラン（PCDF）、コプラナーポリ塩化ビフェニル（コプラナー PCB）と呼ばれる 3 群に含まれます。コプラナー PCB は、PCB の一種で有害性の高い 14 種類の化合物の総称で、塩素の結合位置によって、平面的な構造をとることが特徴です。PCDD および PCDF も、塩素の結合する位置や数に応じて多数の化合物を含んでおり、PCDD には 75 種類、PCDF は 135 種類の物質があります（図 2・8）。

ダイオキシン類の発生形態は、燃焼時に合成される経路の他に、排ガスの冷却過程で、ばいじんに含まれる金属化合物が触媒として働き、未燃炭素と塩化物が反応してダイオキシン類が合成する新合成経路とよばれる反応経路もあります。こうしたことからも、燃焼時に未燃炭素を排出させないような燃焼管理がますます必要になるわけです。

排ガス中のダイオキシン類は、元々は大気汚染防止法の中では、有害大気汚染指定物質に含まれていた物質ですが、現在はダイオキシン類特別措置法で、個別の排出規制が行われています。特定施設として、廃棄

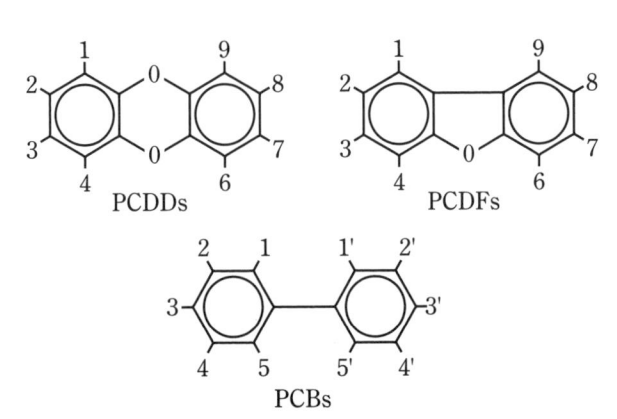

図 2・8 ダイオキシン類の化学構造

物焼却施設、製鋼用電気炉施設、鉄鋼業焼結施設、亜鉛回収施設、アルミ合金製造施設を指定し、新たに設置する場合には、$0.1 \sim 1$ ng - TEQ $(m^{-3}{}_N)$ の範囲で排出基準が設定されています[*5]。燃料と燃焼ガスの完全燃焼、ばいじんの定期的な除去、連続運転等、施設の構造や運転方法についても規定し、ダイオキシン類合成の防止を目指しています。

7 その他の有害物質の排出基準

(1) 重金属類

カドミウムや鉛等の重金属類は燃料、鉱物、製品の原料に含まれる成分が飛散して排ガス中に含まれます。排ガスが集じん過程に至るまでの冷却過程で、そのほとんどはばいじんとなり回収されるため、実際に大気中に放出されることはほとんどありません。金属の精錬やガラス製造業等、特定の産業における燃焼施設に対して、カドミウムは 1.0 mg $(m^{-3}{}_N)$、鉛は $10 \sim 30$ mg $(m^{-3}{}_N)$ という一般排出基準値が設定されています。

水銀は現在のところ、有害物質としての規制値はありませんが、沸点が低いため、燃焼時に揮発した水銀蒸気をばいじんとして回収するのは困難です。水銀、または水銀が塩化水素と反応して生成する塩化水銀は、集じん過程において、ダスト層に付着する形で排ガスから除去されます。ばいじんとしての回収と異なり、ダスト層に含まれる物質の除去は困難で、大気への再放出のおそれがあります。したがって、集じん過程の前に活性炭の投入で吸着させ、ばいじんとして回収すること、また抜本的な方法として水銀を含む成分を炉に投入しないことが求められます。

(2) フッ素・フッ化珪素・フッ化水素

フッ素およびその化合物は、ガラス製造業、肥料の製造業、アルミ精錬業等の産業施設から排出されることが知られています。$1.0 \sim 25$ mg $(m^{-3}{}_N)$ という一般排出基準が設定されています。

(3) 炭化水素類

廃棄物の燃焼ガスや自動車の排ガス中に、多くの炭化水素類が含まれることが知られています。一次的に発生するのは脂肪族炭化水素といって、炭素が鎖状につながった炭化水素です。これらの多くは燃焼過程でさらに燃焼しますが、一部未燃分が排ガス中に残存することがあります。一方、ベンゼン等の芳香族炭化水素というのは、炭素が環状に結合したベンゼン環という構造を有している炭化水素類で、排ガス中に多量に残存することが知られています（図2・9）。ベンゼン環が複数結合した構造を有する多環芳香族炭化水素は、人体への影響も大きく、特に問題が大

[*5] TEQとは毒性等量のことです。ダイオキシン類の各成分については、最も有害性が高いとされる 2,3,7,8 － テトラクロロジベンゾダイオキシン（TCDD）に対する毒性の強さが、毒性等価係数（TEF）として与えられています。各成分の濃度は、このTEFを用いて毒性等量（TEQ）に換算されて、その合計値で規制することとしています。現在では世界保健機構（WHO）の定めた WHO-TEF (2006) を用いるのが一般的です

きい物質です。こうした、芳香族炭化水素類を元物質として、一定の温度下において構造を変化させながら塩化物と結合することが、ダイオキシン発生の一因であることが知られており、副次的な面からも排出削減が求められています。

　炭化水素類は、光化学オキシダント*6（図2・10）の原因物質としても、大気への排出を抑制することが必要なほか、燃料の効率的な燃焼の観点からも、排出は好ましいことではないため、燃焼の段階で排出量を減らすよう、燃焼温度を850℃以上とし、充分な燃焼時間を確保する等の、維持管理をすることが重要です。

*6　光化学オキシダントとは、炭化水素類やNO$_x$から光化学反応で二次的に生成する酸化性物質の総称です。排出された原因物質の濃度だけでなく、それらが拡散せず、光化学反応を起こしやすい気象条件（風速・日射強度）等が、生成に大きく影響します。その内訳はほとんどがオゾン（O$_3$）です。目や呼吸器系の粘膜への刺激等の人体影響が知られており、大気環境基準（時間値0.06ppm）が設定されていますが、直接排出される物質ではないため、排出施設での基準は設定されていません

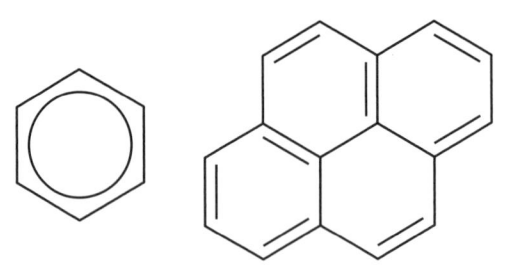

図2・9　芳香族化合物の例　（左）ベンゼン、（右）ピレン

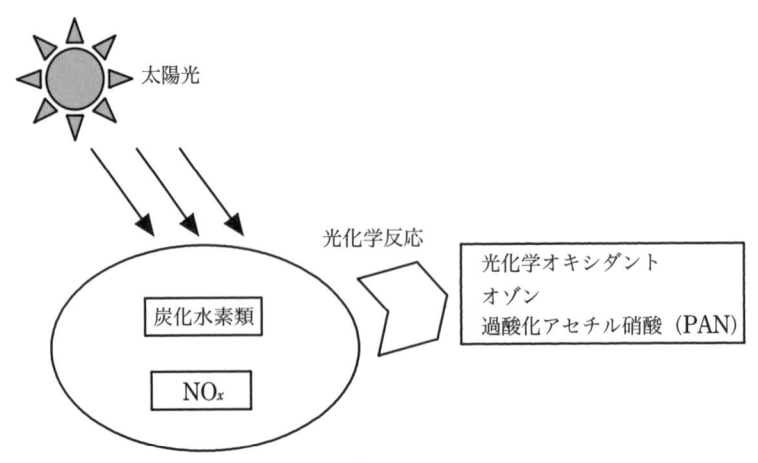

図2・10　光化学オキシダント発生の概要

2·3 固形物の燃焼形態と装置

1 ストーカ式燃焼

　固形物を効率的に燃焼させるための装置がいくつか開発されています。ストーカ炉はその1つで、火格子と呼ばれる燃焼部位に、燃えるもの(燃料・ごみ等)を供給し、下から燃焼空気を吹き込み燃焼させながら、移動させていく機構を備えた装置です。火格子では燃えるものを移動させながら、まず水分を蒸発させる**乾燥工程**、揮発分の**ガス化燃焼・分解燃焼工程**、そして**表面燃焼工程**を経て、燃焼効率を高める工夫がされています。さらに、一酸化炭素等の不完全燃焼ガスは燃焼室で二次燃焼を行って完全燃焼させます。ストーカ燃焼は、燃えるものの供給方法や移動方法によって、いくつかの方式に分けられます。階段状の火格子が前後に動き、上段から燃焼とともに下段に送られる (a) **階段ストーカ**、段差がつけられた円筒中で回転とともに燃焼物が空気と攪拌混合されながら下段へ送られる (b) **回転円筒ストーカ**、ストーカの上部から進行方向と逆に燃えるものが散布される (c) **スプレッダストーカ**、等の方式があります (図2·11)。

　ストーカ式の燃焼装置では、燃焼物との激しい接触や燃焼に耐えられる火格子の材質を選ぶこと、それぞれの燃焼工程に対して燃焼空気量を適切に設定すること、火格子状でのごみの移送速度を制御すること、等が安定した燃焼管理を行ううえで大切なポイントになります。特に、完全燃焼させつつ燃焼ガス量を低下させるために、酸素濃度を高めて送気することや、二次燃焼に吹き込む空気に一次燃焼ガスを再利用すること等が考えられています。

(a) 階段ストーカ　　　(c) スプレッダストーカ

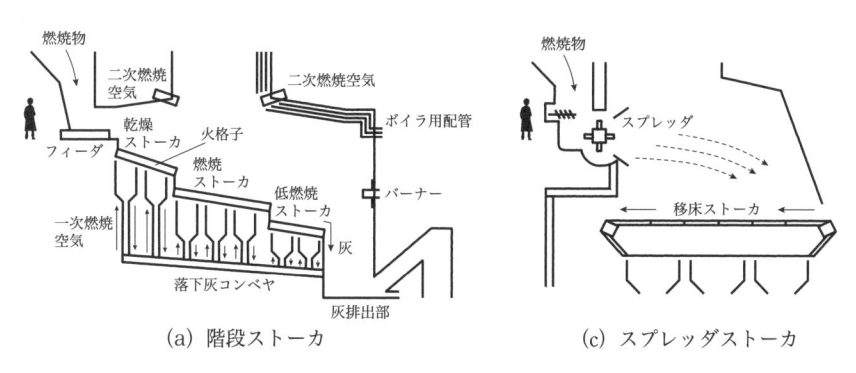

図2·11　ストーカ式燃焼の方式

2 流動床式燃焼

　流動床式燃焼炉とは、高温に加熱した流動する媒体（砂等）の層で燃焼を行う方式です（図2・12）。主に円筒型または角型で、竪型の反応容器に充填された砂層に対して、底から燃焼空気を送り込むことで吹き上げられ、沸騰状態となった流動砂層が形成されます。そこに燃焼物を投入すると、流動砂からの熱および燃焼空気と激しく混合され、水分の蒸発およびガス化燃焼・分解燃焼が高速で進行します。また、流動砂との強度の接触により、燃焼物の表面が摩耗し、空気との接触率が高まることから表面燃焼も効率的に進行します。

　空気の吹き込み量がある程度の範囲では、流動層は液体のような挙動を示し、層内の物質撹拌の重力抵抗はほぼ一定となるため、液体に空気を吹き込んでいるかのような状態になります。バブリング（気泡）流動層と呼ばれます。さらに空気量を増していくと、流動層は気体のような挙動を示し、空気および燃焼ガスとともに炉内から炉外へと排出されます。サイクロンやスクリーンで流動砂は回収・選別され、再び燃焼炉へと投入されることから、循環式流動層と呼ばれます。

　流動床燃焼炉は、流動砂による乾燥能力が高く、水分の含有量が高い廃棄物（汚泥や生活ごみ）まで効率的に完全燃焼可能であり、燃焼対象が幅広いことが特徴です。流動層の内部は、温度分布が均一であり完全燃焼を継続しやすいため、燃え残りも少なく、空気量を低くできるため燃焼ガス量も少なくできます。その一方で、投入される燃焼物の性状の変化によって、一時的に不完全燃焼になった場合、COやダイオキシン類の発生がパルス的に確認される傾向があります。また、燃焼灰の大部分は飛灰となり、分離されなかった流動砂の一部も併せて、飛灰の発生量が増加する等、その後の廃棄物管理に与える影響についても考える必

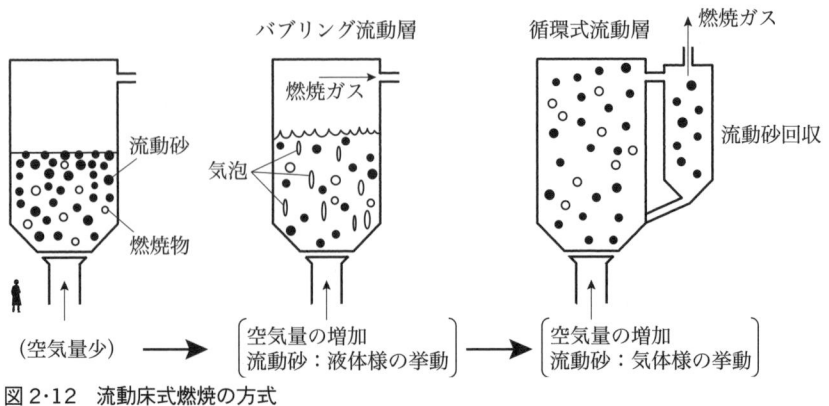

図2・12　流動床式燃焼の方式

要があります。

3 ロータリーキルン式燃焼

　横型の円筒状回転燃焼装置で、傾斜角度を変更することで炉内の滞留時間を調整できること、攪拌・混合能力に優れていること、輻射熱の供給による燃焼が維持できること等から、性状が不均一で燃焼性の悪い固形物（産業廃棄物等）の熱処理において、高い能力を発揮します。また、単位処理量当たりの設備費もストーカ式燃焼炉に比べて安価であることも利点であると言えます。燃えるものは、傾斜の上方から投入しますが、燃焼空気を同じく上方から投入する並流式に比べて、下方から燃焼空気を投入する向流式では、含水率が高く発熱量の低いもの（汚泥等）の燃焼に有効です（図2・13）。

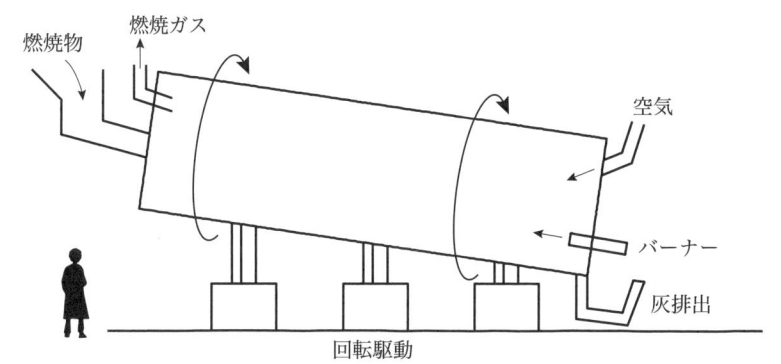

図2・13　ロータリーキルン式燃焼炉（向流式）

2・4 大気汚染を防止する技術

(1) 集じん技術

1 集じん技術について

　燃焼ガスが排出される際には、多くのばいじんが共に排出されますから、排ガス処理においては、集じんの装置が必要になります。元々燃焼ガスに含まれるばいじんのうち、粒径の大きいものは充分浮遊できず、また熱利用の過程で粒径の大きいばいじんは沈降し回収されるため、集じん装置に到達するばいじんは粒径 200 μm 以下のものが一般的です。ばいじん粒径の平均は 20〜30 μm で、炉の形式の違いは粒径分布に影響しませんが、発生量には影響があり、流動層式ではストーカ式の 5〜10 倍のばいじんが発生します。

　一方で、排ガス中の硫黄酸化物や塩化水素等の酸性ガスの処理を目的としてアルカリ薬剤を炉や煙道に吹き込む場合には、ばいじんの平均粒径が 10〜15 μm になる等、排ガスの処理方法に影響を受けます（表2・2）。

表2・2　集じん方式とその原理

方　式	原　理
ろ 過 式	ろ材の間隙に付着させた粉体・ばいじんの層で捕集
電 気 式	ばいじんに負の電荷を与えて、正電荷の集じん極で回収
重 力 式	流速の低下で、比重や粒径に応じて沈降する粒子を回収。おおむね 50 μm 以上のばいじんが対象
サイクロン式	遠心力でばいじんを円筒内壁に集め、失速・落下させる方式。遠心力を効果的に与えるためには、小型の装置を多数設置した方が有効。5 μm 程度のばいじん除去が可能
慣 性 式	垂直板との衝突でばいじんを失速・落下させる方式。浮遊しやすい小粒径ばいじんの集じん効率は低い。20 μm 以上のばいじんは安定回収が可能
湿　式 （加圧水式）	水分を噴霧でばいじんを落下回収する方式。1 μm を下回る非常に小さい粒径のばいじんも回収可能。廃液処理設備が必要（ジェットスクラバーなど）
湿　式 ［ため水式　充填層式］	水面や水膜でばいじんを回収する方式、低コストだが、集じんの効率は低い

2 ろ過式集じん装置

　ろ過式集じんとは、主に高分子繊維質で形成されたろ材（ろ布・フィルター）に対して排ガスを通過させ、ばいじんを捕集する方法です（図2・14）。ろ材そのものの平均間隙は100 μm程度あるため、ろ材表面に付着させた無機系の粉体により形成された一次付着層が、ばいじんの捕集に直接関与します。また、捕集され吸着したばいじん自身も一次付着層として貢献します。その上に捕集されたばいじんによる二次付着層は、定期的に剥離され集じん灰として回収されます。処理速度を高めるためにろ過速度を上げると、一次付着層の粉体がろ材を通過してしまい、集じん効率の低下を引き起こします。したがって、継続的に集じん能力を発揮させるためには、ろ過速度を適切に管理する必要があります。

　ろ過式集じんの方式としては、容器に円筒状にろ材を設置し、外側を集じん面とする**パルスジェット式**と、内側を集じん面とする**リバースエアー式**が一般的です。パルスジェット式では、集じん灰の回収時に、内側から高圧空気を送り込んで二次付着層を剥離させます。高圧空気を用いるためろ材は厚めであり、ろ過速度を 1 m min^{-1} 程度まで上昇可能なことから、装置をコンパクト化することが可能です。またリバースエアー式では、高圧になる内部の圧力調整により二次付着層を剥離させます。ろ材が薄いため、ろ過速度を上昇させることには向きませんが、ばいじんの平均粒径が小さくなるアルカリ薬剤を投入する排ガス処理の方式等に効果を発揮します。

　燃焼炉の後段にある熱回収装置への影響（効率の低下や腐食）を抑制するためには、燃焼後にばいじんをすみやかに回収することが必要です。セラミック等耐熱性のろ材を用いて、700 ℃以上の高温の排ガス中のばいじんを除去する方式を**高温集じん**といいます。この方式では、ろ材を

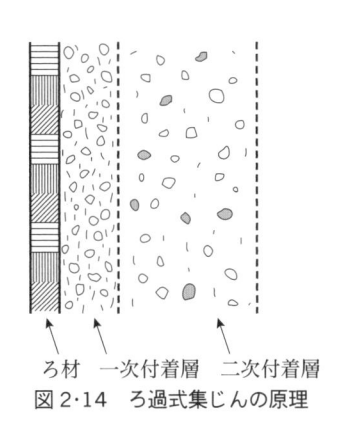

　　　　　　　　　↑　　↑　　　↑
　　　　　　　　ろ材　一次付着層　二次付着層
　　　　　　図 2・14　ろ過式集じんの原理

通過する過程で、未燃の有機有害成分が完全燃焼することが期待されるほか、沸点の低い重金属類は通過し、後段で分離回収できる等の資源回収面でのメリットもあります。

3 電気式集じん装置

　ばいじんは比重が小さいため、移動させる力が働けば容易に回収できます。ばいじんに電荷を与えて電気的に回収するのが**電気式集じん**という方式です。この装置は、ばいじんに負の電荷を与える放電極と、正の電荷を有する集じん極で構成されており、両極間には直流の高電圧（50 kV 以上）がかけられます。すると、放電極（負極）から多量のガス状イオンや電子が安定的に放出されるコロナ放電という現象が起こります。その結果ばいじんは負に帯電し、正極の集じん極に引き寄せられます。集じん極に捕集された集じん灰は、静電力による凝集で見かけ粒子径が大きくなっていることから、ろ過式集じんに比べて、回収時に再度飛散する可能性が少ないのが特徴で、1μm 程度までのばいじんは安定して回収されます。一方で、粒径0.1μm 以下の粒子や比抵抗が大きい粒子には荷電が困難であること、比抵抗が小さい粒子には過剰な荷電で集じん極での電荷放出が集じん効率を下げてしまうことが問題です。

　電気集じんの方式には、捕集した集じん灰を振動（槌打）により剥離させる**乾式**と、集じん極に水を流し集じん灰を連続的に流し落とす**湿式**があります。湿式は乾式よりも集じん灰の再飛散を起こしにくい一方、後段に水処理施設が必要で、建設費や運転費がかさむ要因となります。

　電気式集じんは、高い集じん効率が得られることや、装置内にろ材等の可燃分がないため高温排ガスを対象とした処理が可能なことから、多くの燃焼装置において採用されてきました。しかし近年では、ばいじん中の未燃成分が集じん装置で冷却される過程（300 ℃ 前後）で反応し、ダイオキシン類が非意図的に合成される（デノボ合成または新合成という）ことが問題視され、施設の改修にともなって新たに採用されるケースは少なくなってきています。

4 ジェットスクラバー式

　湿式集じんでは、液体を利用することで集じん効率が高まる反面、水処理の必要性が生じます。ジェットスクラバー式では、狭い流路に高速で吸引された排ガスに対して、高圧ノズルから液体を噴霧させて気液接触をさせることで、効率的かつ少ない液量での集じんを目的としており、同時に SO_x 削減も可能です。主に排ガスの流量が少ない装置で採用されています（図 2・15）。

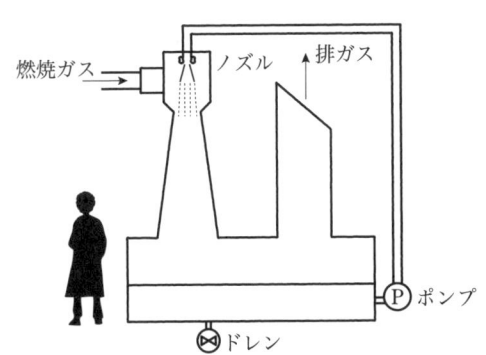

図 2・15　ジェットスクラバー式集じん装置の概要

2・5 大気汚染を防止する技術
(2) 汚染物質の除去技術

1 酸性ガス（SO_x・塩化水素）の除去

(1) 乾式酸性ガス処理法

　酸性ガスを中和することを目的として、燃焼炉内に炭酸カルシウムや炭酸マグネシウム等のアルカリ剤を投入する、または燃焼炉から集じん装置に至る過程の煙道で、水酸化カルシウムや炭酸水素ナトリウム等のアルカリ粉末を噴霧する処理方式を**乾式ガス処理法**といいます。

　炉に直接投入する方法はとても簡便で、アルカリ剤が SO_x と反応して硫酸カルシウムが発生します。一方で無機分が溶解して炉の壁面にこびりつくクリンカと呼ばれる固まりを形成します。これを剥離させる際に炉壁を傷つけるおそれがあるため注意が必要です。

　煙道でアルカリ粉末を噴霧する場合は、まず塩化水素と反応して塩化カルシウムが発生し、水分を吸収して塩化カルシウム水和物を形成します。さらにその水分に SO_x が吸収されて亜硫酸カルシウムを形成します。なお消石灰と SO_x の直接の反応性は高くありません（次項参照）。また、消石灰の反応スペースが少ないので、未反応のままアルカリ粉末が集じん装置に到達し、反応効率が低いことが難点です。ただし、集じん装置がろ過式を用いる場合、付着層表面に捕集されたうえで、酸性ガスとの反応が継続するため、効率を上げることが可能です。反応過程で、水分が重要な役割を果たすため、温度が低い方が除去効率は高まることから、温度を下げる減温塔と組み合わせて用いられます。

　乾式処理法の利点として、水蒸気等による白煙の発生も少なく、また廃液の発生がないため水処理施設が不要であることが挙げられます。ただしアルカリ剤の投入のため、ばいじん量が増加する傾向にあります。

(2) 半乾式酸性ガス処理法

　乾式処理法のうち、煙道にアルカリ粉末を吹き込む方式では、水酸化カルシウムと硫黄酸化物の反応生成物である亜硫酸カルシウムの溶解性が低く、乾燥した排ガス中では水酸化カルシウムの表面を覆ってしまい、結果的に除去反応が進まなくなってしまいます。まず溶解度の高い硫黄酸化物を溶解させ亜硫酸としたうえで、水酸化カルシウムと反応させることができれば、除去効率を高めることができます。そこで、あらかじめ水酸化カルシウムを含む水分を噴霧することで、効果的に酸性ガスを

除去するこの方式を**半乾式酸性ガス処理**といいます。この際重要なことは、水処理施設を必要としない、という乾式処理の利点を維持するため、排ガスの熱で蒸発してしまう程度の水分噴霧を心がけることにあります。

水分が少なくなると、水酸化カルシウムがスラリー状[*7]となるため、輸送・噴霧に関する配管の摩耗や目詰まりにも注意が必要です。特に炭酸カルシウムが生成してしまうと、配管だけでなく各種反応容器にも影響するスケール[*8]を形成してしまうため、二酸化炭素・炭酸塩の溶け込みには注意が必要です。

(3) 湿式酸性ガス処理法

水酸化ナトリウム（苛性ソーダ）等のアルカリ剤をあらかじめ溶解させた洗浄水を排ガスに噴霧して、酸性ガスを処理する方法を**湿式ガス処理法**といいます。この反応は、塩化水素や二酸化硫黄が洗浄水に溶解したうえで中和反応が起こるため、溶解度の高い酸性ガス成分の除去には有効であり、古くから安定かつ効率的な排ガス処理法として採用されてきました。また、液体キレート剤を同時に含ませることで、排ガス中の塩化第二水銀等を固定化し、除去することも可能になります。

湿式ガス処理法では、ばいじんの発生量を低減させることができるため、廃棄物管理の面からは大きなメリットがありますが、その反面、廃液処理の必要性が増します。また、苛性ソーダはやや高価であることから、廃液の発生量と苛性ソーダの使用量を減らす目的で、湿式ガス処理の前に乾式ガス処理を行うシステムも普及しています。

2 NOₓ の除去

(1) 無触媒脱硝法

燃焼炉の内部に、還元剤としてアンモニアや尿素を溶解させた水を直接投入する方式のことを**無触媒脱硝法**といいます（図2・16(a)）。700 ℃以上の高温域において、アンモニア中の水素と NO_x 中の酸素が結合し、水と窒素ガスが形成されます（NO_x の還元）。ただし、還元剤自身が酸化されてしまうような 1,000 ℃ 以上の温度域においては、むしろ NO_x の発生量が増加してしまいます。

この方法はあくまでも簡便な NO_x 処理法であり、除去効率だけでいえば、還元剤の投入量を増やすことが効果的です。しかし還元剤が未反応のまま排ガスとして排出されると、塩化アンモニウム等を形成し結晶化することによる白煙の発生や、悪臭の発生の原因となってしまいます。したがって、未反応で排出される還元剤の量を制御する必要があります。

[*7] スラリーとは、固形物が粒子のまま溶解せずに液体中に分散している状態の混合物のことです。水分の少ない泥水をイメージすると分かりやすいでしょう。混合しているだけで分布は不均一であり、固体と液体の分離は容易であることがこの場合大きな問題となります

[*8] スケールとは無機元素由来の塩による沈殿や析出によって物体の表面を覆う多重膜の総称です。魚のうろこのように見えることからスケールという名がつきました。
カルシウムやケイ素由来のスケールによる配管のつまりは、温泉や地熱利用の現場でも問題となります。その他、鉄、アルミニウムの硫化物や酸化物など、多種のスケール形成が知られています

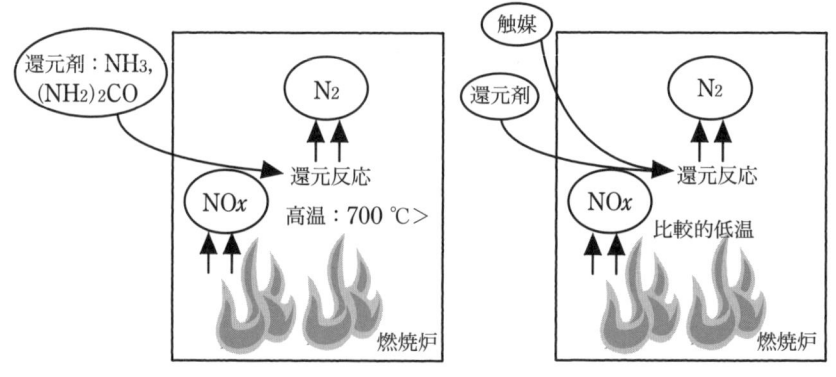

(a) 無触媒脱硝法　　　　　　　　　　(b) 触媒脱硝法

図2・16　排ガス中のNO$_x$除去方式の概要

（2）触媒脱硝法

　無触媒脱硝よりも低い温度域において、NO$_x$をアンモニアで還元させるためには、反応を促進する触媒を利用する必要があります（図2・16(b)）。触媒の種類には、五酸化バナジウム、三酸化モリブデン、酸化銅、酸化第二鉄、二酸化マンガン等が挙げられます。除去効率は非常に高いですが、触媒を利用する分だけ費用面での負担が増します。触媒は酸化チタン等に成形・固定され、排ガスと接触しますが、排ガス中のばいじんやSO$_x$により劣化するため、前段でのばいじん除去や、酸性ガス処理が正常に機能していることが必須となります。

（3）低酸素燃焼法・排ガス再循環法・リバーニング法

　特にサーマルNO$_x$を減少させることのみを考えれば、吹き込み酸素量の抑制（低酸素燃焼）が有効ですが、前述の通り、NO$_x$は減らせても不完全燃焼に伴う未燃分やその他の有害ガスの放出が懸念されます。低酸素燃焼によるNO$_x$削減と有害物質の削減を両立させる方策が、これまでに検討されてきました。燃焼ガスを再度炉内に吹き込むことで、炉内に、部分的に酸素濃度の低い領域を作り出す排ガス循環法では、排ガスの滞留時間が長くなり、二次燃焼的な効果も見込まれますが、有害物質の削減には不十分と言えます。またこれに、天然ガスの吹き込みを追加し、排ガスの二次燃焼効率を高めるリバーニング法では、COとサーマルNO$_x$の同時削減が可能です。ただし燃料投入の分、運転費用が増加します。いずれにせよ、これらの取り組みで対象とするサーマルNO$_x$だけではなく、フューエルNO$_x$の寄与も大きいことから、燃焼管理だけでNO$_x$排出を管理することは難しいといえます（表2・3）。

表 2·3　NO_x 削減のための排ガス処理および燃焼管理の方策

	原　　理	効果・管理上の注意
無触媒脱硝法	700℃以上の高温域における、還元剤による NO_x の還元	触媒を用いず安価・簡便 温度制御・還元剤投入量制御が必要
触媒脱硝法	触媒を用いて低温度での NO_x 還元	除去率向上・低温除去可能 触媒費用
低酸素燃焼法	燃焼温度の低減によるサーマル NO_x の発生抑制	不完全燃焼によるその他の有害成分の発生
排ガス再循環法	燃焼ガスの炉内への再吹き込みで、部分的に低酸素領域を形成	還元的雰囲気で NO_x 発生抑制 有害物質削減はある程度可能 不完全燃焼状態は継続
リバーニング法	排ガス再循環法に、燃料吹き込みで燃焼ガスの二次燃焼促進	CO と NO_x 同時削減可能 燃料の追加的費用

3 ダイオキシン類の処理方法

(1) 活性炭吹き込み低温バグフィルタ法

ろ過式集じん装置では、排ガス温度を低温にすることで、通常は除去できないガス成分やミストをろ材に付着させることが可能となります。これに細孔を持つ活性炭を吹き込み、ガス状のダイオキシン類を効果的に吸着除去させる方式です。

(2) 活性炭吸着塔法

活性炭を充填した吸着反応塔にガスを透過させ、ダイオキシン類を吸着除去する方式です。除去効率は高いですが、ばいじんの除去には不向きで透過速度が低下することと、ダイオキシン類以外の成分の吸着により表面が覆われることで、吸着力が大幅に低下します。そのため、充填する活性炭の定期的な交換・再生・投入が必要であり、通常の排ガス処理に追加的に別途反応塔を設置する必要性も併せると、過剰な投資であるケースも見受けられます。

(3) 触媒分解法

脱硝に用いる触媒により、ダイオキシン類を分解する方式です。積極的な分解を期待する場合、触媒の劣化を遅らせるという点でガス温度が高い方が効率は高くなります。ただし高温では無触媒での NO_x 還元も期待できることから、総合的に判断して処理の主対象物と方式を選ぶ必要があります。

※引用文献
1 昭和3年6月10日法律第97号、大気汚染防止法および環境省水・大気環境局ホームページ http://www.env.go.jp/air/osen/law/law.html

※参考文献
- 津野洋、西田薫　(1995)『環境衛生工学』共立出版
- タクマ環境技術研究会編　(2000)『大気汚染防止技術絵とき基本用語』オーム社
- 平岡正勝　(1981)『ごみ焼却発電の実現性に関する一考察』廃棄物処理技術総集編
- 山崎正和　(1989)『新版熱計算入門Ⅲ』省エネルギーセンター
- 公害防止の技術と法規編集委員会　(2007)『新・公害防止の技術と法規 大気編』産業環境管理協会

3 廃棄物を適正処理から資源循環へ導く

　人間活動が現在のように高度に集約されるまでは、生活において発生する不要物は大きな社会問題とは認識されていませんでした。我々の生活に直結した重要な環境問題としては、古代からつづく廃水による水域の汚染（第1章）と、産業革命以降深刻な問題となった大気汚染（第2章）の方が、はるかに緊急度の高い解決すべき課題として捉えられてきました。多種の問題の中、優先度の点で廃棄物対策が遅れてきたことは否めませんが、同時に私たちの社会が廃棄物を生み出すことに対して無頓着であったことも事実です。

　廃棄物量の増大が利便性の一方的な追求の結果であるとするならば、資源消費量と廃棄物量の増大こそが将来の利便性・快適性を低下させるという皮肉な結果を招いています。資源の消費を適切に管理し、廃棄物の発生を抑え、廃棄物を適正に管理する、ということをすべて達成し、大気、水域、土壌圏の質の向上を推進することは、技術的には可能なことです。あとは、費用対効果が適切であることと、社会がシステムの変化をどれだけ許容するかということが、実現可能性を左右するのではないでしょうか。

▶ 3章　廃棄物を適正処理から資源循環へ導く

3・1 ✺ 廃棄物対策の歴史

　人類の歴史上、はじめに廃棄物を処理することに至った最大の理由は、「清潔」「衛生」の観念だったと考えられます。つまり、不要物を生活圏から排除して目につかないようにする、また腐敗に伴う悪臭や害虫類の影響を受けないようにする、という目的で、水路への投棄、一定の箇所への堆積・埋立が行われました。これは居住地域に影響さえ出なければよい、という考え方でしたが、人口が増え、産業が集積し、廃棄物量が増加すると、多くの問題が顕在化してきました。水路が詰まったり、河川等の水域の汚濁のため、平安時代の京都では水路の清掃が義務づけられていました。つまりこの頃には、「廃棄物由来の公害防止」の観念が生まれていたわけです。掘下げ型の廃棄物投入で自重圧縮で容量を増やす埋立方法や、覆土の頻度を増やして、ごみの飛散や害虫・害獣の影響を抑える等の工夫が進みました。ごみ量を減らす目的で野焼きも行われましたが、ばいじん、黒煙、悪臭の発生等住民からの苦情は絶えなかったようです。

　都市が拡大してくると、内陸部でごみの埋立場所を確保するのは困難になり、江戸時代には東京湾での大規模なごみ埋立による土地の造成が

図3・1　昭和初期のごみ焼却処理の問題を伝える新聞記事
当時は、炉の運転技術も確立されておらず、ごみの過剰供給や水分によって、不完全燃焼状態となり、ばい煙の拡散や害虫の発生が大きな問題となった（出典：文1）

すすめられました。この時期には、収集・運搬・埋立の作業分担が確立されていた一方で、古物商等による資源の再利用も活発で、特に金属類はほとんど排出されなかったといわれます。経済の発達に伴って資源の価値認識が高まったことで、結果的にごみの発生量が減る方向に向かっていたと考えられます。

　大きな転機を迎えるのは、明治初期のコレラ等の伝染病の流行でした。伝染病を媒介する細菌・害虫の発生源としてごみが問題視され、これらを死滅させるために、集中的にごみの収集・焼却を行うようになりました[*1]。また埋立ごみ量が削減できることも、焼却処理が広まった原因といえます。

　その後も、埋立地の不足、焼却処理施設からの大気汚染物質の排出、埋立地による公共水域の汚染等、多くの問題が発生しました。廃棄物の処理はこうした問題を解決するために、技術を発展させ、システムを改善してきました。対症療法的であったことは否めませんが、現実に目の前にあった問題を解決するために、最善の方策をとってきたのだ、ともいえます。

　時代の流れは、循環型社会の形成に向かっており、「廃棄物は発生するから」「問題が起こるから」という前提で構築してきた処理体系が、見直され始めています。廃棄物が発生しない世の中、徹底した再資源化を行う世の中、が実現するとして、そのときに発生するごみ質も変化し、必要な処理方式や安全対策をもう一度考えなければいけないでしょう。

*1　ごみだけではなく、人体に直接摂取される飲料水も問題視され、上水道の整備もすすめられました

3・2 廃棄物処理の基本事項

> ▶ 3章　廃棄物を適正処理から資源循環へ導く

*2　法律上、一般廃棄物には、固形物のごみだけでなく、し尿等も含まれます

*3　※の品目は、指定された業種からの排出物だけが産業廃棄物と認定されます。それ以外の品目は業種にかかわらず産業廃棄物となります

　廃棄物は、大きく**一般廃棄物**[*2]と**産業廃棄物**に区分されます。産業廃棄物とは、事業活動に伴って発生する下表の19品目の廃棄物と、その処理物のことです。事業活動で発生する廃棄物のうち産業廃棄物に相当しないものは、事業系一般廃棄物と呼ばれます。日常生活から発生する廃棄物は生活系一般廃棄物と呼ばれます。一般廃棄物の処理は自治体(市町村)が、産業廃棄物の処理は排出者が、それぞれ責任を負うことになっています。自治体は公共サービスとして、または自ら許可した業者に委託して処理をするのが一般的ですが、事業系に関しては排出者が自己責任で処理をするケースもあります。資源化や処分に至るまでの処理過程は、自治体の処理計画で決められます。

　産業廃棄物の処理は、排出事業者自身による適正処理、処理業者委託、公共サービスを利用した処理、のいずれかによります。処理業には都道

表3・1　産業廃棄物の分類（出典：文2）

品目名	具体例と指定業種
燃えがら	石炭がら、焼却灰、コークス灰
汚泥	有機性（下水汚泥・製紙汚泥）、無機性（メッキ汚泥、砕石汚泥）
廃油	鉱物性油、動植物性油脂
廃酸	酸性廃液（廃硫酸、廃塩酸）
廃アルカリ	アルカリ性廃液（廃ソーダ液、石炭廃液）
廃プラスチック類	固形・液状すべてのプラスチック類
紙くず※[*3]	以下の業種指定：建設業・製紙加工業・出版業・印刷加工業・PCB含有物
木くず※	以下の業種指定：建設業・木材製造加工業・パルプ製造業・PCB含有物
繊維くず※	以下の業種指定：建設業・繊維工業・PCB含有物
動植物性残さ※	以下の業種指定：食料品・医薬品・香料製造業の原料かす
動物系固形不要物※	以下の業種指定：と殺・解体後の獣畜・食鳥
ゴムくず	天然ゴム（合成ゴムは廃プラスチック）
金属くず	銅線くず、鉄粉、スクラップ
ガラス・陶磁器・コンクリートくず	廃空ビン、コンクリート製造残さ、土器くず、レンガくず、石膏ボード
鉱さい	高炉等からの残さ、不良石炭
がれき類	工作物の新築・解体で生じた廃材
動物の糞尿※	以下の業種指定：畜産農業で生じた動物の糞尿
動物の死体※	以下の業種指定：畜産農業で生じた動物の死体
ばいじん	排ガス処理で回収されたダスト
上記の処理物	産業廃棄物を中間処理したもの

府県の許可が必要で、自己処理と同等以上の適正処理という委託基準を守る必要があります[*4]。処理プロセスには、廃棄物の収集・運搬、保管を経て、各種の中間処理をされたうえで最終処分されるまでが含まれます。その間に経る処理過程は、責任を負うべき自治体および排出者が、目的に応じて決定することになります。

[*4] 廃棄物の処理過程を通じて、産業廃棄物管理票（マニフェスト）をやりとりし、排出者への情報伝達・管理責任を徹底させる仕組みがあります

Column 産業廃棄物の適正な処理に向けて（マニフェスト制度の活用）

産業廃棄物の処理責任は、第一義的には排出事業者にありますが、一方で収集や処理を委託した場合に、その業者が適正な処理をするか、さらにはその業者が二次委託した業者はどうか…と処理が進むにつれて、排出事業者側が産業廃棄物の行く末を知ることは困難になってきます。良心的な排出事業者であっても、処理業者に一定の強制力しか働かず、処理過程を管理することができないようでは、適正処理の維持、処理方法の改善等できません。まして、排出事業者が、良心的でない処理業者と結託した場合には、どのようなことが起こるでしょうか？産業廃棄物の適正な処理を、排出事業者が確認できるようなルールが、マニフェスト（産業廃棄物管理票）制度と呼ばれるものです。

マニフェスト制度の概要は以下の通りです。まず排出事業者は7枚綴りのマニフェスト伝票（積替がある場合8枚）を記入し、うち1枚（A票）を保管し、残り6枚を収集運搬業者に渡します。収集業者は2枚（B1、B2票）を手元に残し残り4枚を廃棄物とともに中間処理業者に引き渡します。収集業者はB1票を保管し、B2票を排出事業者に返送します。これで排出事業者は、自社の廃棄物が、中間処理業者に正しく渡ったことが確認できます。中間処理業者は処理後、手元にC1票を保管し、D票を排出事業者に、C2票を収集業者に返送します。また処理業者が自社で埋立・リサイクルする場合は、E票も排出事業者に返送します。排出事業者に、A、B2、D、E票が揃うことで処分の終了が確認できます。もし中間処理業者が処分を委託する場合、新たなマニフェストを発行し、新E票が処分業者から中間処理業者に返送されてから、旧E票を排出事業者に返送します。

伝票が一定期間内に回収されない場合は、処理・運搬のどこかに問題があるということを意味していますので、排出事業者は確認をし、都道府県に報告をする義務があります。また、排出事業者および処理業者は、伝票を5年間保存する義務があります。これは、産業廃棄物の不適正処分や不法投棄の事例が明らかになった場合に、ルートを解明する手がかりとなります。このように、マニフェスト制度は、産業廃棄物の管理について、排出事業者が正しく管理する仕組みとしてだけでなく、自治体も責任を持って産業廃棄物の管理に関わる、という意思のあらわれた方策である、といえます。

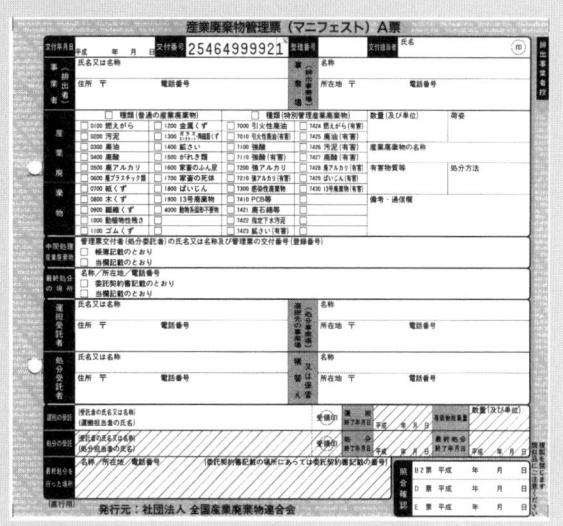

図3・2 マニフェストの実例（出典：文3）

3・3 廃棄物の解体・破砕
適正処理と資源化の第一段階

廃棄物を再資源化して再び材料として用いるためには、多様な物質が混合された状態から必要な物質だけを取り出し、純度を高めなくてはなりません。それは、鉱石に含まれる金属の純度を高めて精製する作業とよく似ています。廃棄物の性状が均一であれば、必要な資源の選別は容易となり、手間やコストもかからず、結果的に再資源化品の競争力が増すことになります。つまり、廃棄物の分別というのは、再資源化の成功の鍵を握っている重要な工程である、といっても過言ではありません。

製造業の現場では、工程や材料消費の効率化に伴い、比較的均一な性状の産業廃棄物が大量に発生するため、必要な資源や素材としての選別・回収が容易であるといえます。しかし、例えば建物の解体工事から発生する廃棄物には、発生時の分別が困難なコンクリートや木材に、くぎや壁紙等多様な材質が混合した状態となっています。解体・破砕プロセスは、こうした混合物から資源を選別しやすくするための、重要な工程といえます。解体・破砕が必要になるということは、資源化のプロセスが複雑となりストがかさむため、結果的に競争力の低下につながります。製品がいずれは廃棄物となることを念頭に置き、資源化が容易となるような、言い換えれば選別しやすいような製品設計が求められます。

1 解体作業

多種の材料が複合している製品や構造物由来の廃棄物から有価物を選別する際には、まずは接合部の取り外し・解体作業が必要です。それ以上の解体が困難な部品や製品に対しては機械的な破砕作業を行い、破砕物から有価物を選別・回収することになります。解体は一般的には手作業で行われるのが正確です。家電製品のリサイクルにおいては、有価金属を多く含むコンデンサや電源ユニットの他、エアコンからは熱交換器、テレビからはブラウン管、洗濯機からはステンレス槽等、それぞれの製品に特徴的な有価物を含む部品を判断し、取り外す必要があります。またエアコンや冷蔵庫に含まれる冷媒フロンは大気中に排出しないようユニットごと取り外す必要があります。こうした要求に応えられるよう、多様な製品の構造を理解し、柔軟な判断をしながら、迅速に解体作業を進めるには相当の熟練が必要です。解体作業の効率化は、資源化製品の競争力に直結することから、解体が容易な製品の設計は、資源の有効利

図 3・3　家電手解体の様子

用をすすめるうえでの製造業の重要な取り組みの1つであると言えます。

2 破砕プロセス

　破砕プロセスは、有価物の回収の観点からはもちろん、体積を減少させることによって、焼却のむらをなくして効率的に処理をする、埋立時の占有容積を減少させる、という適正な廃棄物処理の観点からも重要視されます。

　破砕時に作用する力としては、押しつぶすような**圧縮力**、切断するような**せん断力**、衝突による**衝撃力**、が挙げられます。また装置の形式によっていくつかの破砕方式があります（図3・4）。

　切断式破砕は刃を用いて廃棄物を切る方式ですので、切断刃の摩耗が性能に大きく影響します。コンクリートがら等強固な廃棄物には不向きとされます。ギロチン式は切断によるせん断力が強く比較的万能ですが、往復カッターでは切断よりは引き裂き破砕になり、密度が低く柔らかい、繊維・木くずや、畳・布団等の粗大ごみは圧縮して比重を高めた方が効

```
切断式 ─┬─ 竪型（ギロチン）
        └─ 横型（往復カッター）
回転式 ─┬─ スイングハンマー
        ├─ リングハンマー・リンググラインダー
        ├─ せん断式
        └─ インパクト式
圧縮式 ─┬─ ジョークラッシャ
        └─ ボックス式
```
図 3・4　破砕技術の分類

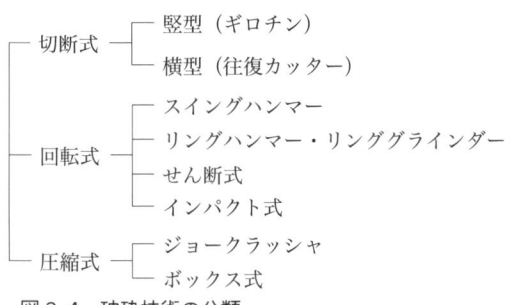

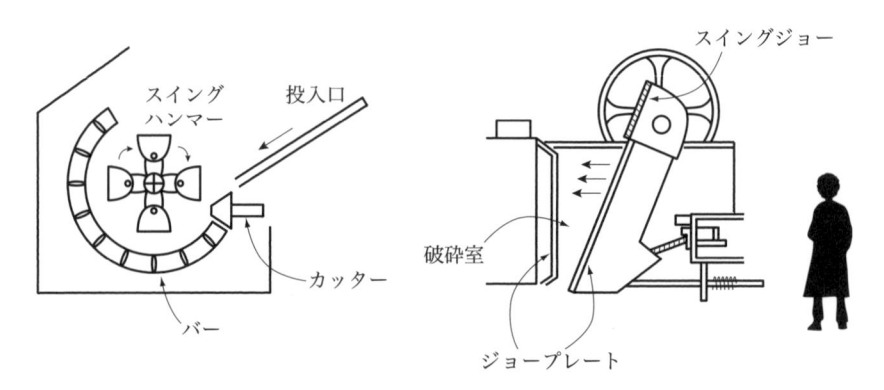

図 3·5　破砕機の実例　左：スイングハンマー式、右：ジョークラッシャー式

果的に破砕されます。

　回転式破砕は、ハンマー、グラインダー、切断刃等で衝撃を与えて破砕する方式です。回転軸が低速な場合、平行に設置された回転刃の間で衝撃を与えつつ、部分的なせん断も可能です。この方式も切断刃を使用するので、金属やコンクリート等硬い材質には不向きで、軟質のプラスチックや繊維くずに適用されます。一方、高速回転型はハンマー等を回転させ、衝撃・せん断力を与えるとともに、周囲に設置した棒や壁との衝突も利用して破砕する方式で、自動車ボディ、家具、鉄筋コンクリート等大型の金属・木質製品にも適用可能です。

　圧縮式破砕は、圧縮板で廃棄物を挟み込んで破砕する**ジョークラッシャー式**と、ボックスの一面を移動板として、押し込んでプレスする**ボックス式**が主流です。破砕の機能としてはガラス・陶磁器・コンクリート等、圧縮力で破砕されやすいものが対象になりますが、圧縮機能として捉えることも可能です（図 3·5）。

例題① 破砕にかかる仕事量

　破砕で精製した粒子の粒径 D_p に対して、与えた仕事量 W の関係は、パラメータ K_L を用いて次の一般式 $\dfrac{dD_p}{dW} = -K_L D_p^n$ で示されます。

　粗い粒子ではボンドの法則 ($n = 1.5$) が用いられますので、破砕前と破砕後の粒径をそれぞれ D_{p1}、D_{p2} とすると

$$W = K_L \cdot \left(\frac{1}{\sqrt{D_{p2}}} - \frac{1}{\sqrt{D_{p1}}} \right)$$

と与えられます。

　例えば、粒径が非常に大きい ($D_{p1} = \infty$) ごみを破砕して $D_{p2} = 100\ \mu\text{m}$ にまでするとします。このときの仕事量 W_i (kWh t^{-1}) を粉砕仕事指数といい、パラメータ $K_L = W_i \times 10$ と算出されます。

この値を使って破砕の仕事量を算出してみましょう。粒径が 10,000 μm（= 10 mm）の廃棄物を破砕して粒径 5,000 μm（= 5 mm）まで破砕するとします。廃棄物の分野では、粒径が不均一であることを考慮した補正係数 C を用いて、仕事量は

$$W = (10W_i) \cdot \left(\frac{1}{\sqrt{5,000}} - \frac{1}{\sqrt{10,000}}\right) \cdot C = 0.00414 W_i C$$

と与えられます。

　もし 1,000 μm（= 1 mm）にまで破砕する場合はどうでしょう。

$$W = (10W_i) \cdot \left(\frac{1}{\sqrt{1,000}} - \frac{1}{\sqrt{10,000}}\right) \cdot C = 0.0216 W_i C$$

となります。つまり、10 mm の粒径の廃棄物を 1 mm にするには、5 mm にするよりも 0.0216 ÷ 0.00414 で 5.2 倍の仕事量が必要になることが分かります。

▲

3・4 廃棄物と資源の選別プロセス

▶ 3章　廃棄物を適正処理から資源循環へ導く

　破砕された混合廃棄物から、エネルギー原料や材料としての資源を選び出す作業、または、適切な処理を行うためにごみを分ける作業が選別です。混合物から資源を回収したあとに残った残さについては、そのあとに施す処理方法を検討しなければなりません。例えば、焼却処理されるものと、埋立されるものに分けることも、選別処理の目的になります。選別プロセスとは、資源化のための技術に加えて、ごみ処理の経路を決める技術が複合した、連続プロセスの総称であるといえます。ここでは、選別プロセスに含まれる単位操作について個別に説明をします。

1 手選別（人力選別）

　解体作業と同様、人間によって判断できる品質・サイズの必要物は、手作業で選別するのが効率的だと考えられます。例えば、びんを色によって区分する場合、赤外線等を用いて色を認識させ区分することも技術的には可能ですが、高価な装置が必要な割には選別効率は高くありません。不要物の除去等も手選別が有効です。このように人間の判断力と作業で分離することがコスト、効率の面から有効な場合は、手選別が用いられます。

2 ふるい選別

　破砕されたごみの大きさで分ける方法です。サイズの違うすきまがある「ふるい」を組み合わせて、3種類の粒径に選別するのが一般的です。5度程度の緩やかな傾斜をつけた横型回転式のドラムの内部にごみを入れ

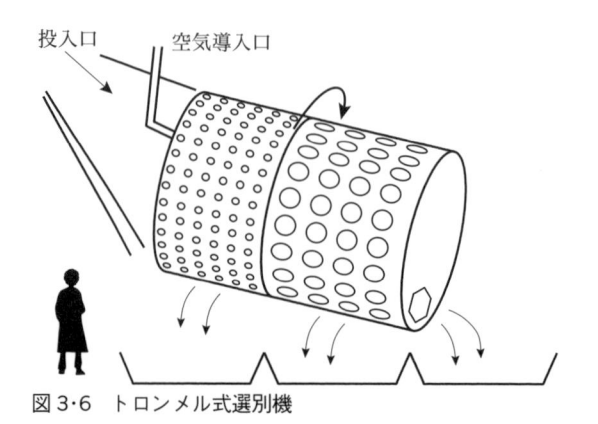

図3・6　トロンメル式選別機

回転による分散と空気導入による軽量物の移送などが可能

て、回転させながらドラム周囲の穴から破砕物を落下させる**トロンメル**が代表的です（図3·6）。また、傾斜をつけた平面上で振動を与えて移動させながら粒径に加えて比重の差で選別する**振動ふるい**[*5]もあります。選別精度は低く、選別後すぐに資源として用いられる成分が回収されることは稀ですが、簡便な一次選別として採用されているほか、資源化の困難な微細粒子（土砂・ガラス）成分を早期に排除可能等、後段での資源化率を高める効果があります。

[*5] 振動ふるいの中でも、バリスティック選別機は、振動による反発力を利用して、小粒径のごみ、大粒径の金属、大粒径のプラスチックに選別できます

3 磁力選別

金属系の混合ごみに対して、強力な磁石で主に鉄を選別するのが磁力選別です。搬送ベルトコンベアの上部につり下げた磁石での回収、金属ごみの落下過程に設置した回転ドラム式の磁石により落下点を分別、堆積ごみに対してショベルカー等の重機に接続した磁石のアタッチメントで回収、等の方法が広く用いられています。有機系のごみとの混合ごみではなく、あらかじめ金属類として分別・手選別されたものを対象にした方が、ダスト等の混入を防ぎ、選別された資源の純度を高めることができます。

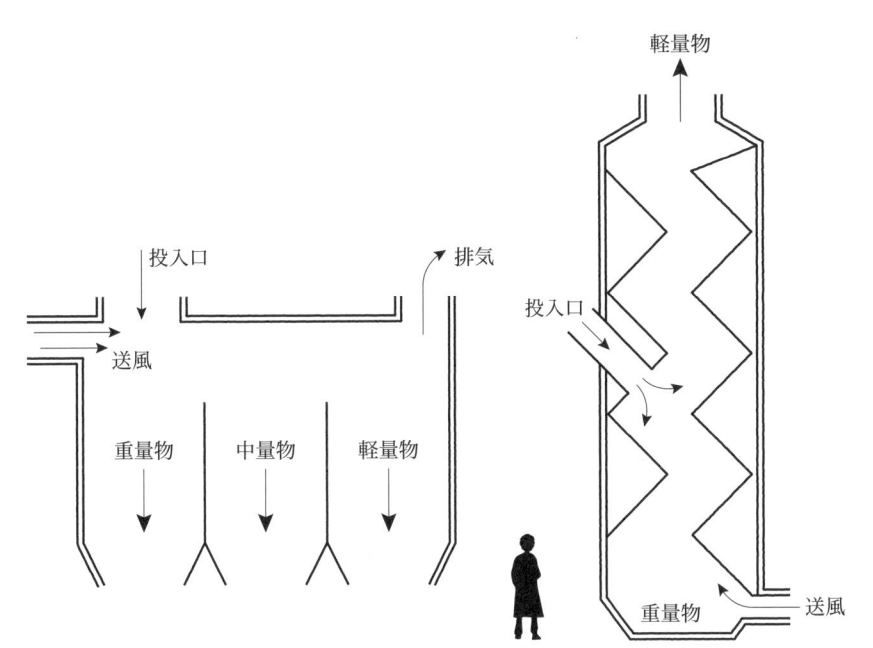

図3·7 比重差選別の概要　左：水平送風、右：垂直送風

4 渦電流選別

　鉄が取り除かれた混合ごみから、非鉄金属とプラスチック等の電流を通さない（非導電性）物質を選別する技術として渦電流選別が挙げられます。磁界を与えたライン上にアルミや銅等の非鉄金属が搬送されてくると、電磁誘導の効果で金属内に渦電流[*6]が生じます（レンツの法則）。磁界と電流が生じるために、物質に対して偏向力が働き、プラスチック等の非導電性物質よりも、遠くにはじき飛ばされます。これを利用したのが、渦電流選別です。

5 比重差選別

　破砕されたごみの比重の違いで選別する方法です。生産過程においては液体中での比重差で分離する方法も採用されていますが、水処理コストが追加的にかかることから、廃棄物処理では乾式の方法が採用されます。特に、送風による飛散距離で選別する風力選別が一般的です。水平方向に送風した場合、プラスチック等低比重物は遠くに、金属等の高比重物は近くに落下します。中程度のものも含めて、3種類以上に選別することが可能ですが、針金等の金属が飛散する等、形状によって選別効率が低下してしまいます。破砕ごみを落下させ、垂直方向下方から送風すると選別効率は高まりますが、選別区分は重量と軽量の2種になります（図3・7）。

＊6　渦電流を利用した家電製品にIHクッキングヒーターが挙げられます。この場合、鍋の内部に渦電流が生じて、電気抵抗に伴って生じるジュール熱で加熱されます

3·5 ごみの熱処理

廃棄物の燃焼・焼却処理は、廃棄物の減量化と、病害虫の駆除を目的として実施されてきました。古くから、燃焼ガスや焼却残さ（灰）の環境安全性について懸念されてきましたが、技術的な発展によって克服されてきた背景があります。燃焼の理論やストーカ式等一般的な燃焼装置、排ガス処理については、第2章を参照してください。本節では、「ごみの燃焼」に特徴的な技術について理解するとともに、焼却灰や廃熱の有効利用等、資源化・エネルギー化の観点から、廃棄物の熱処理を捉えていきましょう。

*7 発熱量には、燃焼で発生した水分が液体の状態での発熱量（高位発熱量または総発熱量）と、水蒸気の状態での発熱量（低位発熱量）があります。ごみの燃焼では、排気温度が高く水分はほぼ水蒸気の状態にあるので、低位発熱量で評価するのが実用的です。詳しくは6·2·④（p.128）を参照して下さい。

1 「燃えるごみ」の特性

ごみを燃焼させる際には、ごみの燃えやすさを踏まえて、施設の管理や運転をしなくてはいけません。ごみの燃えやすさは、完全燃焼したときに発生する熱量（**発熱量**）として評価します[*7]。都市ごみ中の成分の低位発熱量の一般値を表に示します。代表的な固形燃料である石炭の低位発熱量は一般的に 30,000 kJ kg^{-1} 前後ですが、化石燃料由来のプラスチック等は、それ以上の低位発熱量を持つことが分かります。一方、生ゴミ等は低位発熱量が低く、燃えにくいといわれます。可燃ごみの低位発熱量は、高度経済成長以前は 4,500 kJ kg^{-1} 程度でしたが、そのあとは 9,000 kJ kg^{-1} 程度まで増加しており、昔よりごみは燃えやすくなっているといえます。低位発熱量はそれぞれの成分の割合で決まりますから、分別の区分やリサイクルの推進によって、将来さらに変化する可能性があります（表3·2）。

表3·2 主な可燃物の低位発熱量

	低位発熱量	主な例
紙	15,000 kJ kg^{-1}	広告紙 10,900 kJ kg^{-1}、新聞紙 16,100 kJ kg^{-1}
草 木 類	11,000 kJ kg^{-1}	
合 成 繊 維	21,800 kJ kg^{-1}	（ポリエステル）
ゴ ム	34,600 kJ kg^{-1}	（タイヤ）
プ ラ ス チ ッ ク	40,000 kJ kg^{-1}	飲料容器：39,600 kJ kg^{-1} ビニール袋：42,000 kJ kg^{-1}
生 ゴ ミ	4,000 kJ kg^{-1}	残飯：7,000 kJ kg^{-1} 厨芥：3,400 kJ kg^{-1}

2 燃焼の方式

廃棄物の燃焼が、燃料の燃焼と大きく異なる点は、燃やす対象物が不均一であることと、水分が存在することです。大気汚染物質や有害物質の発生を防ぎ、効率的に燃焼させるためには、廃棄物と空気を混合しやすくする燃焼装置が必要です。

燃焼装置は一般的に図3·8のように分類されます。古くからあるタイプの燃焼炉方式の焼却施設は、ごみ焼却に対して多くの経験と実績があり、施設も大型化し、環境安全性も高くなってきています。発生する焼却灰の代表的な利用用途としては、エコセメント等があります（後述）。

一方、熱分解方式とは、焼却残さや燃焼ガスを熱分解・溶融させることで、スラグを形成させ、排出ガスの安全性を高める技術です。燃焼炉方式に比べると高温排ガスが発生するため、エネルギー回収が見込める等、新しい技術であり、これからの技術開発が期待されます。スラグは、路盤材やコンクリート骨材として、資源利用がされています。

燃焼炉方式については第2章に示しましたので、ここでは熱分解炉方式について解説をします。

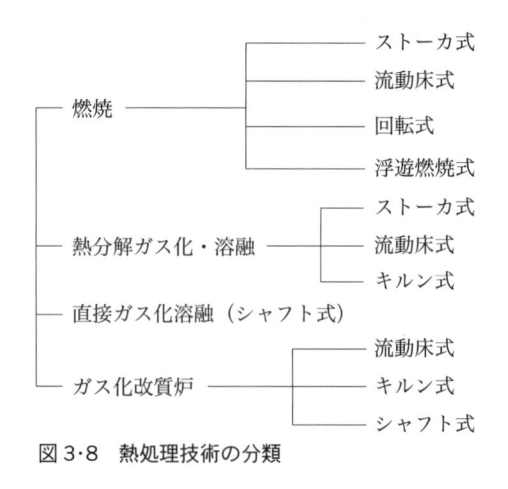

```
                    ┌── ストーカ式
         ┌─ 燃焼 ───┤── 流動床式
         │          ├── 回転式
         │          └── 浮遊燃焼式
         │
         │                      ┌── ストーカ式
         ├─ 熱分解ガス化・溶融 ──┤── 流動床式
         │                      └── キルン式
         │
         ├─ 直接ガス化溶融（シャフト式）
         │
         │                ┌── 流動床式
         └─ ガス化改質炉 ─┤── キルン式
                          └── シャフト式
```

図3·8　熱処理技術の分類

3 熱分解方式の概要

例として直接ガス化溶融（シャフト式ガス化溶融炉）の例を挙げます（図3·9）。これは、もともと製鉄業の高炉の技術を利用したもので、燃焼物を熱分解ガス化工程と溶融工程が一体型の反応容器で行われます。炉の上部から多様なごみをコークスとともに投入します。ごみは、炉の上部から下部へと徐々に降下する過程で、下部から発生する高温のガスによって乾燥し（乾燥・予熱帯）、さらに低酸素雰囲気下での熱分解を

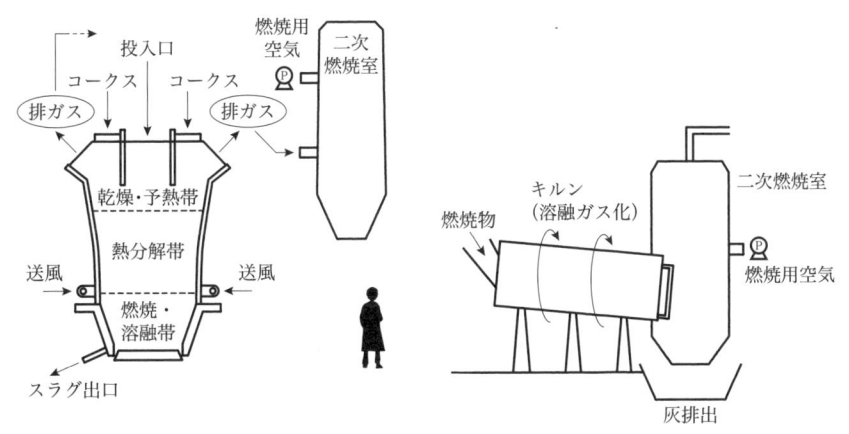

図3・9　熱分解炉の概要　左：シャフト式、右：キルン式

受け、可燃分はガス化して上昇し（熱分解帯）、不燃分は落下して下部で溶融されます（燃焼・溶融帯）。溶融は1,400℃前後で行われるため、確実な溶融のために、コークスを熱源として投入するほか、酸素濃度を高めた空気を吹き込むことで燃焼効率を高めます。炉の底部には溶融された不燃物と金属類が混合された状態にありますが、炉外に排出後、急冷することでスラグと金属に分離されます。熱分解によって発生したガスは、炉から排出された後、さらに二次燃焼されてタールや油分等を除去した後、熱回収されボイラー等に利用されます。環境安全性は高く、金属資源の回収や、溶融スラグの土木資材としての利用等、資源生産性も高いといえます。その一方で、酸素の製造や、コークス等の資材投入等、運転コストが高くなる傾向があります。

4　熱分解ガス化・溶融式

　直接ガス化溶融とは異なり、熱分解ガス化・溶融方式では、空気を遮断した低酸素状態において燃焼物を熱分解・ガス化する工程と、生成した灰や無機物を高温で溶融して排出する工程に分けられます。熱分解で発生したガスは二次燃焼および排ガス処理されますが、燃焼ガス中には未燃成分由来のダイオキシン等の有害物質がほとんど含まれないこと等、大気汚染防止に関する高い信頼性が得られており廃棄物分野での導入がすすめられた経緯があります。熱分解の温度が500-600℃と溶融に比較して低いことから、キルン式および流動床式の熱分解炉を用いて、熱分解と溶融を別の炉で行うのが特徴で、運転コストを下げ効率的な溶融が可能となります。

*8 配位座を複数持つ配位子によって金属イオンと結合してできている錯体をキレート錯体と呼びます。キレート錯体は配位子が複数の配位座を持っているために、配位している物質から分離しにくい性質があり、有害な重金属類の移動速度を低下させることができます。ジチオカルバミン酸系や高分子系のキレート薬剤が多く使用されています

*9 エトリンガイトとは、$3CaO \cdot Al_2O_3 \cdot 3CaSO_4 \cdot 32H_2O$ で表される化合物で、膨張によってコンクリートのひび割れや破壊の原因となります

5 ガス化改質炉

ガス化改質炉とは、燃焼部分の構造はガス化溶融と同じですが、熱分解ガスを二次燃焼するのではなく、発電用の燃料に利用できるように改質する方式です。タール等を含有している熱分解ガスを、水蒸気と反応させて水素、一酸化炭素、メタン等を主成分とするガスに改質したうえで、精製ガスとしてガスタービンや燃料電池等の燃料として用いることを目的としています。空気を吹き込んで部分酸化させる改質方式と、水蒸気を用いたガス改質が主流です。水蒸気改質は高温で行われますが、金属触媒の併用で温度を低下させることができます。

6 焼却灰の処理・資源化

燃焼で発生する焼却残さや飛灰（あわせて焼却灰）については、廃棄物としてさらなる処理や再利用方法を検討する必要があります。ここでは、焼却灰の処理や資源化の方法について説明します。

(1) 灰の薬剤処理

粒径が小さく、焼却炉内で飛散する灰は、排ガス処理の過程で集じん灰として回収されます。これは有害な重金属等を多量に含んでおり、ばいじんとして、「特別管理廃棄物」と指定されています。その無害化の方法の1つとして、薬剤による固定化（キレート処理*8）があります。

(2) コンクリート固化

焼却灰に含まれる重金属の固定化と、取り扱い性を高める目的で、セメントとの混合による固化が行われます。材料として用いるだけの強度を得るのは困難で、固化処理物として埋め立てされるのが一般的です。塩類が多いことからエトリンガイト*9を形成して膨張破壊が起こることも知られています。

(3) 灰溶融によるスラグ化

燃焼方式で発生した焼却灰を、電気または化石燃料エネルギーを用いて1200℃以上の高温で加熱溶融してスラグ化する方法です。灰溶融には、高温での有害物質分解、ガラス質構造中での重金属の固定化、半分程度までの容積の減少等、埋立処分に向けての利点がいくつか挙げられます。また、溶融スラグの資源化は技術的には可能となりますが、エネルギーが投入されている分だけ利益率は低いことになります。

(4) セメント産業での利用（エコセメント）

セメント製造において、天然資源である石灰石の代替品として焼却灰を一部添加し、焼成するエコセメントの製造が行われています。一般的

なエコセメントは、塩分が多いことがネックとなり、強度が求められる用途には不向きです。あらかじめ脱塩化した焼却灰を用いることで、通常のセメントとほぼ同等の性状・強度を有することが知られています。建設・土木資材として規格化もされており、セメント使用量が減少しない限り、焼却灰の再生利用用途としては、当面は大口の供給先として期待されます。ただし、価値の高い金属元素類も同時にセメント中に封入することになるため、適正な再生利用という点から、将来的には前段に利用価値の高い金属の抽出プロセスを設置することも検討されるようになるでしょう。

(5) スラグ利用

　熱分解または灰溶融処理により生成するスラグは、土木資材（路盤材、コンクリートやアスファルトの骨材、埋め戻し材）やガラス資材として装飾用途に用いられます。リサイクルの推進という観点から安定的に供給先が確保できるのは土木資材です。路盤材や埋め戻し材として用いる場合は、土壌環境基準を満たす必要があるほか、製品材料として用いる場合は、有害性や強度についての基準を満たす必要があります。スラグ中ではケイ素と酸素の網目構造に重金属が補足されて固定化されます（図3・10）。

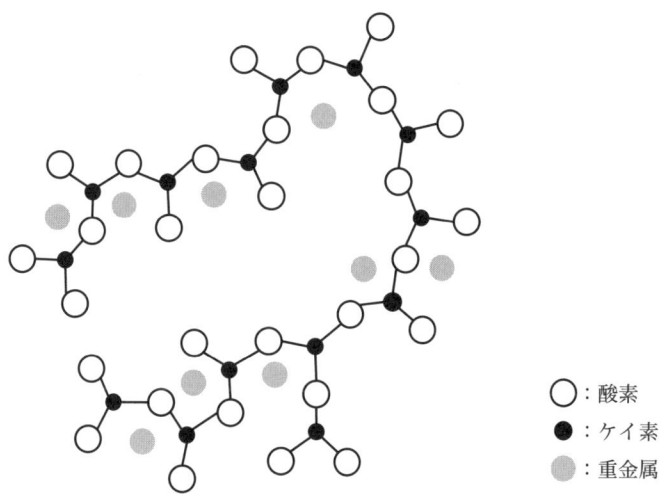

○：酸素
●：ケイ素
：重金属

図3・10　スラグ中の網目構造

▶ 3章　廃棄物を適正処理から資源循環へ導く

3・6 熱利用という名の資源化
サーマルリサイクル

　高温の燃焼ガスに含まれる大気汚染物質を除去するためには、排ガス処理が必要ですが、高温のままでは処理設備やラインを傷めてしまうおそれがあるので、冷却する必要があります。冷却の過程でボイラー等を用いて熱回収し、熱供給や発電に用いることをサーマルリサイクルといいます。資源価値の観点から、焼却を前提としたリサイクルに対しては否定的な意見もありますが、化石燃料への依存度が高いエネルギーシステムから、太陽光等の天然エネルギーへの過渡期において、つなぎ役としての役割を果たしているといえます。少なくとも、発生する廃熱を無駄にしないという点では評価できるでしょう。

1 熱供給

　回収された熱エネルギーを、施設の内部で利用する、または地域に供給して利用することが、多くの焼却施設では実施されてきています。施設では、給湯や冷暖房、搬入車の洗車や敷地内搬入路の融雪・洗浄に用いられますが、必要熱量はそれほど多くありません。一般廃棄物の燃焼施設では、近隣地域のために還元施設を併設しているケースが多く、温水プールや公衆浴場等、多量の熱利用が見込まれる施設をあらかじめ計画することもあります。

例題② 余熱有効利用で取り出せるエネルギー
温水プールの併設可能性を計算しましょう。

[解答▼]

　日量300 tの可燃ごみを焼却する施設があります。燃焼時に発生する熱量はごみの低位発熱量を用いて計算されます。低位発熱量の代表値として9,200 kJ kg^{-1}を用いると、1時間当たりのごみ焼却発熱量は $9,200 \times 300 \times 1,000 \div 24 = 1.15 \times 10^8$ kJと求められます。温水プールとその周辺設備に必要な熱量が、1時間当たり3.3×10^6 kJですから、ごみの発熱量の2%に相当します。すなわち、温水プールに必要な熱エネルギーを十分にごみ焼却でまかなうことが可能です[*10]。

　技術の向上に従い、ごみ焼却の熱利用の中心が発電に移行しています。この場合、熱交換は廃熱ボイラ(ボイラ効率は80%以上)で行われます。発電は高温・高圧での熱交換を必要としますが、温水器での熱回収は低温で行いますので、発電と同時に熱利用することも可能になります。　▲

---

*10　温水プールとその周辺設備に必要な熱量は以下の通りである。
- 25mプール（一般用）、幼児用併設
  2,100 MJ h^{-1}
- シャワー設備
  （給湯量8時間で30 m^3）
  860 MJ h^{-1}
- 管理棟暖房
  （延床面積350 m^2）
  230 MJ h^{-1}

（出典：全国都市清掃会議『ごみ処理施設整備の計画・設計要領』）

2 廃棄物発電

　廃棄物発電は、ボイラーで発生する蒸気を用いてタービンを回転させ、発電する形式が一般的です。ボイラーに投入される蒸気が高温・高圧であるほど、得られる出力が大きくなります。電力供給源を多様化し、化石燃料への依存度を下げていくという観点では、廃棄物発電の拡大が期待されています。多くの焼却施設では、ごみの熱量をできるだけ発電に生かす**全量発電**という方式がとられるようになっています。

　蒸気を過熱器でさらに高温にし、蒸気タービンの効率を高めるとともに、過熱器の排ガスの熱を回収してさらに蒸気を発生させることで、総合的な発電効率を高める**スーパーごみ発電**という方式もとられています。過熱器で用いるエネルギーは、別途ガスタービンを併設し、その排ガスの熱を利用するのが一般的です。ガスタービンの原料として、化石燃料にある程度依存するシステムとなりますが、その排熱を有効利用するという点でも、トータルで発電効率を高めることが可能になるといえます。

3·7 プラスチックリサイクル

プラスチックの再生利用をすすめるうえでは、再びプラスチックの容器や溶融成型物として利用する**マテリアルリサイクル**を優先するのが望ましいとされます。容器包装の分別はすすみ、不純物の混入率は低下していますが、家庭ごみ中のプラスチックは食品の付着等が原因で、マテリアルリサイクルは困難とされています。一方、廃棄物発電やごみ固形燃料等において、プラスチックの熱量を期待して原料として用いる場合、**サーマルリサイクル**として捉えられます。ここではそれ以外の、化学原料としての活用について紹介します。

1 ガス化・油化

原理的に単純な方法で、石油ショックの頃から実用化の研究が進められていますが、ポリ塩化ビニル（PVC）等の塩素を含む成分が混入する場合には、脱塩素の工程が重要となります（図3·11）。液化・ガス化した状態での熱反応であるため、選別による除去ではなく、前段の反応槽で加熱脱塩素する方式が一般的です。廃プラスチックの大部分は、生産過程に発生する産業廃棄物であり、性状・供給量が安定していることからガス化・油化が普及しています。しかしPVCの混入率が高い一般廃棄物は、コスト・品質面での競争力が低くなってしまうのが難点といえます。単に燃料を回収するだけでなく、油分からナフサ、熱分解ガスからアンモニアやメタノール等化学原料を精製し、ケミカルリサイクルの要素も加えることでプロセスとしての付加価値を高めることが必要です。

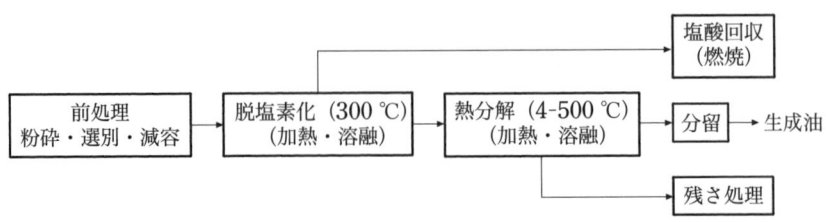

前処理　　　　脱塩素化（300 ℃）　　　熱分解（4-500 ℃）　→　塩酸回収（燃焼）
粉砕・選別・減容 → （加熱・溶融） → （加熱・溶融） → 分留 → 生成油
　　　　　　　　　　　　　　　　　　　　　　　　　　　　　　→ 残さ処理

図3·11　プラスチック油化のフロー

2 セメント原燃料化

セメント焼成炉で用いられる化石燃料の代替品としてプラスチックが利用されます。ただしそもそもプラスチックが化石燃料由来であることを考えると、その代替効果は決して高くないことから、分別されにくい混合プラスチック廃棄物や、食品容器等、汚れの著しい廃棄物等、その他のリサイクルが困難な材料を適用するべきといえるでしょう。

3 ごみ固形燃料化

ごみ固形燃料としては都市ごみ由来のRDFが以前からありましたが、プラスチックや紙等高熱量の廃棄物を原料として固形燃料とするRPFは、以下の点で将来性が期待されています[*11]。まず、生ごみ由来のRDFの熱量が17,000〜21,000 kJ kg^{-1}であるのに対して、RPFの熱量は25,000〜32,000 kJ kg^{-1}であり、石炭（30,000 kJ kg^{-1}）やコークス（32,000 kJ kg^{-1}）と同等のレベルであることから、エネルギー的な面での優位性が挙げられます。また、RDFは腐敗による劣化やガス発生が懸念されることから、取り扱いの面でもRPFの優位性が高いといえます。

4 高炉還元材

製鉄高炉においては、鉄鉱石を還元させるために、コークスを投入して還元ガスを発生させています。その代替物質としてプラスチックが用いられます。この場合も、製品である鉄の強度に影響を与えないように、PVCを取り除く必要があるため、塩素を含有しない産業廃棄物由来のプラスチックが対象となることが多いです。PVC除去にはプラントに元々ある選別工程が利用されます。発生する高炉ガスには水素等が含まれておりエネルギー利用も可能です。

図3・12 ごみ固形燃料（出典：文4）

*11 RDFはrefuse derived fuel（ごみ由来燃料）の略、RPFはRefuse plastic and paper fuel（紙・プラスチックごみ由来燃料）の略です。もともと普及していたRDFに対して、似たようなごみ由来燃料として区別がつくようにRPFと呼ばれます

5 コークス炉化学原料化

　コークスの製造において石炭の代替品としてプラスチックが使用されます。PVC等を除去したうえで、コークス炉内で無酸素状態で熱分解し、コークス、液状炭化水素、ガスを発生させます。コークスは製鉄炉で、炭化水素（軽質油・タール）は液状燃料、ガス（メタン・水素）は気体燃料として利用されます。

6 化学原料・モノマー化

　プラスチック・樹脂（ポリマー）を、化学的に単体の分子（モノマー）または樹脂原料にまで戻して化学品とする方法です。高分子化合物は長期間の使用で光分解等をうけると高分子鎖が分断され、製品の強度が低下してしまいます。例えば劣化したPETボトルを解重合してテレフタル酸とし、再度新しいPETボトルとして合成する技術が実用化されています。

3・8 バイオマス廃棄物のリサイクル

▶ 3 章　廃棄物を適正処理から資源循環へ導く

　生ごみ、下水汚泥等動植物由来の分解性の高い有機物分を多く含んでいるバイオマス廃棄物は、その特徴を生かした資源化の方法がとられるべきです。肥料成分、栄養分を利用した製品化や、残さの熱量や物理成分を利用する**カスケード（多段階）利用**により、資源化の効率を高めることができます。

1 堆肥化

　有機性廃棄物中の栄養分（窒素・リン）には肥料・土壌改良効果がある一方で、水分と炭素分が多い等、そのまま固形肥料として用いるには難点があります。農地に過剰の有機炭素が施肥されると、微生物呼吸によって酸素不足となってしまいます。炭素分が少ない液状の廃棄物（畜産糞尿等）の場合、液肥として利用できますが、下水汚泥等炭素分が多く水分が少ない場合、何らかの加工が必要になります。乾燥工程で水分を減少させ、扱いやすくするだけでも肥料価値が高まりますが、生物分解を利用する堆肥化反応によって、炭素分の減少と、反応熱による衛生面の改善ができます。

　堆肥化反応を時間的、空間的に効率よくすすめるためには、前段での不適物の選別、反応槽での撹拌・強制送気等による一次発酵、野積み式での二次発酵（熟成）、という図3・13のような高速堆肥化システムが一般的です。一次発酵で、撹拌・槽の回転・送気等に動力を要するため、エネルギーが必要となりますが、反応時間と反応槽容量を小さくすることが可能です。生物反応の前段の選別では、金属やプラスチック等の生物分解に適さない混入物が除去され、後段の選別では粒度によって、石や砂等の残さが除去されるとともに、製品（堆肥）の均質化がはかられ

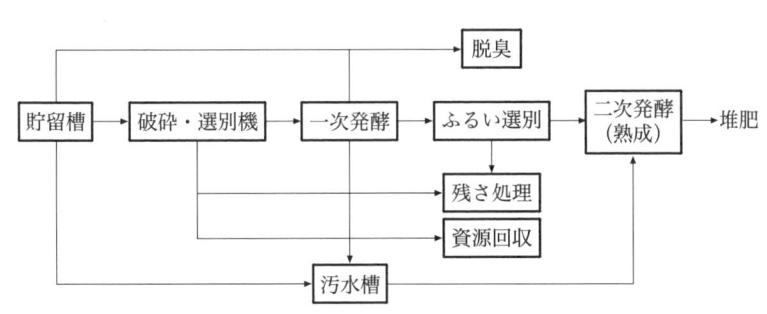

図 3・13　堆肥化のフロー

ます。貯留槽や発酵槽で原料から浸出する水分は、乾燥して水分が不足しがちな二次発酵槽に添加することで、生物反応の促進と水処理コストの削減が可能です。

2 飼料化

　有機性廃棄物中の栄養分を直接的に利用するには、家畜等の飼料とするのが、上流側での利用という観点から最も望ましいといえます。原料にできるのは、混入物や有害物が極力含まれていない、食品加工工場の廃棄物や、給食センターの残さが用いられます。配合飼料として用いるには、乾燥・粉砕した状態にする必要がありますが、発酵や熱分解により有機物分を減少させて栄養成分を調整することもあります。また、食品廃棄物に含まれる油分は飼料に不適ですが、分離して抽出し、乾燥工程での燃料として使用することで、コスト削減が可能です。

3 メタン発酵

　有機性廃棄物を、酸素のない嫌気的な状態として生物分解させると、多量のガスが生成します。このガスはバイオガスと呼ばれ、メタン等の可燃性成分を含有しており、体積当たりの熱量は都市ガスに相当します。この反応は多くの微生物が関連する、ゆっくりとした反応です。ごみ中の有機炭素が低分子化され、糖やアミノ酸の状態となり、低級脂肪酸（乳酸、酪酸、酢酸等）を経て、水素と酢酸へと変換します。水素からメタンを生成する細菌と、酢酸からメタンを生成する細菌がそれぞれ存在しており、メタン生成の割合は水素経由が4割、酢酸経由が6割とされています。酸の生成、酢酸の生成、メタンの生成をそれぞれ異なる細菌が担っており、それらが共生した複合微生物群を形成しています。原料としては炭素分が高すぎると、酢酸が蓄積しpH6以下に低下すると、メタン生成が阻害されます。一方、窒素分が高いと、アンモニアの蓄積で多くの微生物の活性が阻害されます。

　固形物のメタン発酵の過程では、理論上の反応とは異なる生成物が生成する等して、有機炭素が完全にメタンへと無機化されずに、固形物残さおよび反応液中に残ります。固形物は堆肥化、エネルギー化原料として、発酵液は液肥として適用するのが理想的ですが、廃棄物・廃水として処理するケースもあり、資源化の効率が低下する要因となっています。また反応速度が遅いので処理に大きな容積・面積を必要とします。したがって、土地単価が安く、二次利用（肥料）の見込めるエネルギー輸入国で多く採用されます。

▶ 3章　廃棄物を適正処理から資源循環へ導く

3·9 廃棄物の最終処分（埋立処分）

1 埋立地での反応と安全対策

　中間処理された残さを含む資源利用価値の低い廃棄物は、最終的に埋立処分されます（図3·14）。産業発展の初期過程においては埋立処分が唯一の廃棄物処理方法ですが、産業集積と人口集中に伴って、埋立容量と資源の不足が深刻となり、中間処理・資源化されたあとの処理残さの割合が増していきます。埋立地に埋められるごみは、刻々と変化していくのですが、一度埋められてしまったら処理が完了するというわけではありません。

　一般廃棄物や有機物を含む産業廃棄物は、埋立地内で長期間にわたって生物分解を受けるとともに、化学的雰囲気や生物反応熱によって物理化学的な変化も受けます。自ら持ち込んだ水分と、降水に伴って浸透する水分が浸透して、汚濁物質や有害物質を含む水（保有水）が埋立地内に発生します。また、一部の成分は生物分解・揮発によってガス（埋立地ガス）となり、埋立地内の圧力を増すことにもなります。まずこうした成分が埋立地外の環境を汚染しないように、安定した構造物とバリヤーを設定する必要があります。底部・周縁部には保有水が漏洩して地下水を汚染するのを防ぐ**遮水工**[*12]が設置され、上部にはガス排出と降水浸透を制御するための**最終覆土**が設置されます。さらに、保有水や埋立地ガスの貯留は環境汚染のリスクを高めますから、内部貯留水を速やかに

[*12] 遮水工には、難透水性の粘土層や高分子シート等を敷く「表面遮水工」と、難透水性地盤まで鋼板や難透水性壁等を打ち込む「鉛直遮水工」があります

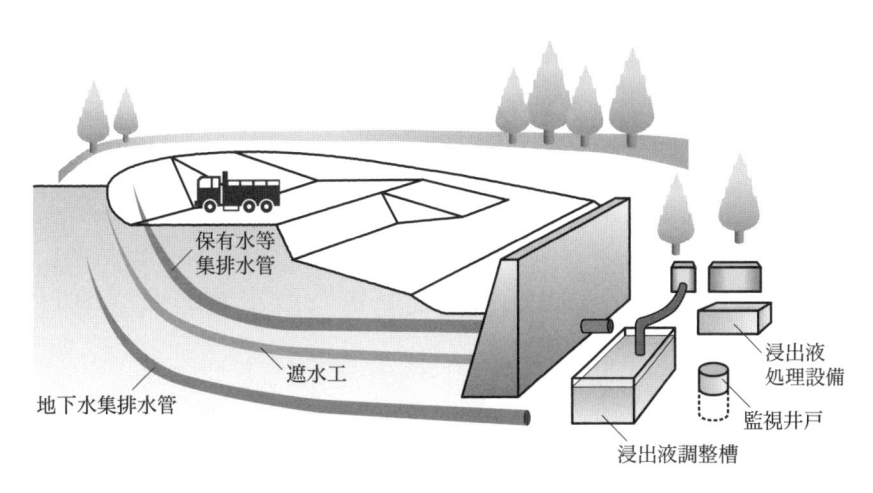

図3·14　産業廃棄物管理型最終処分場（出典：文5）

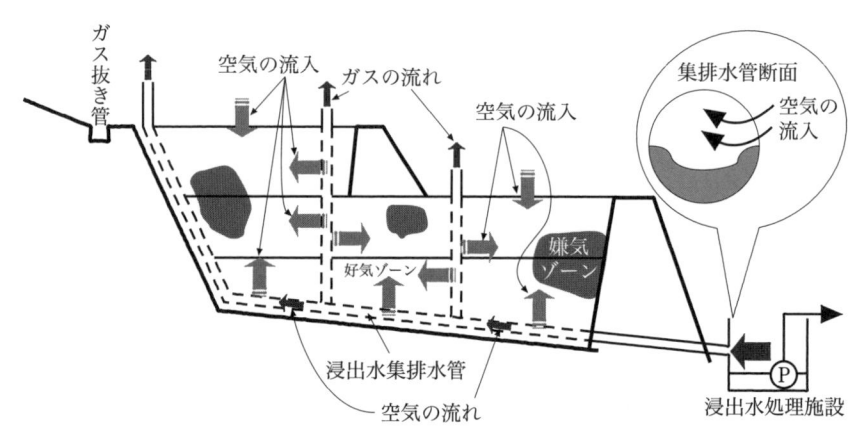

図3・15　準好気性埋立の概要

外部に排除できるような集配水管の設置が管理上有益であり、排除された保有水（浸出水）を処理するために必要な水処理設備（貯留槽を含む）が必要となります。また、ガス抜き管と呼ばれる排気設備を通じて内部貯留ガスの排除と、燃焼等のガス処理が行われます。一般廃棄物最終処分場、または産業廃棄物管理型最終処分場と呼ばれるこうした埋立地では、一連の設備と維持管理を一体化して行う必要があります。

日本の埋立地の特徴として、集配水管とガス抜き管が接続されるとともに、保有水を貯留させないことで、埋立地内への受動的な大気の導入を起こして、生物反応を活性化させる**準好気性埋立**があります（図3・15）。これは、日本の降水量や埋立物の性状にあった方式といえますが、将来的な埋立物の変化にあわせて、構造や管理方法は最適な方式を選択する必要があります。

例えば、雨季に多量の降雨がある地域では、膨大な浸出水貯留槽が必要となってしまうことから、時期に応じた覆土の量の変更や、降水浸透量を調整可能な浸透排除型の最終覆土が必要になります。有機物を多量に含む埋立地では埋立地ガスの発生量が増加し、ガス排除と処理がうまくいかなくなります。この場合、埋立地ガスに含まれるメタンのエネルギー利用システムを導入し、積極的にガス回収発電をすすめることで、少なくともガス処理に必要な電力は生産することができます。

2 不活性な廃棄物の埋立地と有害な廃棄物の埋立地

埋め立て物が、生物的に不活性な残さ類（水分を有せず分解しない）や安定処理物である場合、水域や大気の汚染リスクは格段に減少します。こうした埋立物に対しては、前述のような埋立地は設備が過剰なため、分離して処分することが現実的であり、相対的に廃棄物管理の安全性を

高めることになります。日本では産業廃棄物のうち廃プラスチック、ゴム、金属、ガラス・陶磁器くず、コンクリート等のがれき類を対象[*13]とした**安定型最終処分場**と呼ばれる埋立地がこれにあたります。構造体、降雨浸透した水分（浸透水）の検査、埋立物の検査等、最低限の環境対策のみ必要とされています。

　逆に、有害性の高い廃棄物を環境から隔離して管理する埋立地として**遮断型最終処分場**があります。有害性の判定は、溶出試験[*14]によって金属や有機物質等の溶出濃度から判定します。遮断型処分場は、表面を含む周囲をコンクリートで完全に仕切り環境中への拡散防止をはかるとともに、降水浸透を完全に排除するため、屋根や排水溝が設置されます。

3 最終処分場の設置場所

　従来、最終処分場は集落より離れた山間部に設置されてきました。しかし、水域汚染等の問題が起こった場合、水源地の汚染等下流の流域圏へ与える影響が大きく、対策の緊急性は増すことになります。また、土地利用、施設構造、維持管理の面からも、容易で効率的である平地部での処分場建設が増える傾向にあります。一方で都市域においては、未利用の平坦な土地は単価が高く、生活域との距離も近接してしまいます。東京湾や大阪湾では古くから水面埋立が実施されていますが、環境安全性の面と、土地造成の面から、今後さらに広まることが考えられます。

4 最終処分場の廃止・跡地利用

　最終処分場の設置に際しては、その土地が廃棄物埋立地であるという情報が届出台帳を通じて自治体で管理されます。廃棄物の埋立が終わり、囲いや最終覆土等の工事を行うと**処分場の閉鎖**となりますが、そのあとは**埋立跡地**として、台帳上の管理は続きます。その間、周辺環境の汚染防止に必要な対策をとり、環境汚染が起こっていないことを確認し続けなくてはいけません。具体的には、周辺地下水の水質点検、浸出水の処理、降雨浸透を制御する設備（排水溝等）の管理、覆土や構造物の機能の確認等、多岐にわたる維持管理が必要です。一方で、**形質変更**の届け出をすることで跡地利用が可能となります。土地利用に際しては、新たな環境汚染を生じないように、施工に細心の注意を払う必要があります。特に基礎を打つような大型の建設工事に際しては、悪臭・有害ガスの噴出、廃棄物の飛散、大気との接触による浸出水質の変化等に充分考慮する必要があります。現在のところ、一般廃棄物最終処分場の跡地利用としては、公園やスポーツ施設等住民還元も意識した用途や、流通団地等

*13　日本では品目とは別に、高温で消失する可燃分（熱しゃく減量）の割合が5%以下、という指針があります。他国では、嫌気条件下でのガス発生ポテンシャルを測定する指標も用いられています

*14　溶出試験は、溶媒との接触による有害物質の溶出挙動を調べる方法です。日本ではpH 5.8〜6.3に調整した純水を6時間振とうさせ溶出液を得ますが、カラムに充填させて通水する方法等、各国で採用されている方法は異なります。また嫌気状態でのガス発生ポテンシャルを測定する指標も用いられています

地域経済に貢献する用途が中心です。産業廃棄物の場合は、宅地開発等付加価値の高い用途が好まれます。

　処分場の維持管理を停止するためには、**廃止**の手続きが必要となります。維持管理を停止するということは、その土地が自然地に限りなく近いことを証明する必要があります。そのための基準として、処理される前の浸出水の水質が排水基準を満たしていること、ガス発生が確認されないこと、地温が異常に高くないこと、地盤が安定しており構造上問題ないこと、等について、一定期間以上継続して確認されることが必要です。有機物が埋立された処分場では浸出水質や埋立地ガス発生量が、長期にわたって基準を満たさないことが知られています。あらかじめ、長期的な維持管理のコストや、跡地利用の容易さを考えて、形質変更や廃止が容易に申請できるような埋立地の構造や管理方法を設定することが、これからの主流となるでしょう。

※引用文献
1　『東京都清掃事業百年史』東京都、および東京朝日新聞（1933 年 5 月 4 日）
2　環境省廃棄物・リサイクル対策部 http://www.env.go.jp/recycle/
3　㈳全国産業廃棄物連合会 http://www.zensanpairen.or.jp/
4　周南市一般廃棄物処理基本計画
5　『環境儀』24、国立環境研究所

※参考文献
・　廃棄物学会（1997）『廃棄物ハンドブック』オーム社
・　元田欽也，大山長七郎（1999）『廃棄物処理・リサイクルの実務計算』オーム社
・　田中信寿編（2003）『リサイクル・適正処分のための廃棄物工学の基礎知識』技法堂出版
・　田中信寿（2000）『環境安全な廃棄物埋立処分場の建設と管理』技法堂出版
・　廃棄物学会ごみ文化研究部会、NPO 日本下水文化研究分科会編（2006）『ごみの文化・屎尿の文化』技法堂出版
・　田中勝（2007）『循環型社会への処方箋』中央出版
・　『廃棄物処理法法令集』（2006）　ぎょうせい

4 環境化学物質の環境運命を予測する

　人為的に製造・使用された化学物質は、環境に放出されたのちに蓄積・分解し、いくらかは、ヒトに取り込まれます。とくに、その化学物質が有害、もしくはその可能性がある場合、どれほどの量がヒトに戻ってくるのかを予測して、その化学物質を使い続けて良いものなのか、あるいは規制が必要なのかを判断する必要があります。

　この環境化学物質の制御を体系的に取り扱うためのツールが環境運命予測モデルです。複雑な環境を、水、生体、大気、土壌、底質等の箱（コンパートメント）に分割し、各コンパートメント内での蓄積や分解、コンパートメント間の移動を定式化し、環境に放出された化学物質が、どこにどれだけ蓄積し、どこで分解していくのかを予測するのです。

　環境運命予測のモデルを作り、計算することは、水相・気相・固相から構成される複雑な系での物質収支概念や、分配やコンパートメント間の移動等、自然環境を取り扱うための基礎的な項目を学習するうえでも格好の題材になります。

▶ 4 章　環境化学物質の環境運命を予測する

4・1 ✳ 化学物質の規制

1 わが国での規制

プラスチックや薬品等、人工的に作り出した化学物質はとても有用なものですが、使用や曝露の方法によっては、危険性や有害性を伴うことがあります。そこで、化学物質の生産や使用に一定の規制がなされています。図4・1は、管理の考え方ごとに法律の位置づけをまとめました。

化学物質の管理の考え方は、「**性質に対する管理**」と「**量に対する管理**」に分けられます。相当の危険性や有害性を持つ化学物質は、**消防法**や**毒物劇物取締法**等で1950年頃から規制されていますが、労働者曝露や家庭用品等、特定の重要な曝露経路にまで踏み込んだ法律が作られるまで、さらに20年以上を要しています。そして、PCB（ポリ塩化ビフェニル）を原因とするカネミ油症事件[*1]がきっかけとなって**化学物質審査規制法（化審法）**が制定されました（1972年）。現在、PCBは製造禁止物質に指定されていますが、この化審法によるものです。その後、化審法は、「難分解性・高蓄積性・人への長期毒性の疑い」の3項目に、「動植物への毒性」を加え、化学物質の環境影響を性質の面から規制する法律として運用されています。

しかし、PCBほど強い性質を持たなくても、使用量によっては影響が

＊1　PCBの混入した食用油「カネミライスオイル」を摂取した人たちに、吹き出物や内臓疾患が現れた事件です。1968年頃に発覚しました。原因は、食用油の製造工程で、熱媒体として使用されていたPCBが、混入したためです

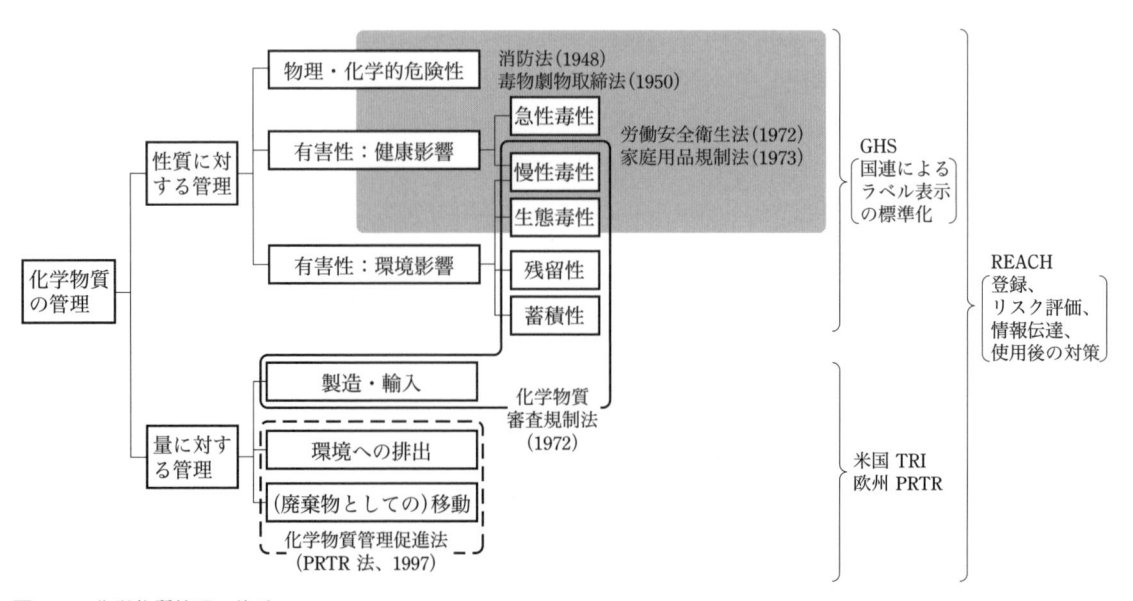

図4・1　化学物質管理の体系

懸念される多くの化学物質があります。そこで、「化学物質の量の管理」を目的として、1997年に**化学物質管理促進法（化管法**もしくは**PRTR法***2)が制定されました。国と事業者が協力して、354種類もの化学物質の環境への放出量を把握しようというものです。化審法と化管法によって、化学物質による環境影響を管理する制度が、質・量の両面で完成したといってよいでしょう。

2 海外での規制

国際的にも、質と量の両面で、「化学物質を管理しながら使う」体制が整いつつあります。量の管理については米国のTRI*3と欧州のPRTR*4が進められています。質の管理については、各国での化学品の性質の表示方法を統一的なものにしようと国連が推し進めるGHS*5に続き、欧州での化学物質の総合的な管理であるREACH*6が2007年から発効しました。

PRTRもREACHも、継続的な化学物質の使用を認める立場です。その際重要なのは、リスク管理です。使用・放出された化学物質による環境・生態リスクを予測・制御するというものです。そのためには、環境に放出された化学物質が、どこに移動し、蓄積・分解するのかという全体像（「**環境運命**」といいます）を把握する必要があります。

*2 Pollutant Release and Transfer Register（汚染物質放出移動登録）の略
*3 Toxic Release Inventry（有害物質排出目録）の略
*4 欧州汚染排出登録（European Pollutant Emission Register：EPER）
*5 Globally Harmonized System of Classification and Labelling of Chemicals（化学品の分類および表示に関する世界調和システム）の略
*6 Registration, Evaluation, Authorization and Restriction of Chemicals（化学物質の登録、評価、認可および制限）の略

4・2 コンパートメントモデル

▶ 4 章　環境化学物質の環境運命を予測する

*7 「底質」とは見なれない言葉かもしれません。海・湖等の底でい部分の総称です

*8 分配係数については次節4・3を参照

1 仮想的な環境

環境運命を予測するために「単純化した仮想的な環境」が設定されます。一般的な例を図4・2に示します。大気（air）・水（water）・底質（sediment）[*7]・土壌（soil）の4つで構成されています。例えば、大気中に放出された化学物質は、拡散・降雨・沈着によって、水・土壌へ移動し、水からさらに底質に移動するというものです。

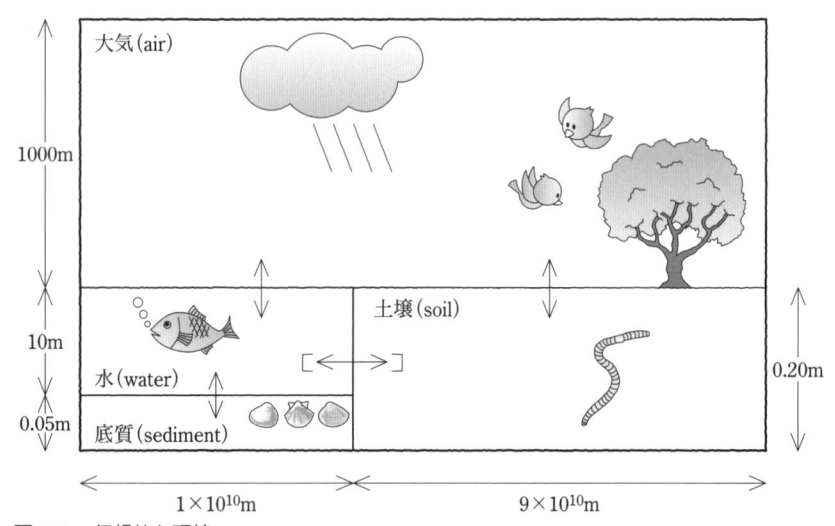

図4・2　仮想的な環境

2 環境を容器に見立てる：タンクアナロジー

コンパートメントモデルを理解するには、底質・水・大気・土壌をタンクのように見立てて表現するタンクアナロジー[※1]が便利です（図4・3）。化学物質はタンクの中に入っている水だと思ってください。「タンクの中にいくら入っているのか」や「どのタンクの水位が高いのか」を一目で把握することができます。

タンクの水位は（濃度C/分配係数[*8]K）に等しく、底面積は（分配係数K×体積V）で表しています。こうすることで、コンパートメントごとの濃度の相対的な高さ・低さを水位で表現し、コンパートメント内の化学物質量を、タンク内の水量（水位×底面積）で表すことができます。

図4・3では、タンクの底から2本のパイプが出ています。1本は下向き

で栓を取り付けられ、もう1本は横のタンクの底につながっています。

　下向きのパイプで栓を取り外すと、水は、タンクから抜けていきますから、これは、そのコンパートメント内での分解を表わしています。下向きのパイプのバルブは、この分解の速度を調節するものと考えます。図4·3の場合は、分解しないものとしたモデル（レベル I、次頁で説明）ですから、下向きのパイプには、栓が取り付けられています。

　横のタンクとつながっているパイプは、相対的に濃度の高いコンパートメントから、濃度の低いコンパートメントへの移動を表しています。このコンパートメント間での移動のしやすさ・しにくさも、パイプにバルブを取り付けて表現します。

3 平衡状態 ―レベル I ―

　図4·3の状態は、すべてのタンクの水位が等しくなった状態で、このとき、コンパートメント間での化学物質の移動は起こりません。この分野の先駆的な研究者であるマッケイ[*2]は、この**平衡状態**をレベル I と名付けています。レベル I の計算結果は、それぞれの**コンパートメントの容量**を教えてくれます。図4·3の場合は、右の土壌コンパートメントの容量が最も大きいことを表しています。

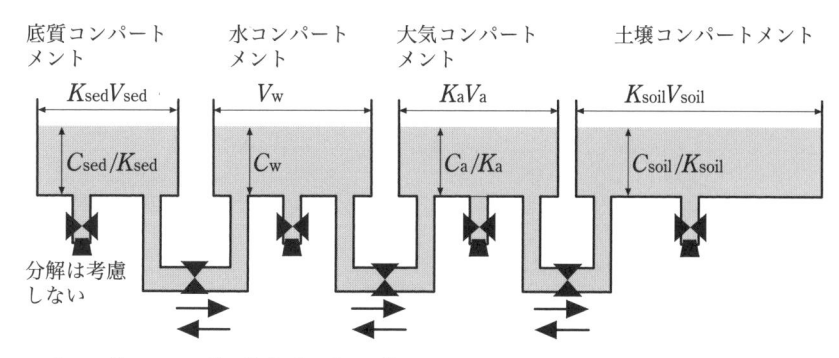

底質コンパートメント　水コンパートメント　大気コンパートメント　土壌コンパートメント

$K_{sed}V_{sed}$　　V_w　　K_aV_a　　$K_{soil}V_{soil}$

C_{sed}/K_{sed}　C_w　C_a/K_a　C_{soil}/K_{soil}

分解は考慮しない

sed：sediment　　C：濃度（mol m^{-3}）
w：water　　　　K：分配係数（水コンパートメント基準）［－］
a：air　　　　　　V：コンパートメントの体積（m^3）
soil：soil

図4·3　仮想的な環境のタンクアナロジー（平衡状態：Level I）　コンパートメント間の移動は速やかに起こるので、全てのタンクの水位は等しい

4 非平衡定常状態 ―レベルIII―

環境に進入した化学物質は、コンパートメント間を移動し、各コンパートメント内で分解していきます。一定速度で化学物質が進入しつづけると、環境中での分解量と釣り合って、定常状態に達します。この**非平衡・定常状態**をレベルIIIといいます[*9]。図4·4がその状態です。大気に進入した化学物質は、大気中で分解するだけではなく、水や土壌に移動し、さらに水から底質へ移動します。コンパートメント間の移動はタンクの底面をつないだパイプを通じての濃度勾配による移動とともに、降雨や沈着による「上から下への」移動が起こります。タンクの底に取り付けられた排水口から水が吐き出されているのは、分解を表しています。

具体的な計算をするためには、化学物質の分配、分解、相間移動のパラメーターが必要です。その取り扱いの方法を次節以降で学びましょう。

[*9] ここでは詳しく説明しませんが、レベルIIは、すべてのタンクの水位が等しく、環境への進入量と分解量が等しい「平衡定常状態」です

[*10] 濃度差によるコンパートメント間の移動は、物質移動係数MTC、接触面積A、相対的濃度$\frac{C}{K}$の積で表現されます。詳しくは4.4（p.103）で説明します。

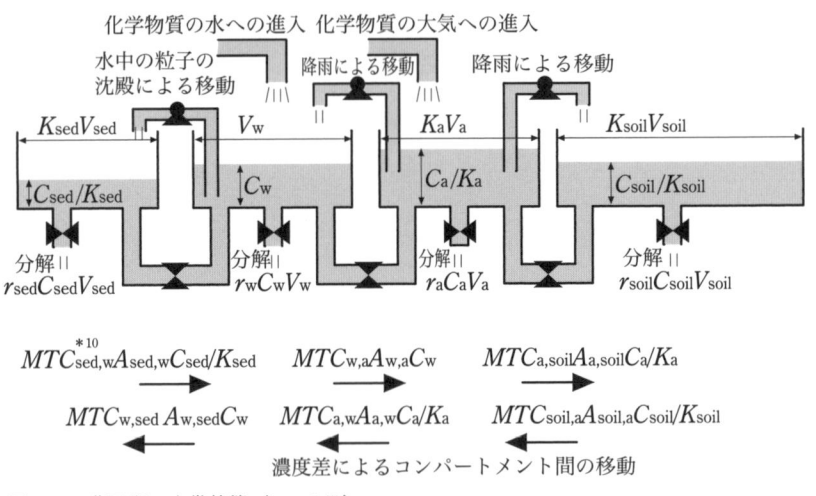

図4·4 非平衡・定常状態（Level III）

4・3 分配係数と濃度

1 分配係数の概念

タンクアナロジーでの水位は、各コンパートメントでの化学物質の濃度の相対的な高さを表しています。「水中での濃度○○ mg L^{-1}」と、「底質中濃度□□ mg kg^{-1}」を比べて、一体どちらが相対的に高いのかを知る必要があります。モデルでは、すべてのコンパートメントでの濃度を、共通の尺度に換算して比較します。その換算はどのように行うのでしょうか？

図 4・5 を見てください。部屋（大気）の中に水槽（水と底質）と土があり、それらに含まれる化学物質濃度 C_w、C_{soil}、C_a、C_{sed}（mol m^{-3}）は平衡に達しています。このとき、室内に**仮想的な試薬びん**を考えます。この試薬びんに純度 100% の化学物質が入っていれば活量が 1、純度 10% のときは活量が 0.1 というように定めます。試薬の活量が 1 のとき、水中の濃度は飽和溶解度と等しくなり、室内空気中の化学物質の分圧は飽和蒸気圧に等しくなります。また、活量が 0.1 のときには、水中では飽和溶解度の 10 分の 1、空気中では飽和蒸気圧の 10 分の 1 となります。土壌中および底質中の濃度も同様に変化します。

実環境では「仮想的な試薬びん」をおくのではなくて、水中の濃度 C_w を基準にして、他のコンパートメントの濃度と関連づけます[*11]。例えば、平衡に達している水と大気の場合、大気中濃度 C_a ＝ **分配係数** K_a ×水中

*11 本書では、水コンパートメントの濃度を基準にして表現しています。マッケイは、大気コンパートメントでの分圧（正確には、熱力学的圧力：フガシティ（Pa））を基準として表現する方法を提案しました。どちらの方法も、環境中での活量を単一の尺度で表現しようというもので、本質的には同じです

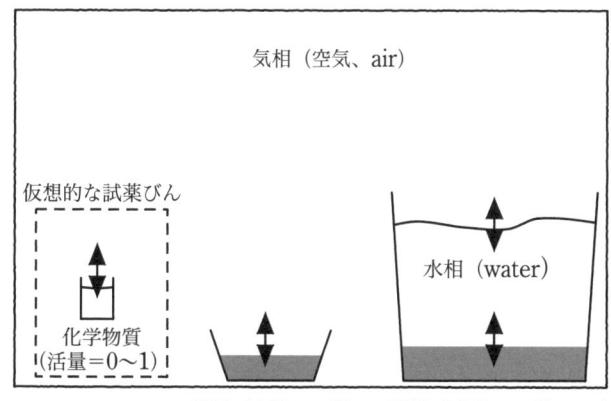

系内の化学物質量 (mol) ＝ $C_w V_w + C_{soil} V_{soil} + C_a V_a + C_{sed} V_{sed}$

図 4・5 各相中化学物質濃度が平衡に達したときの濃度

＊12 「収着（sorption）」は、「吸着（adsorption）」と「吸収（absorption）」の両方を意味しています

＊13 SS濃度 10 mg L^{-1} は、SI単位系で表現すると、10 g m^{-3} になります

＊14 分配係数 3,000（L kg^{-1}）は、水中濃度が 1 mg L^{-1} であれば、平衡状態にある固相中濃度が 3,000 mg kg^{-1} であるという意味です。SI単位系で表現するならば、水中濃度 1,000 mg m^{-3} に対して固相中濃度が 3,000 mg kg^{-1} になりますので、分配係数は、$\frac{3,000}{1,000} = 3$ m^3 kg^{-1} ということになります

濃度 C_w という具合になります。同じように水と土壌、底質を結びつける分配係数として、それぞれ K_{soil}、K_{sed} が定義されます。

直接接触していないコンパートメントの間でも、平衡の概念が拡張されます。図4・5で、水と土壌は離れていますが、「土壌と大気は平衡」、「大気と水は平衡」、だから「土壌と水は平衡」という扱い方をします。一般化した言い方をすると、分配係数は、**そのコンパートメントでの濃度を共通の尺度に換算するための係数**なのです。具体的な例は、「4・4・2 コンパートメント間の移動」の項（p.103）で学びます。

2 複数の相を含むコンパートメントでの濃度の表現

系内での化学物質の総量は、Σ（濃度（mol m^{-3}）×体積（m^3））で求めることになります。図4・5の4つのコンパートメントの場合でも、図に示すとおりの単純化した式で表現することができます。しかし、各コンパートメントを見ると、必ずしも、気体だけ、水だけで構成されているわけではありません。表4・1を見てください。大気コンパートメントの場合、気相のみならず水相（雨水、霧等）と固相（浮遊粒子状物質）が含まれています。水や底質コンパートメントは水相と固相の混合系です。

水中に存在している化学物質の場合、水に溶けているのか、あるいはSS（浮遊物）に**収着**[＊12]しているのかが問題になることがあります。また、底質の**間隙水**に存在している割合が移動性に関連します。このように、コンパートメント中での濃度（mol m^{-3}）と、水相での濃度（mol m^{-3}）や固相での濃度（mol kg^{-1}）を関連づけなければなりません。次の例題で、水相と固相から構成される水と底質の各コンパートメントについて試算してみましょう。

表4・1 各コンパートメントで考慮する気相・水相・固相

コンパートメント	気 相	水 相	固 相
大　気	◎	○	○
水		◎	○
底　質		○	◎
土　壌	○	○	◎

例題① 水相と固相の分配と混合系での存在比

1) 水中の化学物質は、水中の粒子状物質（SS：固相）に収着されているものと、溶存状態のもの（水相）に分けることができます。SS濃度が 10 もしくは 100 mg L^{-1} [＊13]、分配係数 K_p が 3,000 もしくは 30,000 L kg^{-1} [＊14] であ

るとしたとき、収着態で固相中に存在する化学物質の量は、全量の何パーセントになるのかを計算しなさい。

2) 底質は、底質粒子（固相）の間に間隙水（水相）が存在しているものと考えられます。間隙水の体積割合を間隙率といいます。固相密度 ρ が 2.5 g cm^{-3} であるとし、**間隙率** ε*15 が 0.6 もしくは 0.9、分配係数 K_p が 3,000 もしくは 30,000 L kg^{-1} のとき、収着態で固相中に存在する化学物質の量は、全量の何パーセントになるのかを計算しなさい。

*15 間隙率 ε は、固相粒子以外の体積部分の割合のことです。間隙率が 0.9 ということは、水相の体積が 0.9 m^3 で、固相の体積が 0.1 m^3 ということです。

解答▼

1) まず、水コンパートメントを、水相と固相に分けて考えます（図 4・6）。1 m^3 の水コンパートメントでの、水の体積は 1 m^3 です。固相成分、すなわち浮遊物質 SS の体積は、水に比べて無視できるくらいに少ないからです。固相については、重量が大切です。SS 濃度が 10 mg L^{-1} であれば、1 m^3 の水コンパートメント中の固相の重量は、0.01 kg になります。それぞれの相に存在する化学物質の量は次の考え方で計算されます。

水相に溶存態で存在する量 (mol)
= $C_{\text{dissolved}}$ (mol m^{-3}) × 水相の体積 (m^3)　　　　式(4.1)

固相に収着態で存在する量 (mol)
= K_p (m^3 kg^{-1}) × $C_{\text{dissolved}}$ (mol m^{-3}) × 固相の重量 (kg)　式(4.2)

固相に収着態で存在する化学物質の割合は、

収着態の量 (mol) / (溶存態の量 (mol) + 収着態の量 (mol)) × 100
　　　　式(4.3)

で計算されます。実際に数値を入れて計算した結果を表 4・2 に示します。

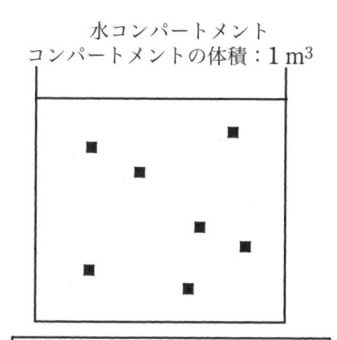

水コンパートメント
コンパートメントの体積：1 m^3

水相の体積：1 m^3
固相の体積：無視できるくらい小さい

SS 濃度 (kg m^{-3}) × 1 m^3
= 0.01 kg (SS 濃度=10 g m^{-3})
= 0.1 kg (SS 濃度=100 g m^{-3})

コンパートメント 1 m^3 中の水相と固相の体積

コンパートメント 1 m^3 中の固相の重量

底質コンパートメント
コンパートメントの体積：1 m^3

水相の体積：ε × 1 m^3
固相の体積：$(1-\varepsilon)$ × 1 m^3

$(1-\varepsilon) \times 1\text{ m}^3 \times \rho$ (kg m^{-3})
= 250 kg ($\varepsilon = 0.9$, $\rho = 2,500$ kg m^{-3})
1,000 kg ($\varepsilon = 0.6$, $\rho = 2,500$ kg m^{-3})

図 4・6　水および底質コンパートメントでの水相・固相概念

表 4·2　水および底質コンパートメントにおける収着態の割合

	水コンパートメント				底質コンパートメント ($\rho = 2{,}500$ kg m^{-3})			
	SS 濃度 $= 0.01$ kg m^{-3}		SS 濃度 $= 0.1$ kg m^{-3}		$\varepsilon = 0.6$		$\varepsilon = 0.9$	
コンパートメント 1 m^3 あたりの水相の体積	1 m^3		1 m^3		0.6 m^3		0.9 m^3	
コンパートメント 1 m^3 あたりの固相の重量	0.01 kg		0.1 kg		1,000 kg		250 kg	
分配係数 K_p	3 m^{3}kg^{-1}	30 m^{3}kg^{-1}	3 m^{3}kg^{-1}	30 m^{3}kg^{-1}	3 m^{3}kg^{-1}	30 m^{3}kg^{-1}	3 m^{3}kg^{-1}	30 m^{3}kg^{-1}
収着態の割合	2.9%	23.1%	23.1%	75.0%	100%	100%	99.9%	100%

表 4·2 では、設問の表現方法と違って、SI 単位で記していることに注意してください。$K_p = 30{,}000$ L kg^{-1}（PCB 等の吸着性の強い物質はこのオーダーです）であれば、収着態で存在する割合が 23.1 もしくは 75.0% となり、水中であっても溶けている量と粒子に取り込まれている量が、拮抗していることがわかります。

2) 底質コンパートメントについても、水相と固相に分けて考えます。底質では、間隙率 ε（−）と固相密度 ρ（kg m^{-3}）を使って、固相の重量を計算します（図 4·6 の右側の式）。表 4·2 の 4 通りの計算で、ほぼ全量が収着態であることがわかります。　▲

4・4 分解と相間移動

1 一次反応による分解速度の表現

コンパートメント内での分解は、図4・4のタンクアナロジーにおいて、タンクの底に取り付けられた排水口から水が吐き出される様子（水位が高ければ、その分、分解も早い）で表されています。その下に書き込まれている式の意味は、次の通りです。

単位時間に分解する量（mol h^{-1}）= r(h^{-1}) × 存在量（mol）

式（4.4）

r：分解速度定数（h^{-1}）

このような反応式を一次反応といいます。半減期 = $\dfrac{0.693}{r}$ の関係があります[*16]。rが大きいときには、タンクの底に取り付けられた排水口が大きくなると考えればよいでしょう。

2 コンパートメント間の移動

水位の高いコンパートメントから、低いコンパートメントへの移動も一次反応で表現されます。水位差から移動速度に変換するための係数は、物質移動係数[*17]MTC × コンパートメントの接触面積Aです。

単位時間にコンパートメントiからコンパートメントjへ移動する量（mol h^{-1}）

$$= MTC_{ij} \times A_{ij} \times \left(\dfrac{C_i}{K_i} - \dfrac{C_j}{K_j}\right)$$

式（4.5）

MTC_{ij}：コンパートメントi－コンパートメントj間での物質移動係数（m h^{-1}）

A_{ij}：コンパートメントiとコンパートメントjでの接触面積（m^2）

K_i：コンパートメントiでの濃度を共通の尺度に換算するための係数（分配係数）（−）[*18]

K_j：コンパートメントjでの濃度を共通の尺度に換算するための係数（分配係数）（−）

分解とコンパートメント間の移動を学んだところで、水コンパートメントから化学物質がなくなっていったのは、分解によるものなのか、あるいは揮発していっただけなのかを解析する例題を解いてみましょう。

---

*16 0.693は、半減期を速度係数に換算するときの数値です。直感的には、次のように理解してください。1日当たり10％の減衰（90％が残る）であれば、2日目で81％、3日目で73％…7日目で最初の48％になります。すなわち、分解速度係数が0.1であれば、6.93日で半分になるのです（詳しくは例題7・2を参照してください）

*17 "MTC"は、Mass Transfer Coefficientの頭文字です。物質移動論の専門書等では、しばしば、"K"で表現されることが多いのですが、分配係数のKとの区別を明らかにするために、本書ではMTCと表現しています

*18 ここでの分配係数は無次元です。コンパートメントiも、コンパートメントjも、濃度を（mol m^{-3}）で表現しているからです。例題①（p.100）の分配係数に（m^3 kg^{-1}）や（L kg^{-1}）の単位がついている理由は、（mol m^{-3}）や（mol L^{-1}）と、（mol kg^{-1}）の換算に使われているためです。分配係数は、定義によって単位や値が変わることに注意してください

例題② 池に撒かれた殺虫剤の消失

面積 20 m²、平均水深 3 m の池があります。ここに殺虫剤を毎日 10 g ずつ撒こうと思います。殺虫剤の消失プロセスは、水中での分解（生物的分解、光分解等を総合）と大気への揮発であるとして、実験1および実験2の結果をもとにして、定常状態での水中での濃度を予測しましょう。

（実験1） 池の水を使って分解速度を調べたところ、分解速度定数は 0.24 d^{-1} であった。

（実験2） 池の水を水深 5 cm の容器にとり、水面から大気へ揮発していく速度を調べたところ、半減期は 35 min であった。

解答 ▼

定常状態では、1日に撒かれる殺虫剤の量と消失する量が等しくなります（図 4・7）。

　　　(1日に撒かれる殺虫剤の量) ＝ (分解量) ＋ (揮発量)　　　式(4.6a)

　　　分解量 ＝ r × 水中濃度 × 水の体積　　　式(4.6b)

　　　揮発量 ＝ ($MTC \times A$) × 水中濃度 × 水の体積　　　式(4.6c)

（実験1）の結果から、$r = 0.24$ d^{-1} が得られます。（実験2）の結果から、r に相当する定数（$MTC \times A$）を計算しなければなりません。実験の水深 5 cm と池の水深 3 m とは大きく違っていて、35分で半分が揮発するとは考えられません。深くなれば水面から揮発して消失する割合は小さくなり、半減期は水深に逆比例します。したがって、水深 3 m であれば半減期は、35 min × $\frac{300}{5}$ ＝ 2,100 min ＝ 1.46 d になります。したがって、揮発による消失速度定数（$MTC \times A$）は、半減期 ＝ $\frac{0.693}{r}$ の関係式を使って、次の式で求められます。

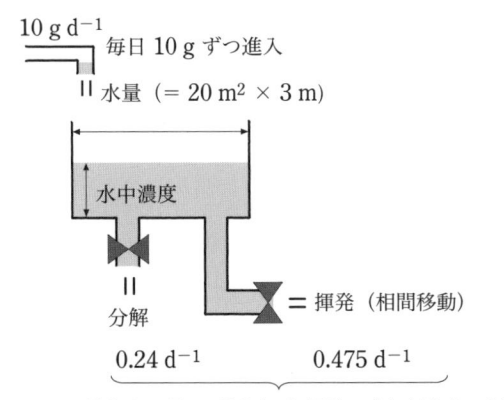

一日に消失する量 ＝ (0.24 + 0.475) × (水中濃度 × 水量)

図 4・7　池に撒かれた殺虫剤の消失

$$MTC \times A = \frac{0.693}{1.46} = 0.475 \, \mathrm{d}^{-1} \qquad 式(4.7)$$

式(4.6)を用いて、

$$10 \, \mathrm{g \, d^{-1}} = (0.24 + 0.475) \mathrm{d}^{-1} \times 水中濃度(\mathrm{g \, m^{-3}}) \times 20 \, \mathrm{m^2} \times 3 \, \mathrm{m}$$

$$式(4.8)$$

より、水中濃度は、$0.23 \, \mathrm{g \, m^{-3}} = 0.23 \, \mathrm{mg \, L^{-1}}$ となることが予測されます。そして、撒かれた殺虫剤が消失するプロセスの 3 分の 2 は大気への移動で、実際に水中で分解するのは 3 分の 1 に過ぎないことがわかります。　▲

ところで、コンパートメント間の移動は、常に式 (4.5) のように、双方向であるとは限りません。降雨に伴うもの等、一方通行の現象も重要です。図 4・4 で、ポンプで汲み上げて他のタンクに送っている様子がこれを表現しています。

一方通行の相間移動と共に、地球規模での化学物質の移動に大きく影響を与えるのが、温度の影響です。水から大気への揮発は温度が高いほど促進され、逆に、気温が下がると雨や雪になって地表に戻りやすくなります。さらに、気温が低いほうが分解速度が遅くなります。この当たり前の現象が複合的に作用して、コラムにあるように、「北極に汚染物質が集中する現象」が起こるのです。

Column　グラスホッパーイフェクト

　分配、分解、相間移動は、環境の条件に大きく左右されます。典型的なパラメータが温度です。例えば、蒸気圧は気温に大きく左右されるので、気温が高ければ蒸発しやすく、気温が低ければ雨水や雪に取り込まれやすくなります。温度が低くなれば、分解速度も遅くなります。この当たり前の現象が、「地球が丸くて極地に向かうほど寒くなる」ことと重なって、北極の生物の体内にPCB等の半揮発性化学物質が濃縮されるという全く不公平な汚染を引き起こしているのです。

　もう少し詳しく説明しましょう（図4・8）。「夏に蒸発して、冬に沈着する」を繰り返すわけですが、たとえ赤道付近で使われたものであっても、大気中で拡散し、高緯度地域に到達したものは、冬に沈着します。それが、翌年にはまた蒸発して、さらに高緯度に移動したものが、冬に沈着するのです。まるで、1シーズンごとに、バッタ（英語でグラスホッパー）がはねて北極に集まっていくように見えるので、**グラスホッパーイフェクト**（Grasshopper Effect）[※3]と呼ばれているのです。

　もう1つの重要な効果は、極地では気温が低く、分解速度が遅くなることです。日本等の低緯度地域で分解性がよいからといって安心してはならないのです。こちらで環境に放出して、近くに残っていなくとも、「わずかに北へ渡って生き延びた化学物質が極地で蓄積する」シナリオがあることを忘れてはなりません。

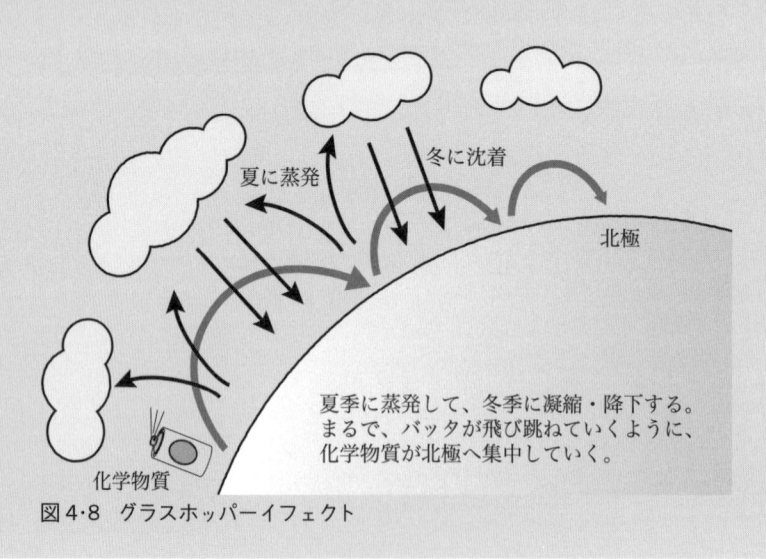

図4・8　グラスホッパーイフェクト

4・5 モデルの線形性

環境運命予測モデルの特筆すべき特徴は、濃度予測よりも、個々のプロセスの寄与の割合の比較が可能になる点です。例題②の場合は、池に撒かれた殺虫剤が消失するプロセスの3分の1は水中での分解で、3分の2は大気中への揮発でした。

図4・4のようなタンクアナロジーで表現できるコンパートメントモデルは、数式で表現すると、**連立常微分方程式**ですから、次のように**線形性**があります。

(大気にα (kg h^{-1})、水にβ (kg h^{-1}) が進入したときの解)
= $\alpha \times$ (大気に1 kg h^{-1}が進入したときの解)
+ $\beta \times$ (水に1 kg h^{-1}が進入したときの解)　　　　　　式 (4.9)

次の例題で実際に計算を行って[19]、モデルの線形性を確認してみましょう。

[19] カナダ環境モデルセンターによって公開されているコンパートメントモデル Level III のプログラムを使用しています。モデルは http://www.trentu.ca/academic/aminss/envmodel/models/VBL3.html に格納されています。和書では文4に詳しく解説されています

例題③ 進入経路ごとの寄与

図4・2に示す仮想的な環境で、クロロベンゼンが、大気に1 kg h^{-1}、水に1 kg h^{-1}、大気と水に0.5 kg h^{-1}ずつ進入したときの各コンパートメント中の濃度、系内での存在量および系全体での半減期を計算しました。表4・3の空欄を埋めなさい。

表4・3　クロロベンゼンが評価環境に進入したときの各コンパートメント中濃度

	濃度				系内での存在量 kg	系全体での半減期 d
	底質 ng m^{-3}	水 ng m^{-3}	大気 ng m^{-3}	土壌 ng m^{-3}		
大気へ1 kg h^{-1}で進入した場合	C_1	15.4	2.45	104	249	7.2
水へ1 kg h^{-1}で進入した場合	13,560	C_2	2.25	96	M	12.5
大気へ0.5 kg h^{-1}、水へ0.5 kg h^{-1}で進入した場合	6,840	997	C_3	100	340	T

図4・2の仮想的な環境に対して、カナダ環境モデルセンターコンパートメントモデル Level III を適用して計算した

解答▼

式(4.9)にならって、底質中濃度C_1を次のように求めることができます。

$$6{,}840 = 0.5 \times C_1 + 0.5 \times 13{,}560 \qquad 式(4.10)$$
$$\therefore C_1 = 105 \text{ ng m}^{-3}$$

同様に、$C_2 = 1,980$、$C_3 = 2.35$ となります。系内での存在量や半減期も同様の操作が可能で、$M = 432$、$T = 9.8$ となります。表をよく見ると、大気に進入したもののほうが半減期が短く、また、底質に与える影響は小さくなります。一方で、水に進入するものは、かなりの量が大気へ揮発することがわかります。大気に 1 kg h^{-1} 進入するときの大気中濃度が 2.45 ng m^{-3} であるのに対して、水に 1 kg h^{-1} 進入する(大気への進入は 0)ときの大気中濃度は 2.25 ng m^{-3} と、9 割にもなるからです。 ▲

＊引用文献

1　Mackay D and Paterson S, 1981, *Calculating fugacity*, Environ Sci Technol, 15, pp.1006 － 1014
2　Mackay D, 1979, *Finding fugacity feasible*, Environ Sci Technol, 13, pp.1218 － 1221
3　Mackay D, 2001, *Multimedia Environmental Models*： *The Fugacity Approach*, Lewis Publisher
4　川本克也（2006）『環境有機化学物質論』共立出版

5 リスクを考える
比較と受容

　健康は、人の最大の関心事で、「あらゆる健康リスクを排除したい」のは当然の欲求です。一方で、「リスクは0ではない」とよく言われるものの、一体そのリスクはどの程度のものなのでしょうか？

　リスクの定量的な比較は、つきつめれば、比例計算の積み重ねです。まず、人口動態や労働災害の統計を使って計算の練習をします。次に、環境汚染物質であるベンゼンによる発ガンリスクの計算方法を学びます。

　一方で、「環境汚染物質による発ガンリスク」を議論する前に、われわれが日頃から受け入れている日常の生活に由来するリスクが、環境汚染物質由来のリスクをはるかに上回ることを、知っておかなければなりません。その例として、海産物中のヒ素と、建物内でのラドンの影響を紹介します。

　環境工学はリスクの低減を目指すだけではなく、将来はリスクとの共存を模索せねばならないと考えられます。そのための素養を、いま、身につけておくことが必要でしょう。

5・1 リスクの大きさの表現方法

▶ 5章 リスクを考える―比較と受容

1 リスクを確率であらわす

リスクは確率で表現されます。「何人のうち、何人が」という意味と同じです。わが国の人口動態調査で、年間死亡数と死因が発表されていて、それを見ながら考えると分かりやすいと思います。日本の人口 1.27×10^8 人のうち、年間の死亡数は 102 万 8,708 人で、その内訳は「悪性新生物（ガン）」「心疾患」等が把握されています。

年度ごとや地域ごとの比較を行うために 10 万人当たりの死亡数で整理されています（表 5・1）。死因の第一位はガンで、815.3 人の死者[*1]のうち、253.9 人を占めます。実際には、死亡する人の年齢は、高齢に偏るのですが、リスクは確率で表現されます。イメージ的には、「人口 10 万人の集団に、無作為に 815.3 本の『不幸の矢』が当たる」と思えばよいでしょう（図 5・1）。

「不幸の矢」では、実感がわきにくい人は、宝くじで考え直してみると良いでしょう[*2]。発売額 300 円の場合、1,000 万本の発売に対して、5 等（10 万円）が 300 本、6 等（3 万円）が 1,000 本、7 等（3 千円）が 10

[*1] 仮に、平均寿命が 80 年で人口に増減がなければ、死亡率（人口 10 万対）は $\frac{100,000}{80} = 1,250$ 人になります。表 5・1 の「年間死者数 815.3 人」は、これまでわが国が人口増加をたどった結果、若年者人口が、老年人口に比べて多くなったためです。昭和 60 年時点では、死亡率（人口 10 万対）は 625.5 人でした。今後、少子化によって若年者人口が相対的に減少しますので、10 万人当たりの年間死亡者数は増加し、1,250 人を超過します

[*2] 2007 年 12 月の「年末ジャンボ宝くじ」を例にしています

表 5・1 死因別死亡数とその確率の状況（2004 年度の統計値）（出典：文 1）

死　　因	死亡数 (人口 10 万対)	宝くじの当選金額の目安 (理解を助けるための比較例)
悪 性 新 生 物（ガン）	253.9	
心　　疾　　患	126.4	
脳 血 管 疾 患	102.2	
肺　　　　　炎	75.7	
不 慮 の 事 故	30.2	
（うち、交通事故）	(8.7)	
自　　　　　殺	24.0	
（その他、老衰などがつづく）		
全　死　因	815.3	300 円の宝くじを 1 本買って、3,000 円の賞金が当たる。
平均寿命が 80 年で、人口に増減がないと仮定した場合	1,250	
生涯過剰発ガンリスク 10^{-5} による発ガン死		
全死因死者数 815.3 人の 10 万分の 1 として計算した場合	0.00815	300 円の宝くじを 1 本買って、2 億円の賞金が当たる。
年間死者数が 10 万人/80 = 1,250 人として計算した場合	0.0125	

・年間リスクが10^{-5}なら、毎年10万人あたりに1人が「不幸の矢」を受ける。
・生涯リスクが10^{-5}なら、寿命を80年と仮定すると、毎年10万人あたりに1/80人が「不幸の矢」を受ける。すなわち、80年間に1人だけ、不幸の矢を受けることになる。

図5・1　リスクの概念

万本当たります。すべての死因による死は、毎年、1,000万人当たり81,530人でしたから、くじを1本買って7等の3,000円が当たるのと同じくらいの確率ということになります。すなわち、「毎年、くじを1本ずつ全員に配って3,000円（購入金額の10倍）が当たる人の数と、すべての死因で死亡する人の数が等しい」ことになります。

　環境リスク分野では、受容されるレベルの目安として、「**発ガンリスク10^{-5}**」という言葉がよく現れます。これは、丁寧に言うと「**生涯過剰発ガンリスク**（life time excess cancer risk）」といって、生涯そのリスクを引き起こす曝露にさらされた場合、10万人に1人がその汚染物質を原因とするガンを患うという意味です[*3]。

　注意しないといけないことですが、生涯過剰発ガンリスク10^{-5}は、図5・1の815.3本の「不幸の矢」のうちの1本という意味ではありません。人が10万人死亡したとき、そのうちの1人の死は、「生涯過剰発ガンリスク10^{-5}が放つ矢」を受けた結果であるという意味です。毎年の死者数が815.3人なら、そのうちの10万分の1、すなわち0.00815人が「10^{-5}の矢」を受けたということになります。あるいは、10万人の人口が定常的に維持されるのであれば、寿命が80年の場合、毎年の死亡数が10万/80＝1,250人となります。この場合、このうちの10万分の1が、「10^{-5}の矢」を受ける計算になります。

　こちらも、宝くじの考え方で理解を深めましょう。1,000万本の発売に対して、1等（2億円）が1本、2等（1億円）が3本、3等（1千万円）が3本、4等（100万円）が20本当選します。ある人が1枚買って、1等が当たる確率は1/1,000万となり、毎年1枚ずつ買って仮に寿命が80

*3　医療の進んだ現在、ガンを患うことと死を結びつけることは同一ではありませんが、リスク計算では、「発ガン死（die of cancer）」の表現が通常用いられます

5　リスクを考える―比較と受容

＊4　のべ実労働時間百万（人・時間）当たりの労災発生数であらわします

年とすると、1等が当たる確率は、80/1,000万 $= 0.8 \times 10^{-5}$ になります。この数字が、環境リスク分野で受容されるレベルとほぼ等しいのです。すなわち、生涯過剰発ガンリスク受容レベルの確率は、「300円の宝くじを買って2億円が当たる」確率に相当し、これを80年間繰り返すと 10^{-5} になるというわけです。

2 リスクは活動（曝露）時間に比例する

人口動態調査から計算されるリスクのうち、疾病は生涯を通じたものですが、交通事故のように「その活動をしているときだけ、リスクにさらされる」ものについては、活動時間（もしくは曝露時間）当たりのリスクで表現されるほうが適切です。**労働災害統計**[*2] はこの考え方で集計されていて、労働災害度数率[*4]で表されます（表5·2）。例えば、死傷者数が少なく見えても、従事者数と労働時間が少なければ、相対的にその労働で死傷する確率が高いということになります。

活動時間当たりのリスクを比較する練習として、労災による死亡と交通事故による死亡を比べてみましょう（図5·2）。労災死亡度数率では、建設業と廃棄物処理業がもっとも高く、0.06でした。これは何人の労働者のうちの死亡者数になるのかを計算してみましょう。1人の1年間の労働時間数は、$240 \mathrm{~d~y^{-1}} \times 8 \mathrm{~h~d^{-1}} = 1,920$ 時間です。のべ実労働時間 10^6 person h に相当する1年間の労働者数は、$\dfrac{10^6}{1,920} = 521$ person です。

表5·2　労働者死傷災害発生率（度数率）（出典：文2）

業　　　　種	死傷合計（死亡）
全　産　業	1.85（0.01）
鉱　　業	0.54（0.01）
建設業（総合工事業）	1.77（0.06）
廃棄物処理業（産業廃棄物処理業を含む）	13.5（0.06）

注　度数率とは、100万のべ実労働時間当たりの労働災害による死傷者数をもって表したもの。度数率＝（労働災害による死傷者数×1,000,000）/（のべ実労働時間数）

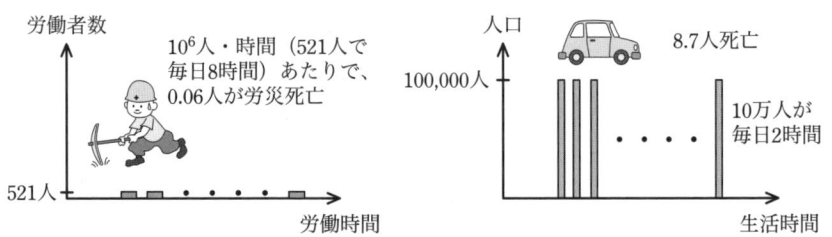

図5·2　建設業の労災死と、一般人の交通事故死の、リスクの比較　建設業の労災死（のべ労働時間100万person h あたりで0.06人）と、交通事故による死（10万人あたり年間で8.7人）を比較する

すなわち、毎年、521人当たりの労災死亡者数は、0.06人になります。これらの業種に従事する人10万人当たりに換算しますと、死亡者数は、毎年11.5人になります。

　さて、これは交通事故の「10万人当たり8.7人」より危険でしょうか？労働者は、1日に8時間すなわち年間に1,920時間働き、10万人当たり11.5人の労災死に至っているわけですが、一般公衆が年間に1,920時間も交通に関与しているとは思えません。

　そこで、あくまで仮定ですが、一般公衆の1日当たりの交通に関与する時間を2時間と考えてみましょう。すると、1日に2時間、年間に2 h d^{-1} × 365 d y^{-1} ＝ 730時間の交通関与時間の結果、8.7人が交通事故で死亡していることになります。仮に、一般公衆の交通関与時間が年間1,920時間であれば、$8.7 \times \frac{1,920}{730}$ ＝ 22.9人、すなわち、10万人当たり22.9人が交通事故で死亡することになります。さきほどの建設業等での10万人あたりの死亡者数11.5人の2倍です。

　仮定を含んだ計算ですが、「その活動に関与する時間」をあわせて比較を行うと、交通事故での死亡リスクは建設業等の2倍にもなります。交通事故のリスクの高さに驚くとともに、これまで労災を減らしてきた産業界の努力の成果ということもできると思います。

5・2 リスク係数の使用

＊5 ベンゼンの環境基準は、水域で 10 μg L^{-1}、大気で 3 μg m^{-3} です。また水道水基準は、10 μg L^{-1} です

化学物質のリスクの大きさは、「生涯過剰発ガンリスクが 10^{-5} になる曝露量もしくは曝露濃度」を表すリスク係数と、曝露量から計算されます。リスク係数は、米国 EPA の総合リスク情報システム IRIS[※3] によれば、**「スロープファクター」**および**「ユニットリスク」**を用いて記述されています。発ガン死する確率と曝露の大きさは比例するわけですから、

　　発ガン死する確率 ＝ スロープファクター × 曝露量　　　式（5.1a）
　　発ガン死する確率 ＝ ユニットリスク × 曝露濃度　　　式（5.1b）

の関係にあります。

次の例題で、発ガン死する確率を求め、さらに「そのリスクが何人の死亡をもたらすと予見されるか」までを計算してみましょう。

例題① ベンゼンの曝露による発ガン死の推定

ベンゼンはガソリン等に含まれる代表的な発ガン性物質の 1 つであり、水や大気を汚染します[＊5]。食品から摂取する量（飲料水由来を除く）：10 μg d^{-1} person^{-1}、飲料水中濃度：5 μg L^{-1}、大気中濃度：2 μg m^{-3} のとき、

1) 人が摂取するベンゼンの量は、食品経由、飲料水経由、吸入経由で、それぞれいくらですか。ただし、飲料水摂取量を 2 L d^{-1} person^{-1}）、呼吸量を 20（m^3 d^{-1} person^{-1}）としなさい。

2) 食品経由、飲料水経由、吸入経由での発ガンリスクを求めなさい。ただし、平均的な体重を 70 kg とし、表 5・3 のリスク係数を用いなさい。

表 5・3　ベンゼンの発ガン性に関するリスク係数

経口スロープファクター	3.5×10^{-2} mg^{-1} kg d
飲料水ユニットリスク	1.0×10^{-6} μg^{-1} L
大気ユニットリスク	5.0×10^{-6} μg^{-1} m^3

注　IRIS では、リスク係数を幅を持った値で表現していますが、ここでは、相加平均値で記しています。

3) このベンゼンの汚染で、平均寿命 80 年の 1 億人の集団で、毎年何人が発ガン死すると推定されますか。ただし、1 年間の全死者数は、$\dfrac{1 \text{億人}}{80}$ ＝ 125 万人とします。

【解答▼】

1) 各経由での摂取量は以下の通りとなります。

　　食品経由：10 μg d^{-1} person^{-1}　　　　　　　　式（5.2a）

表 5・4　ベンゼンの食品、飲料水、吸入経由での摂取量とリスク

	摂　取　量	リ ス ク
食 品 経 由	$10\ \mu g\ d^{-1}\ person^{-1}$	0.5×10^{-5}
飲 料 水 経 由	$10\ \mu g\ d^{-1}\ person^{-1}$	0.5×10^{-5}
吸 入 経 由	$40\ \mu g\ d^{-1}\ person^{-1}$	1.0×10^{-5}

飲料水経由：$5\ \mu g\ L^{-1} \times 2\ L\ d^{-1}\ person^{-1} = 10\ \mu g\ d^{-1}\ person^{-1}$

式（5.2b）

吸入経由：$2\ \mu g\ m^{-3} \times 20\ m^3\ d^{-1}\ person^{-1} = 40\ \mu g\ d^{-1}\ person^{-1}$

式（5.2c）

2）体重 70 kg の人が $10\ \mu g\ d^{-1}$ の摂食をしているとすれば、1 日当たり、体重 1 kg 当たりの摂食量は

$$\frac{10\ (\mu g\ d^{-1})}{70\ (kg)} = 1.43 \times 10^{-4}\ mg\ kg^{-1}\ d^{-1} \qquad 式（5.3a）$$

となります。リスクは表 5・3 の経口スロープファクター 3.5×10^{-2} を用いて

$1.43 \times 10^{-4}\ mg\ kg^{-1}\ d^{-1} \times 3.5 \times 10^{-2}\ mg^{-1}\ kg\ d$
$= 5.0 \times 10^{-6}\ (-)$　　　　　　　　　　　　式（5.3b）

と得られます。

　飲料水ユニットリスクからは、

$5\ \mu g\ L^{-1} \times 1.0 \times 10^{-6}\ \mu g^{-1}\ L = 5.0 \times 10^{-6}\ (-)$　　式（5.3c）

が得られ、大気ユニットリスクからは、

$2\ \mu g\ m^{-3} \times 5.0 \times 10^{-6}\ \mu g^{-1}\ m^3 = 1.0 \times 10^{-5}\ (-)$　　式（5.3d）

となります。以上を、一覧すると表 5・4 のようになります。

　表の数値を比較すると興味深いことに気がつきます。吸入経由は、摂取量が食品・飲料水経由の 4 倍であるにもかかわらず、リスクは、2 倍にしかなっていません。これは、大気ユニットリスクを定める際に、吸入でのベンゼンの吸収率が 50％ であるとしたためです。

3）食品、飲料水、吸入経由のリスクをあわせると、

$(0.50 + 0.50 + 1.0) \times 10^{-5} = 2.0 \times 10^{-5}\ (-)$　　　　式（5.4）

のリスクになります。人口 1 億人、平均寿命 80 年の集団における毎年の全死者数を 125 万人と仮定していますので、ベンゼンに由来する発ガン死の数は、リスクを乗ずることで求められます。

$1.25 \times 10^6\ person\ y^{-1} \times 2.0 \times 10^{-5} = 25\ person\ y^{-1}$　　式（5.5）

すなわち、この例題で設定したレベルのベンゼンが原因で年間で 25 人が発ガン死すると推定されます。　　　　　　　　　　　　　　▲

5・3 天然起源のリスク

▶ 5章　リスクを考える―比較と受容

*6 2005年に、作業環境管理濃度にはじめて発ガンリスクの考え方が盛り込まれ、ベンゼンの発ガンリスクレベル 10^{-3} に相当する濃度として、1 ppm（＝ $3,300\ \mu g\ m^{-3}$）のベンゼン濃度が定められました（文5）

*7 施策・規制の側から見たリスク受容の判断基準は、「リスクを減じる際のコストが相応のものであるのか」や、「リスクと同時に受けている便益（ベネフィット）の逸失が容認できるものか」であると考えられます。しかし、リスクを受ける側から見て、知りたいことは、「当たり前のものとしてこれまで受けてきたリスクと較べてどうであるのか」ではないでしょうか

*8 PTWI：Provisional tolerable weekly intake

1 天然起源リスクの受容

この章のはじめに述べたように、概ね3人に1人はガン死するわけですが、環境基準は過剰発ガン死リスクの尺度では 10^{-5} レベルに、**作業環境管理濃度は 10^{-3} レベルに相当**[*6]します。これらの 10^{-5} や 10^{-3} は、なんらかの要因によってもたらされるリスクが、このレベルを超えたらリスクを減らす行動（アクション）を起こす目安とされています。しかし、リスクレベルだけでアクションにうつるわけではありません。リスクを受容するという選択肢が存在します。ここでは、その判断基準[*7]の1つである「すでに当たり前のものとして受けているリスクと比べてどうであるのか」を考える材料として、「天然起源のリスク」を取り上げます。代表的なものとして、「ひじき中のヒ素」と「建物内でのラドン」のリスクの見積もりをしてみましょう。

2 天然起源のリスク1―ひじき中のヒ素―

2004年7月に**英国食品規格庁（FSA）**は、ひじき中の無機ヒ素が製品（乾物）で平均67～96（平均77）$\mu g\ g^{-1}$、水戻ししたもので5～23（平均11）$\mu g\ g^{-1}$検出されたので、国民にひじきを食べないよう勧告しました[※6]。これに対して、日本の厚生労働省は、JECFA（FAO/WHO合同食品添加物専門家委員会）[※7]が示した無機ヒ素の**暫定週間耐容摂取量（PTWI）**[*8] $0.015\ mg\ kg^{-1}\ w^{-1}$を用いて反論しました。以下の試算を行いながら、反論の根拠とリスクの大きさを見極めていきましょう。

> 例題② ひじき由来のヒ素による発ガンリスクの推定

1) 日本人の平均体重を50 kg、ひじき消費量を $1.0\ g\ d^{-1}$ としたときに、ヒ素濃度が最大のひじきを食したとしても、PTWIの値を超えないことを示しなさい。
2) US EPAのIRISデーターベースの値(表5・5)を適用して、ひじき由来のヒ素で、発ガン死する人数を求めなさい。ただし、1年間の全死亡者数

表5・5　ヒ素（無機）の発ガン性に関するリスク係数

経口スロープファクター	$1.5\ mg^{-1}\ kg\ d$
飲料水ユニットリスク	$5.0 \times 10^{-5}\ \mu g^{-1}\ L$
大気ユニットリスク	$4.3 \times 10^{-3}\ \mu g^{-1}\ m^3$

おいしくて
健康的！

107μg　　96μg　　　2.9×10⁻³

許容されると言われている
生涯過剰発ガンリスク 10^{-5}

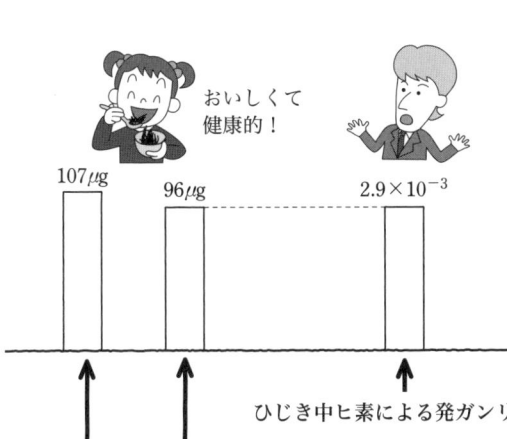

ひじき中ヒ素による発ガンリスク

$1.5\ \mathrm{mg^{-1}\ kg\ d} \times 0.096\ \mathrm{mg\ d^{-1}} \times 1/50\ \mathrm{kg^{-1}} = 2.9 \times 10^{-3}$

↑ ヒ素の経口スロープファクター　↑ 1人1日あたりのヒ素摂取量　↑ 摂取量を体重1kgあたりに換算　↑ 生涯過剰発ガンリスク

実際に摂取する最大量

$96\ \mathrm{\mu g\ g^{-1}} \times 1.0\ \mathrm{g\ d^{-1}} = 96\ \mathrm{\mu g}$

↑ ひじき中ヒ素の最大濃度　↑ 1日のひじき摂取量　↑ 1人1日あたりのヒ素摂取量

JECFAによる許容摂取量

$15\ \mathrm{\mu g\ kg^{-1}\ w^{-1}} \times 50\ \mathrm{kg} \times 1/7\ \mathrm{w\ d^{-1}} = 107\ \mathrm{\mu g}$

↑ 暫定的週間許容摂取量（PTWI）　↑ 体重　↑ 1日あたりに換算　↑ 1人1日あたりのヒ素摂取量

図5・3　ひじき中のヒ素摂取量の評価の違い

は、$\dfrac{1\text{億人}}{80} = 125$ 万人とします。

解答▼

1) それぞれのヒ素摂取量を求めると次のようになります。

1日の無機ヒ素の摂取量（最大値）= $96\ \mathrm{\mu g\ g^{-1}} \times 1\ \mathrm{g\ d^{-1}}$
= $96\ \mathrm{\mu g\ d^{-1}}$　　　　式(5.6.a)

PTWIから計算される1日の無機ヒ素の許容摂取量
= $15\ \mathrm{\mu gAs\ kg^{-1}\ w^{-1}} \times 50\ \mathrm{kg} \times \dfrac{1}{7}\ \mathrm{w\ d^{-1}} = 107\ \mathrm{\mu g\ d^{-1}}$　　式(5.6.b)

すなわち、1日の無機ヒ素の摂取量（最大値）は許容摂取量をかろうじて下回ることになります。

2) 経口スロープファクター $1.5\ \mathrm{mg^{-1}\ kg\ d}$ を用いるとリスクは、

$1.5\ \mathrm{mg^{-1}\ kg\ d} \times 0.096\ \mathrm{mg\ d^{-1}} \times \dfrac{1}{50}\ \mathrm{kg^{-1}} = 2.9 \times 10^{-3}$

式(5.7.a)

となり、年間に発ガン死する数は次のとおりです。

$1.25 \times 10^6\ \mathrm{person\ y^{-1}} \times 2.9 \times 10^{-3} = 3{,}600\ \mathrm{person\ y^{-1}}$　式(5.7.b)

この結果からも分かるように、ひじき由来のヒ素がもたらす発ガンリ

スクは、無視できるものではありません。環境基準付近の濃度のベンゼンによる年間の発ガン死数が数十人（例題①では25人）であったのと比べると、ひじきのヒ素に由来する発ガン死は、ベンゼンよりも2桁上であることがわかります。

英国食品規格庁（FSA）の警告は日本国内でも報道されましたが、ひじきは食べ続けられています。ひじきを食べて健康を維持するベネフィットは、この発ガンリスクより大きいと考えることもできます。ところで、水戻しをすることで濃度が7分の1くらいに下がることに気がつきましたでしょうか。伝統的な調理方法である「ひじきの水戻し」をていねいにすれば、リスクを大幅に下げることができるのです。

3 天然起源のリスク2 ―ラドン―

ラドンRnは、ラジウムRaから徐々に放出されるガスで、天然の岩石・土壌から放出されます。コンクリート等にも微量に含まれ、地下室や換気の少ない部屋で濃度が高くなることがあります。ラドンはヘリウムやアルゴンと同じ不活性の気体ですので、吸い込んでも空気と同じように吐き出されます。ところが、ラドンは活発にα崩壊をしてポロニウム等の放射性粒子に変化します。これらは、肺の中にとどまり、体内被曝を引き起こし、肺ガンを誘発します。**国際放射線防護委員会**（ICRP）によると、自然由来の放射線被曝量2.3 mSv y^{-1}の約半分は、このラドンガスによる**体内被曝**です。体内被曝を引き起こす直接の元素はポロニウム等ですが、ラドン由来の場合は、総称して「ラドンによる被曝」と呼びます。以下、USEPAのラドンリスクに関する資料[x8]をもとに説明します。

もともと、ラドンによる肺ガンは、炭坑・鉱山の労働者に多く見られたので、米国EPAでは被曝量をWLM（Working Level × Month）で表しています。1 WLMは、坑内でのラドン濃度が100 pCi L^{-1}であり、換気が非常に少ない状況（ラドンに対する放射性ポロニウムの比が最大に達する）で、170時間（1ヶ月間の労働）曝露される累積被曝量です。家屋内のラドン濃度1pCi L^{-1}（= 37 Bq m^{-3}）の家屋に1年間住む（生活時間の70%を家の中で過ごす）とすれば、換気によるラドンに対する放射性粒子の平衡分率の低下（最大値の40%になる）も加味して、

$$1 \text{ pCi L}^{-1}\text{の家屋での1年間のラドン被曝量 WLM y}^{-1}$$
$$= \frac{1}{100} \times 0.4 \times 0.7 \times 365 \times \frac{24}{170} = 0.144 \text{ WLM y}^{-1} \qquad 式(5.8)$$

となります。米国EPAは、肺ガンリスクが、喫煙経験者（Ever Smoker, ES）に対して9.68 × 10^{-4} WLM^{-1}、非喫煙者（Never Smoker, NS）に

対して 1.67×10^{-4} WLM^{-1}、喫煙と非喫煙を区別しない場合は 5.38×10^{-4} WLM^{-1} であるとしました。米国 EPA によれば、平均ラドンレベルが室内で 1.3 pCi L^{-1}、屋外で 0.4 pCi L^{-1} であり、室内ラドンレベルが 4 pCi L^{-1} 以上であれば、改装等を勧めています。4 pCi L^{-1} の家屋に住む場合の、非喫煙者の生涯肺ガンリスクは $\dfrac{7}{1,000}$ であるとしています。次の例題を解きながら、この根拠を確認していきましょう。

> **例題③ 建物内のラドンガスによる肺ガンのリスク**
> 1) 4 pCi L^{-1} の家屋での 1 年間のラドン被曝量(WLM y^{-1})はいくらですか。
> 2) 10 万人の非喫煙者から 1 年間に何人の過剰肺ガンが出現しますか。
> 3) 平均寿命を 76 年としたとき、非喫煙者と喫煙経験者の生涯過剰発ガンリスクはいくらになりますか。

> **解答 ▼**
> 1) 4 pCi L^{-1} のラドン濃度の場合、1 年間の被曝量は式 (5.8) で計算した 0.144 WLM y^{-1} の 4 倍で、0.577 WLM y^{-1} になります。
>
> 2) 1 年間の全死因による死者数は、$\dfrac{10万人}{76} = 1,316$ 人と見積もることができます。生存期間中の被曝量は、$0.577 \times 76 = 43.85$ WLM なので、ラドンに起因する過剰肺ガンの数
> $$= 1{,}316 \text{ person y}^{-1} \times 43.85 \text{ WLM} \times 1.67 \times 10^{-4} \text{ WLM}^{-1}$$
> $$= 9.64 \text{ person y}^{-1} \qquad\qquad 式(5.9)$$
> となり、10 万人の非喫煙人口から、毎年 9.64 人の過剰発ガンが発生するものと計算されます。
>
> 3) 平均寿命が 76 年であれば、被曝量も過剰発ガン数も、1 年間当たりの数に平均寿命 76 年を乗じたものになります。非喫煙者で生涯過剰発ガンリスクは $9.64 \times \dfrac{76}{100{,}000} = 7.3 \times 10^{-3}$ になります。すなわち 1,000 人の死者のうちの 7.3 人が「ラドン肺ガン」による死者であることになります。▲

同様の計算を、わが国に当てはめてみましょう。わが国の場合は、室内のラドンレベルは平均 15.5 Bq m^{-3}、約 0.4 pCi L^{-1} [*9] ですので、非喫煙者の生涯過剰発ガンリスクは 7.3×10^{-4} になります。こちらも、環境リスク受容の目安とされている 10^{-5} を大きく上回っていることが分かるでしょう。にもかかわらず、ラドンに起因する肺ガンが社会問題になる兆しはありません。とくに肺ガンの場合は、たばこによる自発的なリスク受容や受動喫煙[*9]による被害の方が問題が大きいので、ラドンは、それに隠れている状態なのかもしれません。

[*9] 自分ではたばこを吸わなくても、周囲のひとが吸ったたばこの煙を吸い込んでしまうことを、受動喫煙といいます

Column　たばこの損失余命

たばこは健康を損ないますが、具体的にどの程度なのかを表現するときに、「○○のリスクが○倍」というより、「1本吸うと○分寿命が縮まります」という方がわかりやすいことがあります。この表現方法を**損失余命**といい、たばこについては、よく調べられています。

2000年1月1日の医学雑誌『ブリティッシュ メディカル ジャーナル』で、「たばこ1本で命が11分短縮される」と掲載されました[※10]。計算方法は、図5・4のような考え方で、おおざっぱなものです。

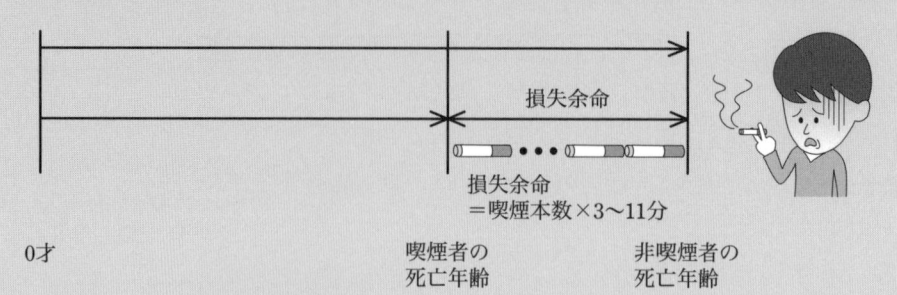

図5・4　たばこの損失余命の計算

データその1：喫煙者は非喫煙者よりも寿命が6.5年短い。

データその2：喫煙者は、17歳から71歳までの54年間、5,772本/年（15.8本/日）のたばこを吸う。

すなわち、たばこ1本当たりの命の損失は 6.5年/(5,772 × 54) 本 = 11分

わが国でも、1980年から続けられてきたたばこと余命の短縮に関する疫学調査（NIPPON DATA 80）の結果が2007年に発表されました[※11]。40歳時点での平均余命で比較を行い表5・6の結果を得ました。先ほどのイギリスの例と同じような計算をしてみましょう。たばこを吸い始める年齢を20才とし、死ぬまで40才時点でのペースで吸い続けるとして計算をすると、たばこ1本当たりの損失余命は3.0〜7.6分/本となりました。

たばこがとても大きなリスクをもたらすことが、直感的に、分かると思います。ただ、吸う本数が多いほど、1本当たりの損失余命は小さくなるようです。これは、皮肉っぽく言えば、ヘビースモーカーに有利な論理ですね。逆に、吸う本数が少ないほど、1本当たりの損失余命は大きくなります。すなわち、たばこを吸わない人が受動喫煙をする場合、たばこ1本当たりの損失余命は、喫煙者のそれより大きいということになります。分煙の意義は大きいですね。

表5・6　喫煙量と余命の関係

NIPPON DATA 80 の結果	たばこ1本あたりの損失余命の推定	
40歳の時点での余命	1日の本数（仮定）	損失余命の計算
非喫煙者で42.1年	0本	—
1箱/日未満で39.0年	(10本)	$\dfrac{(42.1-39.0)}{(20+39.0)\times 365 \times 10} = 7.57$ 分/本
1〜2箱/日で38.8年	(20本)	$\dfrac{(42.1-38.8)}{(20+38.8)\times 365 \times 20} = 4.04$ 分/本
2箱/日以上で38.1年	(50本)	$\dfrac{(42.1-38.1)}{(20+38.1)\times 365 \times 50} = 3.02$ 分/本

※引用文献

1. 厚生統計協会（2004）『国民衛生の動向 平成 16 年版』
2. 中央労働災害防止協会（2005）『安全衛生年鑑 平成 17 年版』
3. 米国環境保護庁（USEPA）、総合リスク情報システム IRIS, Integrated Risk Information System, http://www.epa.gov/iris/index.html
4. 吉田喜久雄、中西準子（2006）『環境リスク解析入門 化学物質編』東京図書
   中西準子、益永茂樹、松田裕之（2003）『演習 環境リスクを計算する』岩波書店
5. 「座談会＝改正された管理濃度をめぐって」『作業環境』Vol 26 （1） pp. 6-25（2005）
6. http://www.food.gov.uk/news/pressreleases/2004/jul/hijikipr
7. *Evaluation of certain food additives and contaminants*（Thirty-third report of the Joint FAO/WHO Expert Committee on Food Additives）, WHO Technical Report Series, No. 776, 1989. URL http://www.who.int/ipcs/publications/jecfa/reports/en/index.html
8. USEPA, *EPA Assessment of Risks from Radon in Homes*
   http://www.epa.gov/radon/risk_assessment.html
9. 日本保健物理学会（2005）『屋内ラドンの規制に対する日本保健物理学会の提言』
   http://wwwsoc.nii.ac.jp/jhps/j/groups/adhoc_radon/adhoc_radon.pdf
10. Shaw, M., Mitchell, R. and Dorling, D.（2000）*Time for a smoke? One cigarette reduces your life by 11 minutes - Letter to the editor, British Medical Journal*, 320：53.
11. 『喫煙する人は寿命が短くなる：NIPPON DATA 80』日本医療・健康情報研究所のサイトで概要を見ることができる。
    http://mhlab.jp/calendar/pro/calendar2/2007/05/001497.php

6 エネルギーをマクロにとらえる

　現在の社会の持続可能性が心配になるのは、現代の技術が化石燃料に頼っているからです。そのことを、観念的にはわかっていても、まずは、いったい私たちがどれくらいのエネルギーを使っているのかを知ることが大切です。

　その定量的な取り扱いには、熱やエネルギーに関する素養が必要です。まずは、電力量・ジュール・カロリーの換算や、燃焼熱と高位・低位発熱量等、エネルギーの換算と収支について学びます。さらに、カルノーサイクルとヒートポンプに代表される熱工学の基礎的事項を学びます。

　基礎的事項の次に、持続可能性をエネルギーの観点から、考察します。消費エネルギー量を「食料として摂取するエネルギーの何倍か」という観点でとらえ、バイオマスエネルギーでどの程度まかなうことができるのかを推定します。

　環境とエネルギーの工学は、「取り出せるエネルギーの最大化を図る」のではなく、「エネルギーの面から持続可能性を探る」ことを目的とするのです。

6・1 熱工学の基礎

▶ 6 章　エネルギーをマクロにとらえる

＊1　熱エネルギーから動力エネルギーをとりだす工学を熱工学といい、その過程でのエネルギーの収支を求める作業を熱精算といいます

動力も電力も、多くの場合、熱エネルギーから変換されて取り出されます。廃棄物発電もその一例です。しかし、どれだけの量のエネルギーが取り出されているのでしょうか。エネルギーの定量的な事項を取り扱うためには、熱工学か熱精算[＊1]の基礎知識が必要です。まずは、実際に例題を解いて、知識を確認しておきましょう。

例題①　ごみ発電の熱精算入門

エネルギー回収設備を持つ廃棄物焼却炉について調べました。投入廃棄物の発熱量は 10,400 kJ kg^{-1} で、運転実績から、廃棄物 1 t 当たりのガス量、発電、水蒸気発生量（温水利用のため）は、図 6・1 の通りでした。このエネルギーの収支を求めて、以下の問に答えなさい。

1) 焼却排ガス（水蒸気を含む）に伴って系外に吐き出される熱は、廃棄物と燃焼空気が持ち込む熱の何％ですか？

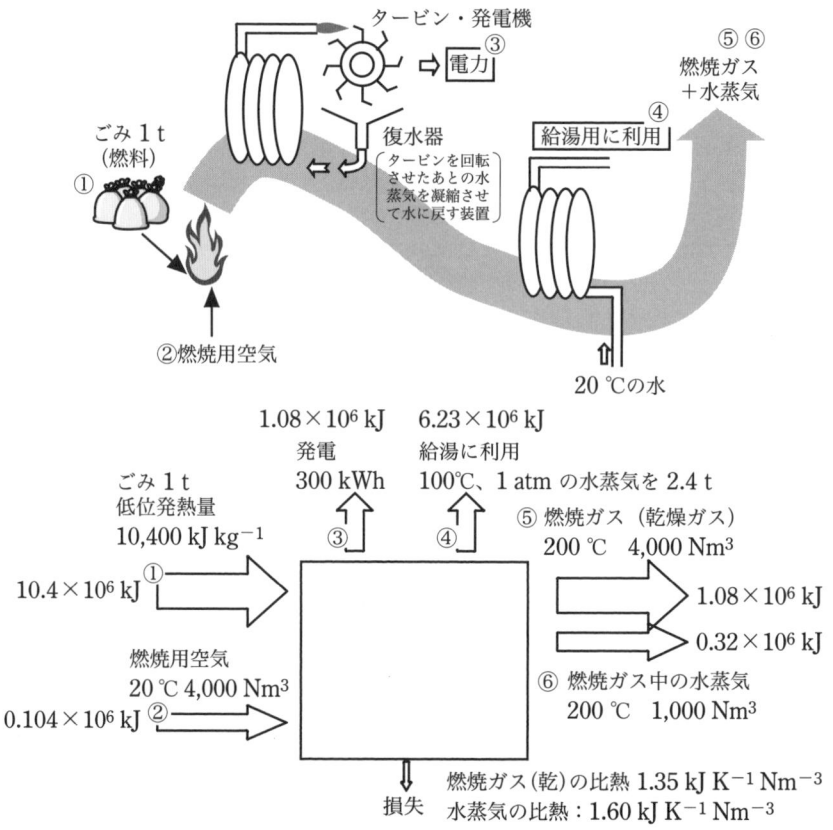

図 6・1　エネルギー回収設備を持つ廃棄物焼却炉でのエネルギー収支

2) 発電で回収されるエネルギー、および水蒸気の供給で回収される熱は、それぞれ、廃棄物が持ち込む熱の何％ですか？

解答▼

まず、①から⑥までの各エネルギーのフローを計算します（表6・1）。②、⑤、⑥[*2]は、気体の熱量ですから、次の式を適用します。

熱量（kJ）＝ 比熱（kJ K^{-1} Nm^{-3}）×（温度－基準温度[*3]）（K）× 体積（Nm^3)　　　　式(6.1)

①は投入廃棄物の熱量で、③は電力量のジュールへの換算です。④は20℃で供給された水を100℃の水蒸気に変換するときの熱です。

1) $\dfrac{\text{焼却排ガスが系外に吐き出す熱}}{\text{廃棄物が持ち込む熱＋燃焼用空気が持込む熱}}$

　　$=\dfrac{(⑤+⑥)}{①+②}=\dfrac{(1.08+0.32)}{10.4+0.104}=13.3\%$　　式(6.2)

2) 発電で回収されるエネルギー＝$\dfrac{③}{①+②}=\dfrac{1.08}{10.5}=10.3\%$

　　　　　　　　　　　　　　　　　　　　　　　　　式(6.3.a)

　水蒸気の供給で回収される熱＝$\dfrac{④}{①+②}=\dfrac{6.23}{10.5}=59.3\%$

　　　　　　　　　　　　　　　　　　　　　　　　　式(6.3.b)

この施設でのエネルギー回収の主力は、発電より、温水利用であることがわかります。なお、式(6.2)、式(6.3a)、式(6.3b)を足しあわせると、82.9％となります。残りの17.1％は「施設内での損失」です。すなわち、放熱や機械的なエネルギーロスです。　　　　　　　　　　　　　▲

*2　燃焼ガス中の水蒸気が持ち去る熱（⑥）の中に、「水を蒸発させるのに要する熱」（潜熱）が入っていません。これは、投入廃棄物の熱量を低位発熱量で表現しているためです。仮に、廃棄物の熱量を高位発熱量で表現すれば、水蒸気が持ち去る熱の中に潜熱を加えなければなりません。(文1)

*3　この計算では、基準温度を0℃（＝273.15 K）と定めています

表6・1　エネルギー回収設備を持つ廃棄物焼却炉におけるエネルギーフローの計算

① 10,400 kJ kg^{-1} × 1,000 kg ＝ 10.4 × 10^6 kJ
　投入廃棄物の熱量（低位発熱量）

② 1.30 kJ K^{-1} Nm^{-3} ×（20℃ － 0℃）× 4,000 Nm^3 ＝ 0.104 × 10^6 kJ
　燃焼用空気が持ち込む熱
　空気の比熱：1.30 kJ K^{-1} Nm^{-3}

③ 300 kWh × 3,600 sh^{-1} × 1 h ＝ 1.08 × 10^6 kJ
　発電で回収されるエネルギー（電力量 kWh を、kJ に換算）

④ 2,400 kg ×｛(100℃ － 20℃) × 4.2 kJ K^{-1} kg^{-1} ＋ 2,260 kJ kg^{-1}｝＝ 6.23 × 10^6 kJ
　給湯に利用するための水蒸気を発生させて回収されるエネルギー：20℃の2,400 kgの水を100℃にする熱（比熱：4.2 kJ K^{-1} kg^{-1}）と100℃の2,400 kgの水を蒸発させるのに要する熱（2,260 kJ kg^{-1}）

⑤ 1.35 kJ K^{-1} Nm^{-3} ×（200℃ － 0℃）× 4,000 Nm^3 ＝ 1.08 × 10^6 kJ
　燃焼ガス（乾）の比熱：1.35 kJ K^{-1} Nm^{-3}

⑥ 1.60 kJ K^{-1} Nm^{-3} ×（200℃ － 0℃）× 1,000 Nm^3 ＝ 0.32 × 10^6 kJ
　水蒸気の比熱：1.60 kJ K^{-1} Nm^{-3}

6・2 燃焼エネルギー

▶ 6章　エネルギーをマクロにとらえる

*4　熱エネルギーの単位は、従来、カロリー（cal）が用いられてきました。1 cal は、1 g の水の温度を 1 ℃ 上昇させるのに要する熱です。エネルギーの単位であるジュール（J）とは次の関係にあります。
1 cal ＝ 4.184 J ≒ 4.2 J

1 燃料と食品

例題①ではごみの発熱量があらかじめ与えられていました。これは、「燃焼するとこれだけの熱が得られる」という意味です。燃焼は有機物を酸化して、水（H_2O）と二酸化炭素（CO_2）にすることですから、水素と炭素の化合物は**燃焼熱**を持ち、化合物の種類によって熱量が異なります。図6・2を見てください。炭水化物であるブドウ糖の1 g 当たりの燃焼熱は 15.6 kJ g^{-1}ですが、メタノール：22.7 kJ g^{-1}、炭素：32.8 kJ g^{-1}、メタン：55.6 kJ g^{-1}、水素：142.9 kJ g^{-1} と、酸素を持たずに炭素数が減少して水素の比率が増えるほど、燃焼熱が大きくなることが分かるでしょう。

食品のカロリーも、燃焼熱と同じ意味です。炭水化物のカロリーは 4 kcal g^{-1}、油脂のカロリーは 9 kcal g^{-1}*4 であることを知っている人は多

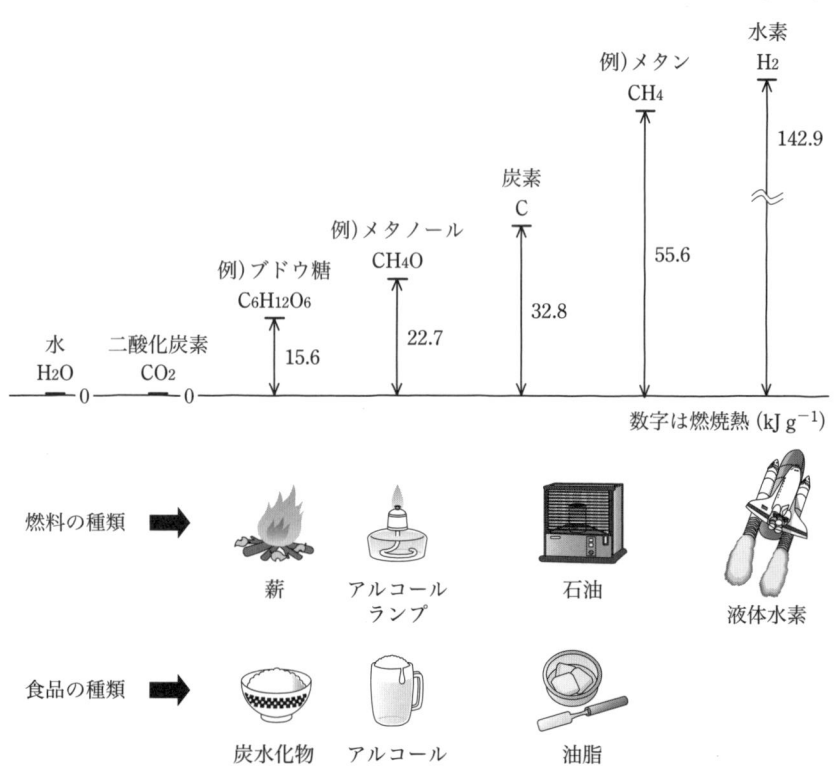

図6・2　燃焼熱の比較

いでしょう。ブドウ糖の燃焼熱は$\frac{15.6}{4.2}=3.4$ kJ g^{-1}ですから、「炭水化物は 4 kcal g^{-1}」と一致します。光合成の産物である糖類やセルロースの燃焼熱もこの程度です。

アルコールの燃焼熱が炭水化物よりも高いという点にも注意してください。「バイオエタノール」は、光合成の産物である炭水化物をアルコールに転換して利用しようというものです。転換によって 1 g 当たりの発熱量は上昇するのです。

*5 最も手近なものは、『理科年表』や『化学便覧』(ともに丸善出版)です。8章でもう少し詳しく説明します
*6 標準生成エンタルピー(H)を定める際の約束事として、「安定な単体のHを0とする」と決められています

2 発熱量の測定

燃焼熱はどうやって調べるのでしょうか。図6・3にその方法を示しています。試料を完全に乾燥させて、密閉した耐圧容器である**燃焼ボンブ**(「燃焼ボンベ」と呼ぶこともあります)の中に入れ、30 気圧の酸素ガスを圧入します。このボンブを水に沈めてから、電気的に着火してボンブの中で燃焼を行います。燃焼によって発生した熱で、どれほど水の温度が上昇したかによって燃焼熱を求めるのです。

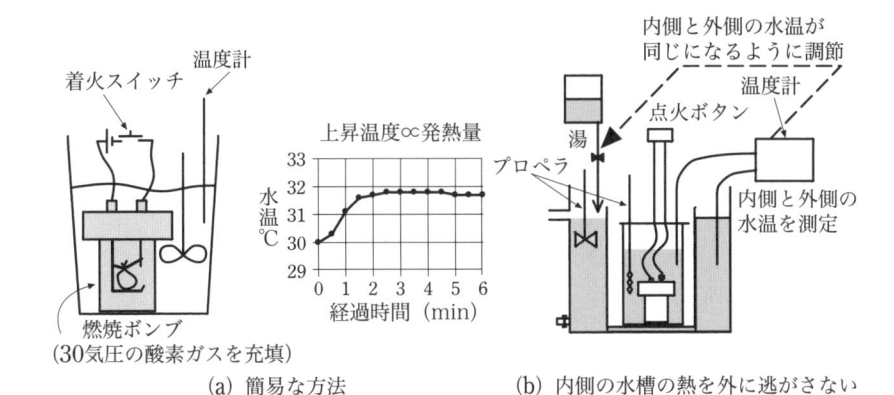

図6・3 発熱量の実測(概念) 試料を燃焼させて、発生する熱を水槽の水に伝え、水温の上昇分から発熱量を計算します。左図(a)の簡易な方法では、熱が周囲に逃げてしまい、負の誤差を生じます。そこで、正確に測定するためには、水槽の水から熱が周囲に逃げないように、外側の水槽の温度を徐々に上げる2重水槽の装置(右図(b))を使います

3 熱力学データーベースからの計算(ヘスの法則)

純粋な物質であれば、熱力学データベース*5 に記載されている**標準生成エンタルピー**(H)から計算することもできます。「**ヘスの法則**」もしくは、「**熱化学方程式**」と呼ばれるもので、計算例を図6・4に示しています。メタン(CH_4)のHは-74.9 kJ mol^{-1}で、CO_2: -393.5 kJ mol^{-1} や H_2O: -285.8 kJ mol^{-1} より、高い位置にあります。酸素(O_2)のHは0です*6。

*7 反応のエンタルピー変化（ΔH）が負になります

$CH_4 + 2O_2 = CO_2 + 2H_2O$ (1)

$H = -74.9$ kJ mol^{-1}
-393.5
-285.8
-285.8

反応の前後での変化量を調べる

H：標準生成エンタルピー（kJ mol^{-1}）

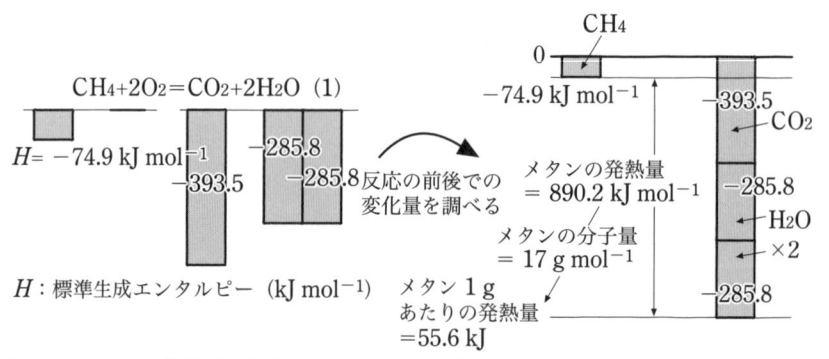

メタンの発熱量 = 890.2 kJ mol^{-1}
メタンの分子量 = 17 g mol^{-1}
メタン 1 g あたりの発熱量 = 55.6 kJ

CH_4 0
-74.9 kJ mol^{-1}
-393.5 CO_2
-285.8 H_2O
$\times 2$
-285.8

図6・4　メタンの燃焼熱の算出（ヘスの法則：熱化学方程式）

すなわち、「反応が進むと H の合計値が下がる*7」ので、「自分の位置が下がる分だけ外に熱を吐き出す」ことから、発熱反応であることがわかります。H の値は、多くの化合物について調べられているので、それらの物質については、計算によって燃焼熱を求めることができるのです。図6・2のメタノール等の燃焼熱は、こうして求めたものです。

4 低位発熱量

ところで、ボイラーに使用する場合等では、100℃より高い温度で熱交換を行いますので、そのときの燃焼ガスには水蒸気が含まれています。しかし、ボンブで発熱量を計測する際には、ボンブ内の水は凝縮しています。すなわち、ボンブで計測される発熱量から、燃焼ガスに含まれる水蒸気が持ち去る熱を差し引くと、実際に利用可能な熱量を知ることができます。

例題②　発熱量の実測値からの低位発熱量の計算

剪定（せんてい）くずをボイラー燃料にする計画を検討しています。この剪定くずは、水分を20％含んでおり、乾燥させてから、発熱量をカロリーメーターによって実測したところ、21,000 kJ kg^{-1}（乾燥重量ベース）でした。また、この燃料の水素分は 6.0％（乾燥重量ベース）でした。水分を20％含んだ状態での、この燃料 1 kg 当たりの**総発熱量（高位発熱量といいます）**と**利用可能な熱量（低位発熱量といいます）**はいくらですか？

[解答▼]

剪定くずの20％が水分ということですので、1 kgのうちの200 gが水分で、800 gが「乾燥剪定くず」であることがわかります（図6・5）。「乾燥剪定くず」が持っている発熱量は、21,000 J g^{-1} × 800 g = 16.8 × 10^6 J です。すなわち、全量 1 kg 当たりの高位発熱量は、16,800 kJ kg^{-1} になります。

1 kg の剪定くずを燃やすと、排ガス中の水分は、もともと剪定くずに含ま

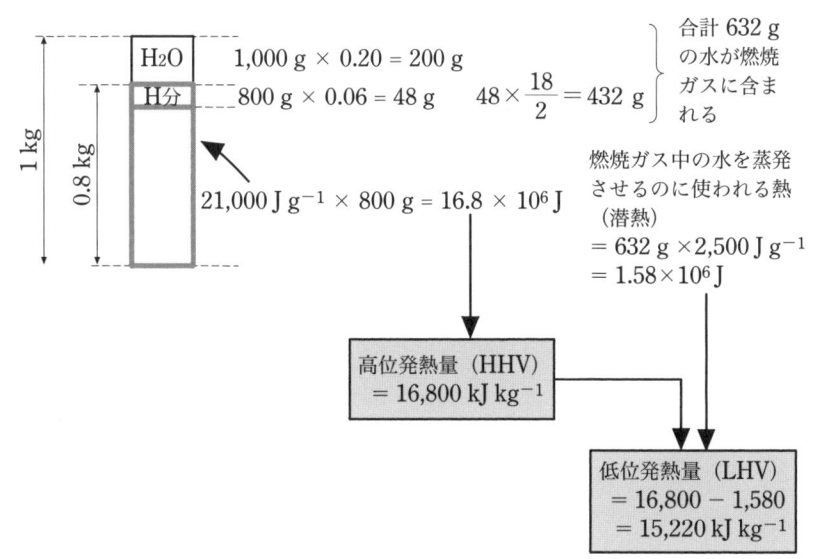

```
       ┌──H₂O──┐  1,000 g × 0.20 = 200 g                    ⎫ 合計 632 g
       │ H分   │   800 g × 0.06 = 48 g    48 × 18/2 = 432 g ⎬ の水が燃焼
 1 kg  │       │                                             ⎭ ガスに含ま
       │0.8 kg │                                               れる
       │       │
       │       │←── 21,000 J g⁻¹ × 800 g = 16.8 × 10⁶ J       燃焼ガス中の水を蒸発
       │       │                                              させるのに使われる熱
       │       │                                              （潜熱）
       │       │                                              = 632 g × 2,500 J g⁻¹
       └───────┘                                              = 1.58 × 10⁶ J
                          ↓
                ┌──────────────────────┐
                │ 高位発熱量（HHV）     │
                │ = 16,800 kJ kg⁻¹    │
                └──────────────────────┘
                          ↓              ↓
                     ┌──────────────────────┐
                     │ 低位発熱量（LHV）     │
                     │ = 16,800 − 1,580    │
                     │ = 15,220 kJ kg⁻¹   │
                     └──────────────────────┘
```

図 6・5　高位発熱量（HHV）と低位発熱量（LHV）

れていた水分（200 g）と、「乾燥剪定くず」中の水素分から発生する水分（432 g）があり、合計 632 g になります。ボイラーでは、100 ℃以下の燃焼ガスから熱を回収することはできませんから、この 632 g の水を蒸気の状態で捨てなければなりません。ところが、カロリーメーターで発熱量を実測するときは、燃焼ガスを密閉容器に閉じこめた状態ですので、水分はすべて凝縮します。実際の燃焼では、この凝縮する水分を水蒸気になるまで加熱して、捨てなければなりません。この損失熱量は**潜熱**と呼ばれ、「水 1 g 当たり 2,500 J」と定められています[*8]ので、632 g の水を蒸発させるのに要する熱量 = 632 g × 2,500 J g⁻¹ = 1.58 × 10⁶ J は、「利用できない熱」であると言えます。したがって、低位発熱量 = 16,800 − 1,580 = 15,220 kJ kg⁻¹ となります。

▲

＊8　2,500 J g⁻¹ は 0 ℃ の水を 0 ℃ の水蒸気にするときの蒸発熱です。20 ℃ の水から 20 ℃ の水蒸気にするときの蒸発熱は 2,454 J g⁻¹、100 ℃ の水から 100 ℃ の水蒸気にするのなら 2,256 J g⁻¹ になります。例題①での基準温度を 0 ℃ にしたことと、蒸発潜熱として 2,500 J g⁻¹ を用いたことは、呼応するものです。

6・3 熱エネルギーと動力エネルギーの変換

> 6 章　エネルギーをマクロにとらえる

1 カルノーサイクル─熱エネルギーから動力エネルギーを作る─

　熱エネルギーより、動力エネルギーや電気エネルギーは、より質の高いエネルギーです。動力や電気を100%の効率で熱エネルギーに変換することは可能であっても、その逆は不可能だからです。熱エネルギーから動力エネルギーに変換する機関を「**熱機関**」といいます。例えば、ボイラーで水蒸気を作り、それを羽根車（タービン）に吹きつけて回転させるものや、エンジンのように機関の中で爆発させることによってピストンを上下させるもの（内燃機関）等があります。

　熱機関の効率に関する理論は、カルノー（1796－1832、フランス）によって作られました。図6・6を見てください。熱機関は、高温側熱源（温度 T_H）から Q_H の熱を得て、低温側熱源（温度 T_L）に Q_L の熱を捨て、得た熱と捨てた熱の差が仕事（W）になります。サイクルとして成立するためには、

（高温側から受ける熱量（Q_H））
　＝（比例定数）×（高温側熱源の温度（T_H））　　　　式 (6.4.a)
（低温側に捨てる熱量（Q_L））
　＝（比例定数）×（低温側熱源の温度（T_L））　　　　式 (6.4.b)

であり、しかもその比例定数は等しくなければなりません。その結果、熱効率の式は次のように、温度だけの関数で表現されます。

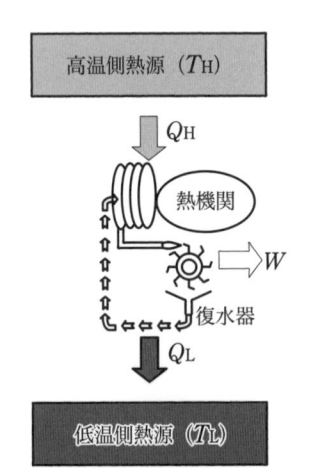

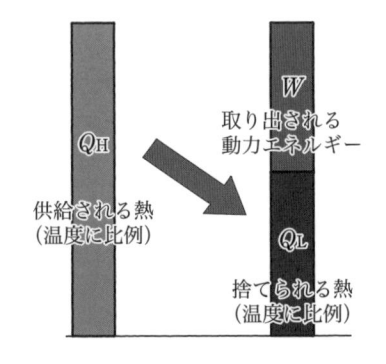

$$熱効率 = \frac{W}{Q_H} = \frac{Q_H - Q_L}{Q_H} = \frac{T_H - T_L}{T_H}$$

(a) 熱機関　　　　(b) 熱機関で取り出される動力エネルギー
図6・6　カルノーサイクルの概念と理論熱効率

$$\text{熱効率} = \frac{W}{Q_H} = \frac{Q_H - Q_L}{Q_H} = \frac{T_H - T_L}{T_H} \qquad 式(6.5)$$

*9 摂氏温度(℃) = 絶対温度(K) + 273.15 です

理論的熱効率を計算してみましょう。旧来のごみ焼却に伴う発電では、水蒸気温度が250℃くらいですから、理論的な効率で29%(実際の効率は10%を少し上回る程度)です。石炭火力発電等では、水蒸気温度500℃以上が可能ですので、理論的な効率は50%以上になります。式(6.5)を計算するとき、温度は絶対温度*9に換算されておく必要があることに注意してください。

2 ヒートポンプ ― 動力エネルギーで熱を移動させる ―

カルノーの理論は、最初、熱を動力エネルギーに変換する熱機関に着目して作られたものですが、逆に動かせば、「わずかな動力を作用させて、低温側から高温側へ熱を移動させる」ということができるはずです(図6·7)。**ヒートポンプ**という装置がそれにあたります。圧縮すると熱を発生しながら液体になり、気化して膨張するときに周囲から熱を奪う性質の媒体を、圧縮・膨張サイクルで循環させることで、この装置が実現しました。

この装置を使えば、加える動力エネルギーの何倍もの熱を移動することができます。例えば、エアコンは1 kWの消費電力で、4 kWの熱を移動することができます。電力を熱に変換するだけの「電気ストーブ」で

(a) ヒートポンプ

(b) ヒートポンプに与える動力エネルギーと移動される熱エネルギー

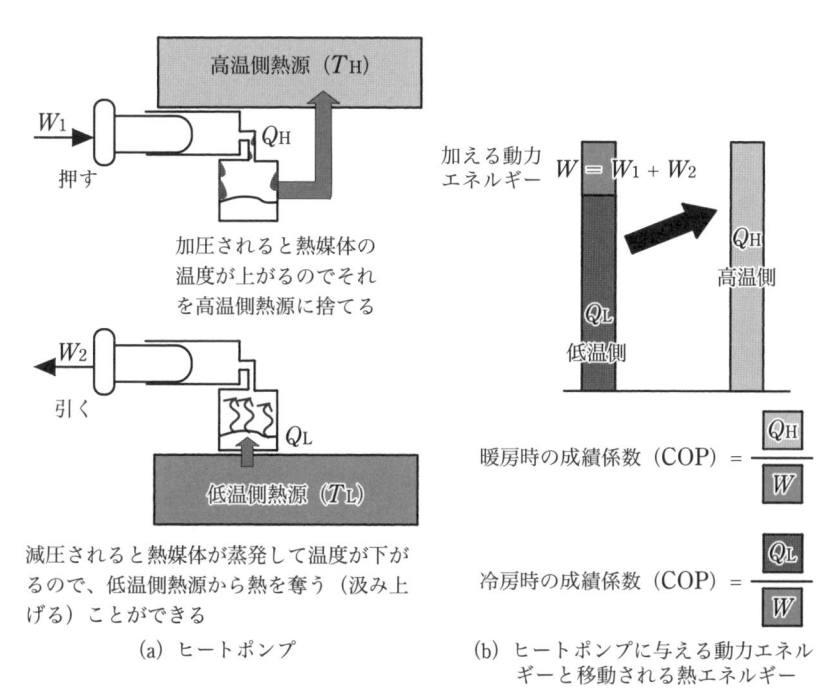

$$\text{暖房時の成績係数 (COP)} = \frac{Q_H}{W}$$

$$\text{冷房時の成績係数 (COP)} = \frac{Q_L}{W}$$

図6·7 ヒートポンプ 動力エネルギーを与えて熱を移動する

は、1 kW の電力を 1 kW の熱に変換するだけですが、エアコンで暖房をするときは、その 4 倍もの熱を、冷たい外気から汲み上げて室内を暖めることができるのです。この「加える動力エネルギーの何倍の熱を汲み上げることができるか」の数値を、**成績係数**（COP[10]）といいます。先ほどの例なら、COP = 4 ということになります。図 6・6 の (b) と図 6・7 の (b) を見比べればわかりますが、カルノーサイクルの効率の逆数とよく似た形になっています。暖房時の COP と冷房時の COP を比べると、暖房時の COP のほうが大きくなることがわかります。

[10] COP は、Coefficient of performance の略です

6・4 エネルギーの持続可能性

1 化石燃料は過去の光合成が貯蓄したエネルギー

これまで、工業的なエネルギーの利用に着目して説明してきましたが、エネルギーの源はそもそも太陽光線で、化石燃料は過去の光合成が貯蓄したエネルギーであることから、持続可能なエネルギーの使い方とは何かを考える必要があります。そこで、エネルギー消費量と光合成を比較することを通して、人間活動のエネルギーを見直してみましょう。

2 一次エネルギーと食料のカロリー

日本のエネルギーフロー[※2]を図6・8に示します。1年間の**一次エネルギー**の供給量は$22{,}941 \times 10^{15}$ Jで、発電等での損失を経て、最終エネルギー消費は63.5%の$14{,}574 \times 10^{15}$ Jです。この数値を感覚的に理解するために、人間が食べる食料のエネルギーと比較してみましょう。表6・2

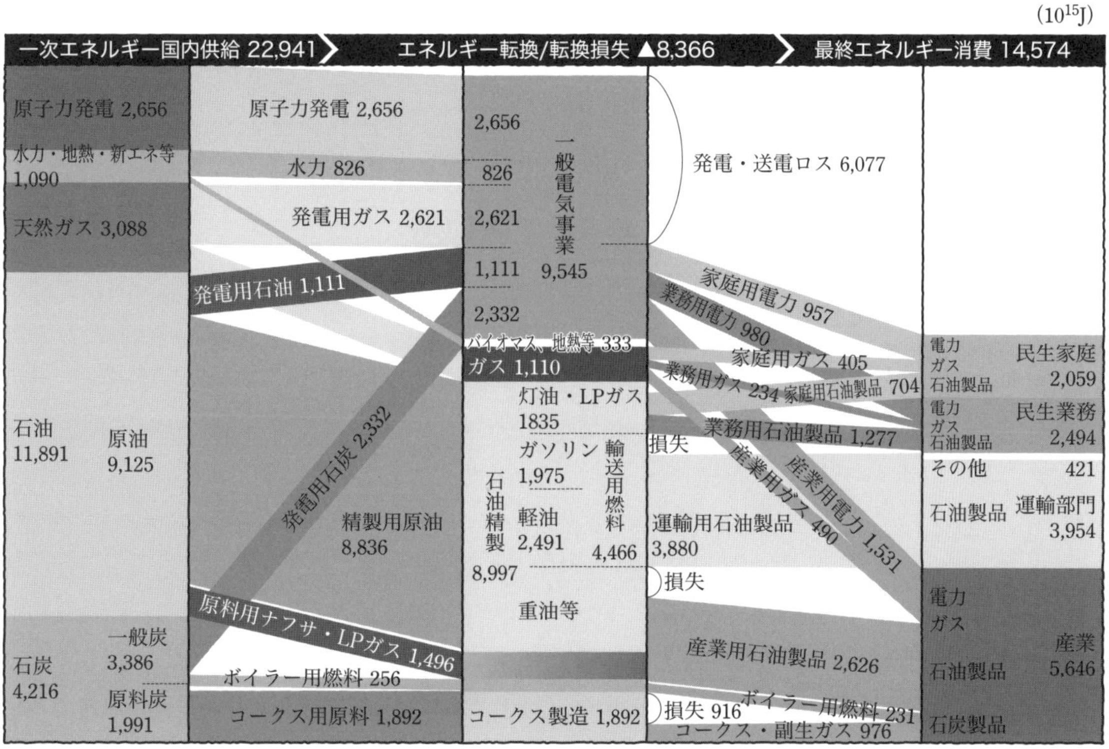

図6・8 日本のエネルギーフロー

*11 成人男性（生活活動強度がやや低い）の栄養所要量がこのくらいです
*12 1日に受ける日射エネルギー量のことで、日本の太平洋側のほとんどの地点が12-14 MJ m^{-2}、東北地方の日本海側が10-12 MJ m^{-2}です

表6·2 食べるエネルギーと消費する1次エネルギー

1人1日の所要カロリー
$2,200 \times 10^3$ cal d^{-1} person^{-1} × 4.2 J cal^{-1} ≒ $10,000 \times 10^3$ J d^{-1} person^{-1}

国民全体での1年間の所要カロリー
$10,000,000$ J d^{-1} person^{-1} × 365 d × 1.28×10^8 person = 467.2×10^{15} J y^{-1}

1次エネルギー供給量と、国民全体での1年間の所要カロリーの比
$\dfrac{22,941 \times 10^{15}}{467.2 \times 10^{15}} = 49.1$

にその計算をまとめました。1人1日の所要カロリーを10,000 kJ *11 とすれば、365日間で必要なエネルギーは、467.2×10^{15} J y^{-1} となります。一次エネルギー供給量がこの何倍になっているのかを計算すると、49.1倍にもなっていることがわかります。予想より多かったでしょうか？少なかったでしょうか？

3 身の回りのエネルギー消費

何にどれほど使っているのでしょうか。身の回りのエネルギー消費量を点検してみましょう。例えば、家庭での電力消費量や、都市ガス消費量と比べてみましょう。図6·8の年間の家庭用電力の供給量は957×10^{15} Jです。1年間の一次エネルギーの供給量$22,941 \times 10^{15}$ Jの4.2％です。食べる量の2倍以上の家庭用電力を使っていることがわかります。1人1ヶ月当たりの電力消費量を計算すると、167 kWh person^{-1}になります。あなたの家の電力使用量と比較してみてください。同じことが、家庭用ガスや石油製品（灯油）でも計算できます。

4 光合成のエネルギー効率

つぎに、光合成でどれくらいのエネルギーを固定しているのか、そして、その固定量は、太陽光線から供給されるエネルギーの何％になるのかを計算してみましょう。

例題③ 日射エネルギーの何％が光合成によって固定されているか推定する

光合成は、大気中のCO_2をでんぷん等の有機炭素に変換する過程です。収穫された植物を燃焼させて、有機炭素をCO_2に戻して得られる熱量が、地表面に降り注ぐ日射エネルギーの何％になるかを計算すれば、光合成の効率を推定することができます（図6·9）。いま、太陽から地表面に到達する年平均全天日射量*12 が13 MJ m^{-2} d^{-1}である場所*13 で、年間の植物の生長量を1 kg-dry m^{-2} y^{-1}、植物の高位発熱量を20,000 J g^{-1}としたとき、光合成の効率は何％になるでしょうか。

年平均全天日射量：13 MJ m^{-2} d^{-1}

植物の収量(乾燥重量)：1 kg m^{-2} y^{-1}

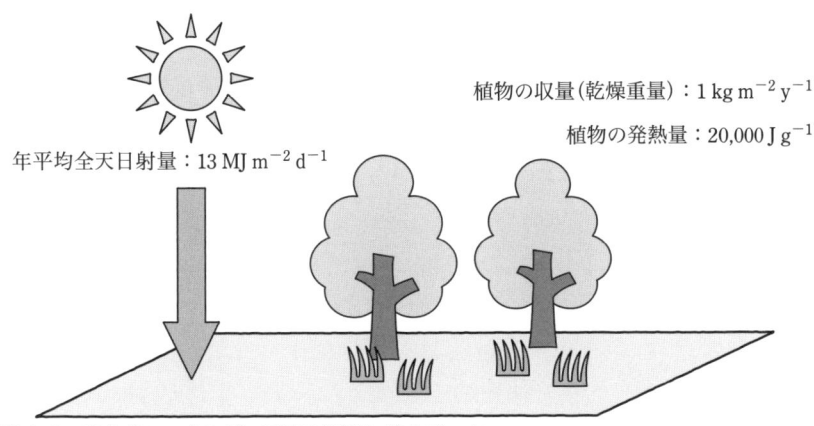

植物の発熱量：20,000 J g^{-1}

図6·9 光合成のエネルギー効率の計算に使うデータ

解答▼

まず、1年間に1 m^{2}の土地に降り注ぐ日射エネルギー量を計算します。

$$13 \times 10^6 \text{ J m}^{-2} \text{ d}^{-1} \times 365 \text{ d y}^{-1} = 4.7 \times 10^9 \text{ J m}^{-2} \text{ y}^{-1} \qquad 式(6.6)$$

1 m^{2}の土地で生長する植物を燃焼して得られるエネルギー量は、

$$20 \times 10^6 \text{ J kg}^{-1} \times 1 \text{ kg m}^{-2} \text{ y}^{-1} = 20 \times 10^6 \text{ J m}^{-2} \text{ y}^{-1} \qquad 式(6.7)$$

植物を燃焼して得られるエネルギー量を日射エネルギー量で除すると、光合成の効率は次のように計算できます。

$$\frac{20 \times 10^6}{4.7 \times 10^9} = 0.0042 = 0.4\ \% \qquad 式(6.8)$$

すなわち、この場合の光合成の効率は、0.4%であることがわかります。▲

5 エネルギー作物で現在のエネルギー消費量がまかなえるか

あらっぽい計算ですが、この効率でエネルギー作物を栽培して、一次エネルギーの供給にあてるとした場合、1人当たりに必要な面積 A （m^2 person^{-1}）を次のように計算することができます。

$$A = \frac{1人当たりの1年間の1次エネルギー供給量}{1年間に1m^2のエネルギー作物から得られるエネルギー}$$

$$= \frac{22,941 \times 10^{15} \text{ J y}^{-1} / (1.28 \times 10^8 \text{ person})}{4.7 \times 10^9 \text{ J m}^{-2} \text{ y}^{-1} \times 0.004} = 0.95 \text{ ha person}^{-1}$$

$$式(6.9)$$

実際には、すべての土地からエネルギーをとることはできませんし、そもそも、日本の国土面積 3.8×10^5 km^2 を人口 1.28×10^8 人で除すれば、1人当たりの面積は0.3 haしかありません。これだけでも、現在のエネルギー消費が持続不可能な消費であることがわかります。

Column たたみは日本古来のエコロジカルフットプリント

　計量単位はしばしば文化・文明の名残をもっています。1坪＝2畳＝3.3 m² という単位は今でも、土地の広さを表すときに使うでしょう。実は、1坪は、1人1日分の米を収穫する水田の面積なのです（図6・10）。1坪の300倍[*13]（＝1反）が1人1年分の米を収穫する水田面積です。1反の水田から収穫される米の量が1石です。江戸時代、大名の領地をよく、「〇〇万石」と言い表しますが、これは養うことのできる人口を表しています。例えば、50万石ならば、50万人分の米がとれるという意味です。

　この1反の面積は、3.3 m² × 300 ＝ 約0.1 ha です。すなわち、食料だけを考えれば、人は、0.1 ha の面積があれば生きていけることになります。実際には、家屋や薪等のための森林・竹林が必要ですから、裏山を持つ必要もありました。このように、人間の活動を維持するのに、どの程度の資源が必要なのかを、お金ではなく、面積で表現する方法が、1990年代に、カナダのワケナゲルとリースらによって提唱され、**エコロジカルフットプリント**と名付けられました[※4]。

　狭い都市に人口が密集していても、その都市を支えるために、広大な土地を消費しているというのです。この計算は、生産や貿易等の経済データに基づくもので、わが国の『環境・循環型社会白書』（2007年度版）によれば、日本と米国でそれぞれ、1人当たり 2.5 ha と 5.4 ha となっています。

　エコロジカルフットプリントは、世界的には新しい概念として紹介されていますが、もう何百年も前から、私たちは「1人1反（0.1 ha）」を、単位として使っているのです。生きていくための耕作地面積を勘定する方法で土地の面積を決めていたことに、農耕民族の誇りを感じませんか。

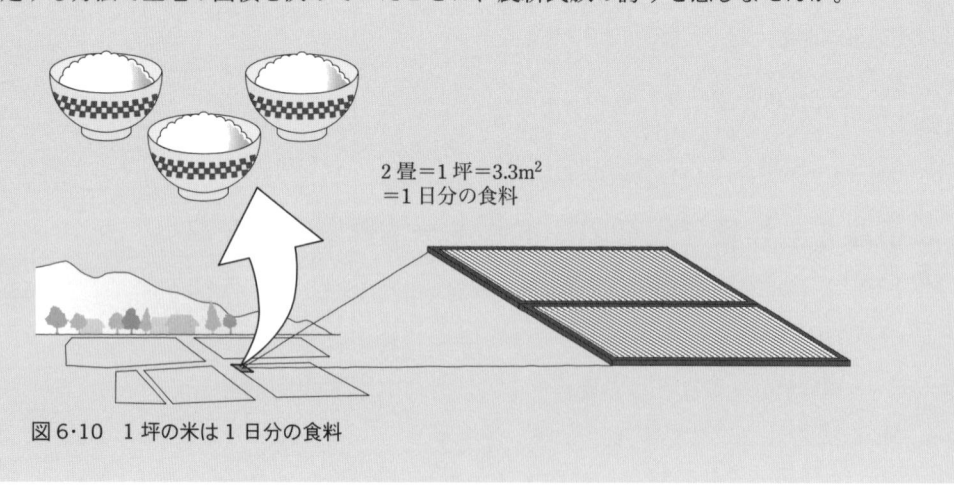

図6・10　1坪の米は1日分の食料

2畳＝1坪＝3.3m²
＝1日分の食料

＊13（コラム）1年は365日ですから、正確には、365坪でなければなりません。現在の「300坪＝1反」は、豊臣秀吉が行った太閤検地の際の計算方法であり、それ以前は、360坪を1反と数えていたと言われています

※引用文献
1　JIS Z 9202『熱勘定方式 通則』
2　経済産業省『エネルギー白書　2005年版』
3　気象庁高層気象台HP『日射放射観測』
　　http://www.kousou-jma.go.jp/obs_third_div./radiation.htm
4　マティース・ワケナゲル、ウィリアム・リース、池田真里、和田喜彦　（2004）『エコロジカル・フットプリント―地球環境持続のための実践プランニング・ツール』合同出版

資料編

7 環境システム解析の基礎

　これまでに学んできたように、人間の社会活動に伴う環境への負荷を可能な限り低減し、環境を保全するために、上下水道施設やゴミ焼却施設等で様々な装置が利用されています。これらの装置に用いられている技術も実に多様です。あるものは微生物の働きを利用し、あるものは物理的な分離を行い、あるものは化学反応を使っています。しかし、生物学的な作用であれ、物理化学的な作用であれ、装置の中で物質が移動し、物質が変化していることに変わりはありません。ということは、物質の動きに着目すればどのような装置であれ同じように取り扱うことができるはずです。さらに拡げて物質を生物個体に置き換えてみれば、生態系等も同じように扱うことができるでしょう。

　様々な機能を持った多数の要素から成り、全体として1つのまとまった働きをするものを「システム」といいますが、環境保全装置も生命体も生態系もすべてシステムであるということができます。

　本章では、環境に関連するシステム（環境システム）を定量的に理解する際に重要な物質収支概念に基づいて、環境システム解析の基礎を説明します。やや難解ですが、物質収支概念は応用範囲の広い重要な考え方ですので、判りにくいところは何度も読み返して理解を深めていただきたいと思います。

> 7章　環境システム解析の基礎

7・1 ※ 物質収支の考え方

* 1 「Gton」のGは「ギガ」と読み、10^9倍のことです。同じような数値の大きさを表す接頭語として次のようなものがあります。n(ナノ、10^{-9}倍)、μ（マイクロ、10^{-6}倍)、m（ミリ、10^{-3}倍)、c（センチ、10^{-2}倍)、h（ヘクト、10^2倍)、k(キロ、10^3倍)、M(メガ、10^6倍)

1 物質収支とは？

今、目の前に貯金箱があり、中にコインが6,000円分入っています。あなたは、毎日100円ずつ貯金をしていますが、10日後に、友人の誕生日プレゼントを買うために貯金箱から4,000円を使う予定です。30日後、貯金箱の中にはいくらのお金が入っているでしょう？

この答えは簡単ですね。最初貯金箱に入っていた額が6,000円、30日間に貯金した額は100円×30日＝3,000円、使った額は4,000円なので、

6,000円＋3,000円－4,000円＝5,000円

となります。このように、貯金箱の中のお金は貯金箱に入れたお金と貯金箱から出したお金の差だけ変化します。

同じことが物質についても当てはまります。ある容器があったとします。容器中の特定の物質（物質A）の量は、その容器に入ってきた物質Aの量とその容器から出て行った物質Aの量の差の分だけ変化します。式に書くと、

［容器中の物質Aの量の変化］＝［流入した物質Aの量］－［流出した物質Aの量］
　　　　　　　　　　　　　　＋［容器内で生成した物質Aの量］

上式で［容器内で生成した物質Aの量］という項がありますが、物質の場合、貯金箱の中のお金と違って、反応によって別の物質から物質Aが生成することが起こりますので、この項を加えています。このように、**物質量の変化は流入・流出・生成によって決まる**というのが、物質収支の考え方です。至極当たり前のことですが、複雑な現象も物質収支を用いると量的関係が理解しやすくなります。例えば、図7・1を見てください。これは、地球全体での炭素の分布と流れを示しています。図7・1から、地球温暖化に対する人為影響について考えてみましょう。流れがたくさんあって判りにくいですが、地球温暖化は大気中の二酸化炭素等の温暖化ガスの増加が原因ですから、ここでは大気に着目します。大気に流入する二酸化炭素の量と大気から流出する二酸化炭素の量を求めると、図7・2の通りとなります。

大気への流入に着目すると、合計88.22 Gt y^{-1}*1の炭素が大気に流入しています。このうち、人為的な排出は「化石燃料の燃焼」「セメント生産」の計4.9 Gt y^{-1}であり、割合にして5.6%に過ぎず、人為影響はそれほど大きくないように見えます。一方、大気からの流出量は合計83.26 Gt y^{-1}であり、差し引き、4.96 Gt y^{-1}が大気中の炭素の年間増加量になります。この値は、人為的な排出量とほぼ等しく、このことから、地球温暖化への人為影響は非常に大きいということが判ります。

このように、物質収支という考え方は、現象の量的関係を把握するのに大変役立つのです。

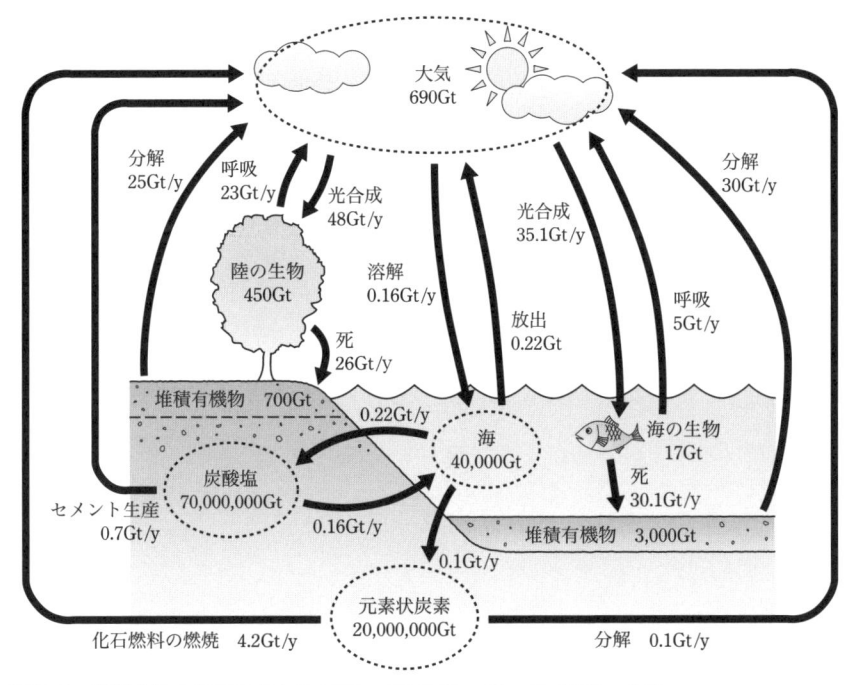

図7・1 地球全体の炭素の存在量と流れ（単位 Gt、Gt y^{-1}）（出典：文1）

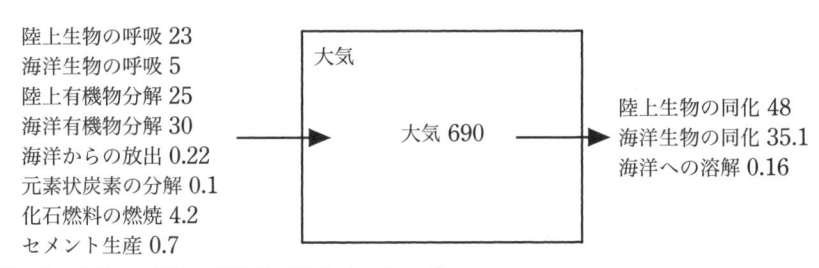

図7・2 大気への炭素の出入り（単位 Gt、Gt y^{-1}）

2 物質収支式

前項で物質収支の考え方を紹介しました。ここでは、物質収支についてもう少し詳しく見ていきます。

物質収支を数式として表したものを**物質収支式**といいます。一般的に書くと

［系の蓄積量の時間変化］＝［系への流入速度］－［系からの流出速度］
＋［系内での生成速度］

と表されます。ここで、**系**というのは物質収支を考える領域のことです。前項の地球温暖化の例では「大気」が系となります。右辺には**速度**という用語が使われていますが、速度とは単位時間当たりの量のことをいいます。例えば、「系への流入速度」は単位時間当たりに系へ流入する量を意味しています。M：系の蓄積量、L_{in}：系への流入速度、L_{out}：系からの流出速度、G：系内の生成速度、と置き、時刻 t から $t+\Delta t$ まで Δt 時間経過する間の物質の出入りを考えると［系の蓄積量の時間変化］は

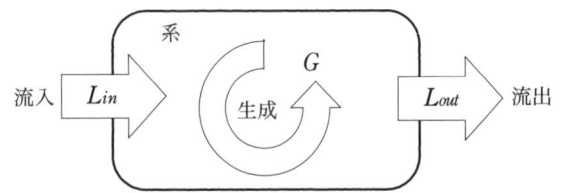

図7・3 系への物質の出入りと系内での物質の生成

$\dfrac{M_{t+\Delta t}-M_t}{\Delta t}$ と表されるので、物質収支式は

$$\dfrac{M_{t+\Delta t}-M_t}{\Delta t}=L_{in}-L_{out}+G$$

となります。ここでΔtを限りなく0に近づけると $\displaystyle\lim_{\Delta t \to 0}\dfrac{M_{t+\Delta t}-M_t}{\Delta t}=\dfrac{dM}{dt}$ より、物質収支式は

$$\dfrac{dM}{dt}=L_{in}-L_{out}+G \qquad 式(7.1)$$

となります。これが、物質収支式の数式表示です。物質濃度をC、系の容積をVと置けば、$M=CV$なので、上式は

$$\dfrac{d(CV)}{dt}=L_{in}-L_{out}+G \qquad 式(7.2)$$

になります。水処理装置のような反応装置を系にとる場合等で、系の容積Vが時間によらず一定の場合は、Vを微分記号の外側に出すことができますので、

$$V\dfrac{dC}{dt}=L_{in}-L_{out}+G \qquad 式(7.3)$$

としても構いません。

次に、物質収支解析の一般的な手順を以下に示します。

物質収支解析の手順
(手順1) 物質収支を考える系を明確にする(物質の出入りの図を書くとわかりやすい)。
(手順2) 系への流入・流出速度等の変数を記号で表す。
(手順3) 既知の変数の値を記入する。
(手順4) 物質収支式と与えられた条件から得られる独立な関係式を列挙し、式の数と未知数の数が等しいことを確認する。
(手順5) 得られた関係式を解く。
(手順6) 得られた解が物質収支式を満足していることを確認する。

それでは、例題を解いてみましょう。

例題① 物質収支解析

一定流量の水が流れている河川に、ある工場がNaClを200 mmol L^{-1}の濃度で含む排水を20.0 L s^{-1}で河川に放流しています。十分に混合した下流の地点におけるNa$^+$濃度

と Cl^- 濃度を測定したところ、それぞれ 1.00 mmol L^{-1}、0.800 mmol L^{-1} でした。排水が流入する前の河川の流量 Q と Cl^- 濃度はいくらでしょう。ただし、河川水中には元々 0.500 mmol L^{-1} の Na^+ が含まれていたとします。

[解答▼]

Na^+、Cl^- それぞれについて図を描き、既知の変数の値を書き込むと以下のようになります。

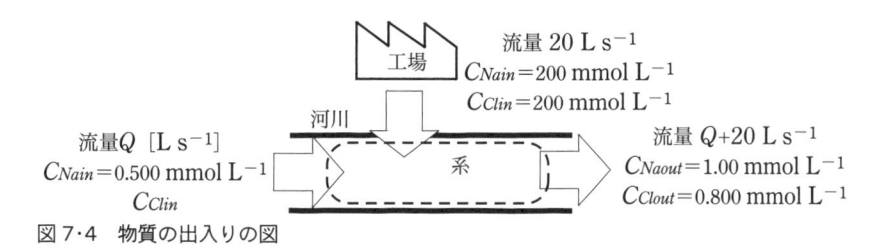

図 7·4 物質の出入りの図

系の物質量が経時的に変化しておらず、系内で物質の生成がないことに注意しながら、物質収支式を立てましょう。

Na^+ について

$\frac{dM}{dt} = 0$、$L_{in} = 200 \times 20.0 + 0.500Q$、$L_{out} = 1.00 \times (Q + 20.0)$、$G = 0$ より

$$0 = 200 \times 20.0 + 0.500Q - 1.00 \times (Q + 20.0)$$

Cl^- について

$\frac{dM}{dt} = 0$、$L_{in} = 200 \times 20.0 + C_{Clin}Q$、$L_{out} = 0.800 \times (Q + 20.0)$、$G = 0$ より

$$0 = 200 \times 20.0 + C_{Clin}Q - 0.800 \times (Q + 20.0)$$

これらを解いて、$Q = 7960$ L s^{-1}、$C_{Clin} = 0.2994\cdots = 0.299$ mmol L^{-1} となります。 ▲

▶ 7章　環境システム解析の基礎

7・2 環境システム解析法とその応用

　前節で物質収支の考え方について学びました。物質収支の考え方は、適切に系をとることにより科学のあらゆる場面に適用可能ですが、環境工学に関連する系として水処理装置等の反応装置（反応器）を1つの系として捉えると分かりやすいと思います。ここでは、物質収支式が実際に環境システム解析にどのように利用されるのか見ていきます。

1 反応器の分類

　具体的な事例を見ていく前に、反応器をその特徴により分類しておくことが必要です。以下に主な反応器の分類について説明します（図7・5）。

◆形状による分類
管型（塔型）：細長い管の一端から反応原料を供給し、他端から反応生成物を流出させる形式の反応器
槽型：タンク構造を持った反応器

◆操作法による分類
回分式：反応原料をすべて反応器内に仕込んでおいてから反応を開始し、適当な時間後に全量を取り出す方式
連続式（流通式）：反応原料を連続的に反応器に供給して反応させ、生成物を反応器から連続的に取り出す方式
半回分式：反応原料の一部を反応器内に仕込み、別の反応原料を連続的に供給する方式

　一般に、管型反応器は連続式で操作され、大量生産に向いています。槽型反応器は連続式、回分式、半回分式いずれの方式でも操作でき、大量生産（連続式）から多品種少量生産（回分式、半回分式）まで幅広く対応可能です。また、これらの名称は、反応装置を想定してつけられていますが、それぞれの概念は反応装置以外にも適用可能です。例えば、大海の孤島にいる陸上動物の増減を考える場合、動物を物質と捉え、

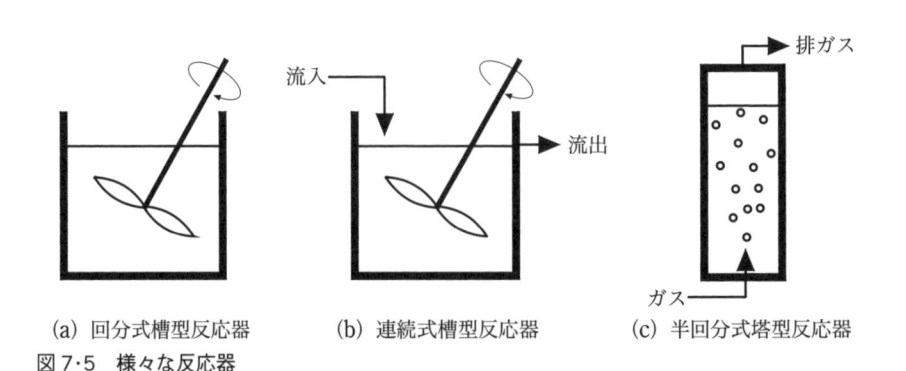

(a) 回分式槽型反応器　　(b) 連続式槽型反応器　　(c) 半回分式塔型反応器

図7・5　様々な反応器

島を系にとれば、系からの出入りはないと考えられますので、回分式反応器として解析することができます。

2 回分式反応器

最初に、反応器の中で最も単純な回分式反応器について考えていきましょう。回分式反応器では、反応原料は最初から反応器に入れられており、反応の途中で反応器と外界との間の物質の出入りがありません。ですから、物質の流入・流出速度の項（L_{in}、L_{out}）は 0 となり、物質収支式は以下のようになります。

$$V \frac{dC}{dt} = G \qquad 式（7.4）$$

ここで、V：反応器容積（L）、C：物質濃度（mol L^{-1}）、t：時間（s）、G：物質生成速度（mol s^{-1}）です。G を反応速度 r（mol L^{-1} s^{-1}）[*2] を用いて表すと、$G = rV$ となるので、物質収支式は以下のように整理できます。

$$\frac{dC}{dt} = r \qquad 式（7.5）$$

> *2 反応による単位時間・単位容積当たりの物質量変化のこと
> *3 ○次反応の○次というのは分解速度 r に含まれる濃度 C の指数部分のこと。反応次数という。詳しくは 7・4・2 「反応速度式」(p.157) 参照

例題② 回分式反応器の半減期

ある有害物質を 1 mmol L^{-1} 含む廃水を回分式反応器で分解処理しようと思います。有害物質の分解速度 r が以下の式で与えられるとき、有害物質濃度 C を最初の濃度の半分にするのに要する時間（半減期）は何分になるでしょう。

[1] $r = -k_0 = -0.10$ mmol L^{-1} min^{-1} の場合（0 次反応）[*3]
[2] $r = -k_1 C = -0.10C$ mmol L^{-1} min^{-1} の場合（一次反応）[*3]
[3] $r = -k_2 C^2 = -0.10C^2$ mmol L^{-1} min^{-1} の場合（二次反応）[*3]

解答 ▼

[1] $r = -k_0 = -0.10$ mmol L^{-1} min^{-1} の場合

物質収支式は $\frac{dC}{dt} = -k_0$ となるので、両辺 t について積分して

$C = -k_0 t + \alpha \qquad \alpha$：積分定数

$t = 0$ min のとき、$C = C_0$（mmol L^{-1}）とすると、上式に代入して $\alpha = C_0$

よって、濃度変化は $C = C_0 - k_0 t$

問題の条件より $C_0 = 1$ mmol L^{-1}、$C = 0.5$ mmol L^{-1}、$k_0 = 0.10$ mmol L^{-1} min^{-1} なので、

$$t = \frac{C_0 - C}{k_0} = \frac{1 - 0.5}{0.10} = 5.0 \ \text{min}$$

よって半減期は 5.0 分となります。

[2] $r = -k_1 C = -0.10C$ mmol L^{-1} min^{-1} の場合

物質収支式は $\frac{dC}{dt} = -k_1 C$ となるので、$\frac{1}{C}\frac{dC}{dt} = -k_1$ と変形した後、両辺 t について積分して、

$\ln C = -k_1 t + \alpha \qquad \alpha$：積分定数

$t = 0$ min のとき、$C = C_0$（mmol L^{-1}）とすると、上式に代入して $\alpha = \ln C_0$

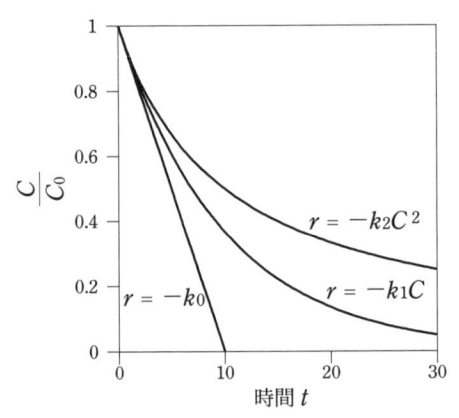

図 7・6　分解速度と濃度減少曲線

代入して指数関数をとると

$$e^{\ln C} = e^{\ln C_0 - k_1 t}$$

$e^{x+y} = e^x e^y$、$e^{\ln x} = x$ の関係を使うと $C = C_0 e^{-k_1 t}$

問題の条件より $C_0 = 1$ mmol L^{-1}、$C = 0.5$ mmol L^{-1}、$k_1 = 0.10$ min^{-1} なので、

$$t = \frac{\ln \dfrac{C_0}{C}}{k_1} = \frac{\ln 2}{k_1} = \frac{0.693}{0.10} = 6.9 \text{ min}$$

よって半減期は 6.9 分となります。

[3] $r = -k_2 C^2 = -0.10 C^2$ mmol L^{-1} min^{-1} の場合

物質収支式は $\dfrac{dC}{dt} = -k_2 C^2$ となるので、$\dfrac{1}{C^2}\dfrac{dC}{dt} = -k_2$ と変形した後、両辺 t について積分して、

$$-\frac{1}{C} = -k_2 t + \alpha \quad \alpha:\text{積分定数}$$

$t = 0$ min のとき、$C = C_0$ (mmol L^{-1}) とすると、上式より $\alpha = -\dfrac{1}{C_0}$ と求まるので、代入して整理すると $C = \dfrac{C_0}{1 + k_2 C_0 t}$

問題の条件より $C_0 = 1$ mmol L^{-1}、$C = 0.5$ mmol L^{-1}、$k_2 = 0.10$ L mmol^{-1} min^{-1} なので、

$$t = \frac{C_0 - C}{k_2 C_0 C} = \frac{1 - 0.5}{0.10 \times 1 \times 0.5} = 10 \text{ min}$$

よって半減期は 10 分となります。

これらをグラフに表すと図 7・6 のようになります。反応次数[*3]が大きくなるにつれ、濃度 C の低下に伴う反応速度（グラフの接線の傾き）の低下が大きくなることが判ります。　▲

反応器の物質収支解析の目的の 1 つに、濃度データから反応速度と濃度の関係（反応速度式）を求めるというものがあります。以下にその手順について説明します。

回分式反応器の速度解析手順
（手順 1）反応速度式を仮定する。

(手順2) 物質収支式を積分し、反応速度定数 k と濃度 C との関係式を得る。
(手順3) 適当な式変形を行って、$f(C) = kt$ という関係式を作る。
(手順4) 横軸に t、縦軸に $f(C)$ をとってデータをプロットする。
(手順5) 仮定した速度式が正しければ、原点を通過する直線が得られ、その傾きより k を求める。原点を通過しなければ、(手順1) に戻る。

例題③ 回分式反応器の速度解析

ある汚染物質を回分式反応器で分解処理しました。このときの濃度変化は以下の表の通りでした。

表 7・1

t (s)	0	600	1,200	2,400	3,000
C (mol m^{-3})	348	280	238	161	131

1) この反応速度は濃度に比例すると言えるでしょうか。
2) この反応の反応速度式を求めましょう。

解答 ▼

1) 反応速度が濃度に比例するとき、$r = -kC$ なので、物質収支式は $\dfrac{dC}{dt} = -kC$

これを解くと(例題②[2]参照) $\ln C = -k_1 t + \ln C_0$

変形して $-\ln\left(\dfrac{C}{C_0}\right) = kt$ (C_0 は $t = 0$ のときの $C = 348$ mol m^{-3})

縦軸に $-\ln\left(\dfrac{C}{C_0}\right) = kt$、横軸に t をとってグラフを書くと、以下のようになります。

原点通過直線が得られているので、反応速度は濃度に比例すると言えます。

2) 図 7・7 よりグラフの傾きを求めると $k = 3.24 \times 10^{-4}$ s^{-1} が得られます。

よって、反応速度式は $r = -3.24 \times 10^{-4} \times C$ mol m^{-3} s^{-1} となります。

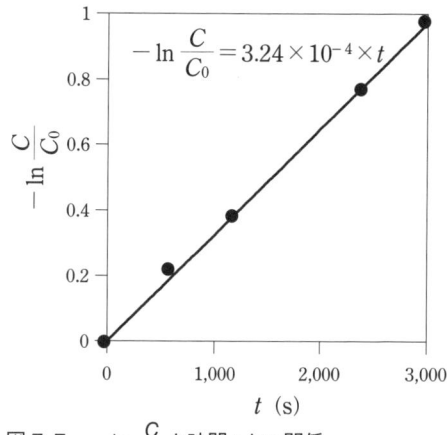

図 7・7 $-\ln\dfrac{C}{C_0}$ と時間 t との関係

3 連続式反応器

連続式反応器は反応器内の流れの状態から2つに大別されます。

プラグ流（押し出し流れ）反応器：細い管型反応器のように、管断面での濃度は均一ですが、流れ方向には反応流体が混合されず、濃度分布が生じる反応器です。反応流体はあたかもピストンで押し出されるように流れます。

完全混合流反応器：連続槽型反応器のように、供給された反応流体が直ちに反応器内に均一に分散され、反応が進行する反応器。排出流体は反応器内の流体の濃度・温度状態と等しくなります。

以下、それぞれの反応器について説明していきます。

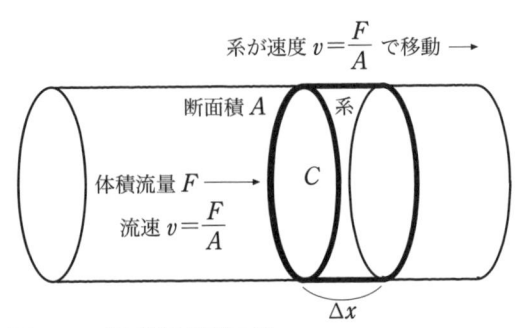

(1) プラグ流反応器

プラグ流反応器では、反応器内の物質濃度が不均一であるため、系の取り方を工夫しなければなりません。

今、図7・8に示すように反応流体の体積流量を$F(\mathrm{m^3\,s^{-1}})$、反応器の断面積を$A\,(\mathrm{m^2})$としたとき反応流体の流速は$\frac{F}{A}\,(\mathrm{m\,s^{-1}})$となります。プラグ流反応器では流れの方向（$x$方向）にのみ濃度変化がありますので、非常に薄い$\Delta x$の厚みを持つ円盤状の領域（図7・8の太線で囲まれた部分）を系にとります。Δxが十分に小さければ、系の中は濃度が均一であると見なすことができます。さらに、この系が反応流体の流速と同じ$\frac{F}{A}\,(\mathrm{m\,s^{-1}})$で移動していると考えると、プラグ流反応器では前後の流体の混合が起こらないので、系に対する物質の流入・流出がなくなります。系の体積Vを用いると物質収支式は

$$V\frac{dC}{dt}=rV \quad \Rightarrow \quad \therefore \frac{dC}{dt}=r \qquad \text{式 (7.6)}$$

この式は、回分式反応器の物質収支式 式(7.5)と同じです。ここで、時間tについて、考えます。反応器の流入口から$x(\mathrm{m})$離れた地点を点Pとし、反応流体が流入してから点Pに達するまでに要する時間tを考えると、反応流体の流速は$\frac{F}{A}\,(\mathrm{m\,s^{-1}})$なので

図7・8 プラグ流反応器の系

$$t = x \div \frac{F}{A} = \frac{A}{F}x \text{ (s)} \qquad \text{式 (7.7)}$$

よって、物質収支式式 (7.6) を t について解いた後、t に式 (7.7) を代入することにより、反応器内の任意の地点での物質濃度を知ることができます。

回分式反応器のときと同じように、ある物質を分解処理する処理装置を想定し、反応速度 r が濃度 C の関数として与えられる場合について考えてみましょう。流入する流体中の反応物質濃度を C_0 とすると、$x = 0$ のとき、$C = C_0$ という条件が得られます。これは式 (7.7) の関係を使えば $t = 0$ のとき、$C = C_0$ という条件に置き換えることができます。この条件の下で物質収支式 (7.6) を解きます。この解き方は例題②を参照してください。ここでは結果のみをまとめて示します。

[$r = -k_0$（0次反応）の場合] 式 (7.6) の解は $C = C_0 - k_0 t$

　　式 (7.7) より $C = C_0 - k\frac{A}{F}x$

[$r = -k_1 C$（一次反応）の場合] 式 (7.6) の解は $C = C_0 e^{-k_1 t}$

　　式 (7.7) より $C = C_0 e^{-k\frac{A}{F}x}$

[$r = -kC^2$（二次反応）の場合] 式 (7.6) の解は $C = \dfrac{C_0}{1 + k_2 C_0 t}$

　　式 (7.7) より $C = \dfrac{C_0 F}{F + k_2 C_0 A x}$

最後に、プラグ流反応器の速度解析手順を以下に示します。最終的に t を $\dfrac{Ax}{F}$ に置き換えること以外は回分式反応器の場合と同じです。

プラグ流反応器の速度解析手順
(手順1) 反応速度式を仮定する。
(手順2) 物質収支式を積分し、反応速度定数 k と濃度 C との関係式を得る。
(手順3) 適当な式変形を行って、$f(C) = k\dfrac{Ax}{F}$ という関係式を作る。
(手順4) 横軸に $\dfrac{Ax}{F}$、縦軸に $f(C)$ をとってデータをプロットする。
(手順5) 仮定した速度式が正しければ、原点を通過する直線が得られ、その傾きより k を求める。原点を通過しなければ、(手順1) に戻る。

例えば、一次反応（$r = -kC$）の場合、解を変形すると $-\ln\left(\dfrac{C}{C_0}\right) = k\dfrac{Ax}{F}$ が得られるので、縦軸に $-\ln\left(\dfrac{C}{C_0}\right)$、横軸に $\dfrac{Ax}{F}$ をとってグラフを書けば、その傾きが反応速度定数 k となります。なお、プラグ流反応器では一般に入口濃度と出口濃度しか実測値が得られませんので、その場合は、流量 F を変えた複数の実験を行って、上記速度解析を実施する必要があります。

例題④ プラグ流反応器

ある色素は紫外線で光分解し、脱色されます。この色素を含む工場排水を紫外線ランプを照射した水路を用いて脱色したいと思います。水路の容積が $V = 20$ m^3、排水流量が $F = 50$ L min^{-1} のとき、色素濃度を初期濃度の $\frac{1}{100}$ にするには、紫外線ランプ強度 I をいくらにすればよいでしょうか？ただし、予備実験の結果、脱色速度は色素濃度 C と紫外線ランプ強度 I に比例し、脱色速度定数 $k = 0.015$ m^2 W^{-1} min^{-1} でした。また、水路の流れは押し出し流れと近似できるものとします。

解答▼

問題より脱色速度 $r = -kIC$ と表されます。$k' = kI$ とおくと、脱色速度は $r = -k'C$ となり、これは濃度に関する一次反応と同じ形をしています。

物質収支式は $\dfrac{dC}{dt} = -k'C$

式(7.7)の関係に注意しながら物質収支式を解くと $\dfrac{C}{C_0} = e^{-k' \cdot V/F}$

問題の条件 $\dfrac{C}{C_0} = \dfrac{1}{100}$、$V = 20$ m^3、$F = 50$ L min^{-1} = 0.050 m^3 min^{-1} を代入して k' を求めると $k' = kI = 0.0115$

よって $I = \dfrac{k'}{k} = \dfrac{0.0115}{0.015} = 0.77$ W m^{-2} となります。 ▲

(2) 完全混合流反応器（連続槽型反応器）

完全混合流反応器は、回分式反応器において反応物質を連続的に供給し、生成物質を連続的に取り出す構造を追加した反応器と考えることができます。

今、反応流体の流量を F (m^3 s^{-1})、流入流体中の物質濃度を C_{in} (mol m^{-3})、反応器内の物質濃度を C (mol m^{-3})、反応器容積を V (m^3)、反応速度を r (mol m^{-3} s^{-1}) とおくと、反応器内の物質濃度と流出流体の物質濃度は等しく、物質収支式は

$$V\frac{dC}{dt} = C_{in}F - CF + rV \quad \text{式 (7.8)}$$

となります。両辺を V で割ると

$$\frac{dC}{dt} = \frac{C_{in} - C}{\frac{V}{F}} + r = \frac{C_{in} - C}{\tau} + r \quad \text{式 (7.9)}$$

と変形できます。ここで $\tau = \dfrac{V}{F}$ は時間の単位を持ち、**滞留時間**（**空間時間**、水の場合は**水理学的滞留時間**ともいう）と呼ばれます。τ は反応器に流入した流体が平均的に反応器の中に滞留している時間を表しています。

式(7.9)において、時間的に反応器内の物質濃度が変化しない状態（定常状態）が成り立っている場合、$\dfrac{dC}{dt} = 0$ より、次の式が得られます。

$$0 = \frac{C_{in} - C}{\tau} + r \quad \text{すなわち、} \quad C = C_{in} + r\tau \quad \text{式 (7.10)}$$

完全混合流反応器を用いた反応速度解析の手順は以下の通りです。

> 完全混合流反応器を用いた反応速度解析
> （手順1）反応速度式を仮定する。
> （手順2）反応速度式を定常状態の解に代入し、反応成分濃度 C との関係式を得る。
> （手順3）得られた関係式を数学的に解き、k を求める。
> （手順4）濃度を変えた複数の実験に（手順2、3）を適用し、それぞれ k を求める。
> （手順5）それぞれ求めた k が等しければ、仮定した反応速度式は正しい。等しくなければ、再度（手順1）からやり直す。

反応速度解析における完全混合流反応器の利点は、定常状態を利用することにより微分方程式を解くことなく代数計算で反応速度式が求められる点にあります。ただし、仮定した反応速度式が正しいか否かを確認するためには、濃度を変えた複数の実験を実施することが必要です。

例題⑤ 完全混合流反応器

1本の流入河川と1本の流出河川を持つ容量 25,000 m³ の池があります。晴天時の植物プランクトン量調査および流入量・流出量調査を行なったところ、植物プランクトン量（クロロフィルa量）は池水：10.0 μg L^{-1}、流入水：1.0 μg L^{-1}、流出水：10.0 μg L^{-1} であり、流入量・流出量はともに 2,000 m³ d^{-1} でした。この池は完全混合状態にあり、植物プランクトン量が定常状態にあると仮定したとき、植物プランクトンの比増殖速度定数 k（d^{-1}）はいくらと推定されるでしょう。ただし、増殖速度 r は植物プランクトン濃度 C に比例する（$r = kC$）ものとします。

解答▼

滞留時間 $\tau = \dfrac{25,000}{2,000} = 12.5$ d、定常状態なので $\dfrac{dC}{dt} = 0$

式(7.9)より $\dfrac{dC}{dt} = \dfrac{C_{in} - C}{\tau} + kC = \dfrac{1.0 - 10.0}{12.5} + k \times 10.0 = 0$

これを解いて、$k = 0.072$ d^{-1} と求められます。　▲

完全混合流反応器解析にあたって、定常状態の確認は大変重要です。ここで、定常状態に達するまでにどの程度の時間がかかるか考えてみましょう。

例題⑥ 定常状態に達する時間

ある容器に水が満たされています。この容器に着色水（色素濃度 $C_{in} = 100$ mg L^{-1}）が連続的に流入し、容器内の水が流入流量と同流量で連続的に流出しています。滞留時間 $\tau = 5.0$ min で容器内で色素が反応しないとき、流出水の色素濃度の経時変化はどうなるでしょう。ただし、容器は撹拌器で撹拌されており、完全混合状態にあると仮定します。

解答▼

$r = 0$ なので、式(7.9)より物質収支式は $\dfrac{dC}{dt} = \dfrac{C_{in} - C}{\tau}$

変形して $\dfrac{1}{C_{in} - C} \dfrac{dC}{dt} = \dfrac{1}{\tau}$

両辺 t について積分して $-\ln(C_{in} - C) = \dfrac{t}{\tau} + \alpha$

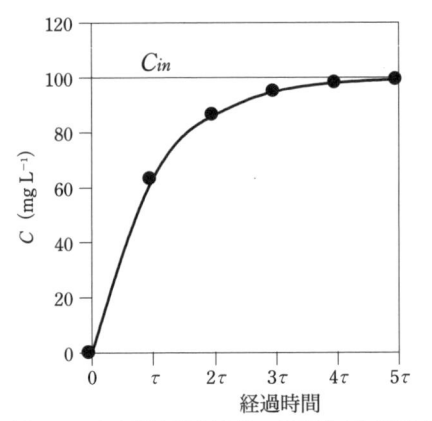

図7・9 完全混合流反応器の色素濃度経時変化

よって $C = C_{in} - e^{-\alpha} e^{-t/\tau}$

流入開始時間を0分とすると $t = 0$ で $C = 0$ なので、$e^{-\alpha} = C_{in} = 100$ となります。

よって $C = C_{in}(1 - e^{-t/\tau}) = 100 \times (1 - e^{-t/\tau})$ (mg L^{-1})

図7・9より、流入初期に濃度変化が大きく、時間が経つにつれて濃度変化が小さくなることがわかります。厳密な定常状態は $t = \infty$ のときで $C = C_{in} = 100$ mg L^{-1} ですが、図より $t = 3\tau$ 以上であれば、概ね定常状態に達したと見て構わないといえるでしょう。 ▲

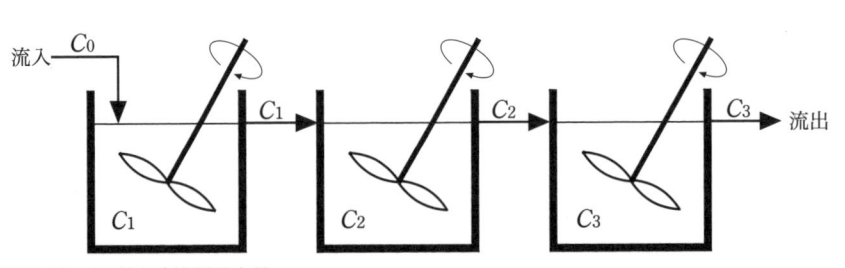

(3) 直列連続槽型反応器

直列連続槽型反応器は、連続槽型反応器が直列につながったものです(図7・10)。

今、第1槽に流入する反応流体の体積流量を F (m^3 s^{-1})、流入流体中の反応物質の濃度を C_0 (mol m^{-3}) とし、i 番目の反応槽中の反応物質の濃度を C_n (mol m^{-3})、各槽の反応器体積を V (m^3) とおき、i 番目の反応槽について、物質収支式を立てると
［系の蓄積量の時間変化］＝［系への流入速度］－［系からの流出速度］＋［系内での生成速度］より

$$V \frac{dC_i}{dt} = C_{i-1} F - C_i F + r_i V \qquad 式(7.11)$$

となります。流入濃度が C_{i-1} となっているのは、$i-1$ 番目の反応槽から流出した流体が i 番目の槽に流入するからです。両辺を体積 V で割ると

$$\frac{dC_i}{dt} = C_{i-1} \frac{F}{V} - C_i \frac{F}{V} + r_i = \frac{C_{i-1} - C_i}{\tau} + r_i \qquad 式(7.12)$$

図7・10 直列連続槽型反応器

となります。定常状態の場合、$\frac{dC_i}{dt}=0$ より

$$\frac{C_{i-1}-C_i}{\tau}+r_i=0 \quad \therefore \frac{C_i}{C_{i-1}}=1+\frac{r_i}{C_{i-1}}\tau \qquad 式 (7.13)$$

よって、定常状態において N 個の反応槽が直列になっているとき、N 番目の反応槽の流出流体中濃度は次のように求めることができます。

$$\frac{C_N}{C_0}=\frac{C_1}{C_0}\frac{C_2}{C_1}\cdots\frac{C_N}{C_{N-1}}=\prod_{i=1}^{N}\frac{C_i}{C_{i-1}}=\prod_{i=1}^{N}\left(1+\frac{r_i}{C_{i-1}}\tau\right) \qquad 式 (7.14)$$

では、反応が一次反応 ($r_i=-kC_i$) で表される場合を想定し、N 番目の反応槽の流出流体中濃度がどのようになるか見てみましょう。

まず、式 (7.13) は $\frac{C_i}{C_{i-1}}=1-\frac{kC_i}{C_{i-1}}\tau$ となるので、$\frac{C_i}{C_{i-1}}=\frac{1}{1+k\tau}$

よって $\frac{C_N}{C_0}=\prod_{i=1}^{N}\frac{C_i}{C_{i-1}}=\prod_{i=1}^{N}\frac{1}{1+k\tau}=\frac{1}{(1+k\tau)^N}=\frac{1}{\left(1+k\frac{\tau_T}{N}\right)^N} \qquad 式 (7.15)$

ただし、直列連続槽型反応器全体の滞留時間 $\tau_T=N\tau$ です。

> **例題⑦ 反応槽の分割効果**
>
> 体積 $V=100$ L の 1 つの槽からなる連続槽型反応器と体積 $V=50$ L の 2 つの槽からなる直列連続槽型反応器で汚染物質の処理を行います。廃水流量を 10 L min^{-1}、廃水中汚染物質濃度を 1.0 mol L^{-1} としたとき、処理水中汚染物質濃度を求めましょう。ただし、汚染物質濃度を C (mol L^{-1}) としたとき、分解反応の反応速度が $r=-kC=-0.10C$ (mol L^{-1} min^{-1}) で表されるものとします。
>
> **解答▼**
>
> 反応器の流出流体中の反応物質濃度は 式(7.15) を用いて
>
> 連続槽型反応器 ($C_0=1.0$ mol L^{-1}、$\tau_T=\frac{100}{10}=10$ min、$k=0.10$ min^{-1}、$N=1$)
>
> $$\frac{C_1}{1.0}=\frac{1}{\left(1+0.10\times\frac{10}{1}\right)} \quad \text{より } C_1=0.50 \text{ mol L}^{-1}$$
>
> 直列連続槽型反応器 ($C_0=1.0$ mol L^{-1}、$\tau_T=50\times\frac{2}{10}=10$ min、$k=0.10$ min^{-1}、$N=2$)
>
> $$\frac{C_2}{1.0}=\frac{1}{\left(1+0.10\times\frac{10}{2}\right)^2} \quad \text{より } C_2=0.44 \text{ mol L}^{-1}$$
>
> この結果を見ると、全体の滞留時間は同じであるのに、1 槽の連続槽型反応器より 2 槽の直列連続槽型反応器の方が汚染物質の処理が進むことが判ります。一般に全体の容積が同じ場合、多段化することによって反応の効率を上げることができます。　　▲

7·3 物質の移動
移流と拡散

▶ 7 章　環境システム解析の基礎

物質収支式の右辺のうち、系への出入りを表す「系への流入速度」「系からの流出速度」は**「移流」**と**「拡散」**という現象に関係しており、**「移流・拡散項」**と呼ばれます。ここでは、移流・拡散について学んでいきましょう。

1 流れに伴う物質移動 − 移流 −

川に木の葉を浮かべると川の流れに乗って木の葉は流されていきます。このように物質が流体の流れによって運ばれる現象を移流といいます。ある物質の濃度が C (mol L^{-1}) である流体が流量 F (L s^{-1}) で流れているとき、**移流**によって運ばれる物質量（移流速度）は CF (mol s^{-1}) となります。よって、移流が物質輸送の主な要因である場合、物質収支式は式 (7.2) より

$$\frac{d(CV)}{dt} = C_{in}F_{in} - CF_{out} + G \qquad 式（7.16）$$

となります。これは連続槽型反応器の物質収支式 式 (7.8) と同じです。

2 濃度差による物質移動 − 拡散 −

水の入ったコップに色水を 1 滴垂らすと初めのうちはコップの中に色の濃い部分と色の薄い部分が見られますが、徐々にコップ全体に色が拡がっていきます。これは着色成分濃度の高い部分（色の濃い部分）から着色成分濃度の低い部分（色の薄い部分）へ着色成分が移動したためです。このように物質が濃度勾配によって濃度の高い方から低い方へ移動する現象を**拡散**といいます。拡散によって物質がある面を通過していくとき、拡散する速さ（拡散速度）は一般に単位面積、単位時間当たりの拡散による物質通過速度で表されます。これを**拡散流束（拡散フラックス）**といいます。

拡散について、フィック (Fick) は水槽の底部に設けられた細長い管の底に食塩の結晶をおき、食塩の溶出に伴う細管内の水の比重変化を計測する実験（図 7·11）を行い、「拡散流束は物質の濃度勾配に比例する」ことを見いだしました。これを**フィック**

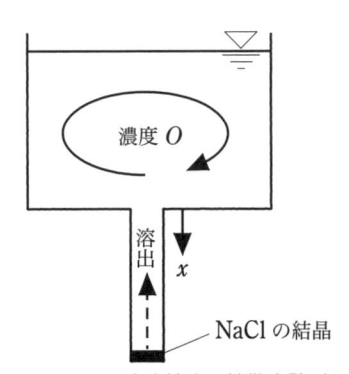

図 7·11　フィックの食塩溶出・拡散実験（出典：文 2）

の**第1法則**といいます。式で書くと以下の通りです[*4]。

$$J = -D \frac{dC}{dx} \qquad 式(7.17)$$

ここで、J：拡散流束（mol m^{-2} s^{-1}）、D：拡散係数（m s^{-1}）、C：濃度（mol m^{-3}）、x：拡散距離（m）です。この式において、$\frac{dC}{dx}$ は濃度勾配を表しており、D が濃度勾配を拡散流束に変換するための定数（**拡散係数**）で、拡散のしやすさを表しています。拡散係数を決定づける因子は大きく2つが考えられます。

(1)「**分子拡散**」分子の熱運動による拡散です（図7・12）。分子拡散係数は温度と溶媒[*5]が決まれば、一定値を採ります。

(2)「**渦拡散**」流れの乱れ（渦）による物質輸送です（図7・13）。渦拡散係数の値は乱れの強度に依存します。

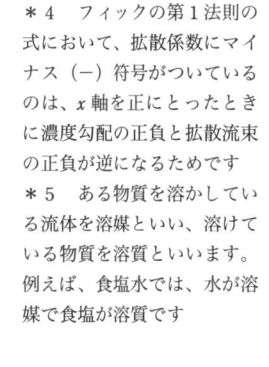

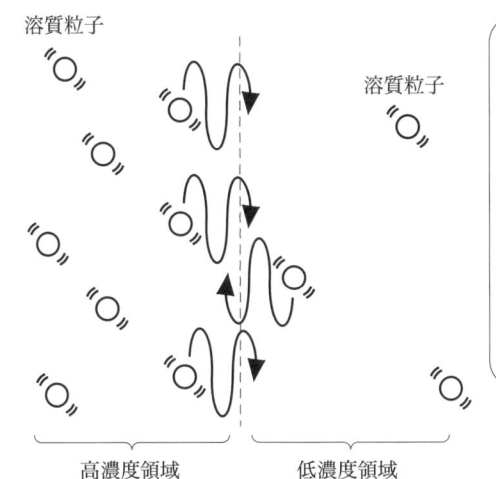

[*4] フィックの第1法則の式において、拡散係数にマイナス（−）符号がついているのは、x軸を正にとったときに濃度勾配の正負と拡散流束の正負が逆になるためです

[*5] ある物質を溶かしている流体を溶媒といい、溶けている物質を溶質といいます。例えば、食塩水では、水が溶媒で食塩が溶質です

図7・12 分子拡散の様子

溶質粒子は熱運動によりランダムに振動しながら移動する。各溶質粒子は同じ確率で高濃度領域と低濃度領域の間を行き来するが、高濃度領域の方が粒子の数が多いため、高濃度領域から低濃度領域へ移動する粒子の方が多くなる。

図7・13 渦拡散の様子

乱流では流れの乱れによって粒子が流れに垂直な方向にランダムに移動する。移動する確率は全ての粒子に対して等しいので、流れに垂直な方向に濃度差があると高濃度領域から低濃度領域へ移動する粒子の数が相対的に多くなる。

*6 式（7.18）では $\frac{\partial}{\partial t}$ や $\frac{\partial}{\partial x}$ という偏微分記号が用いられています。偏微分はその変数の値が複数の因子に依存する（複数の因子の関数である）場合に着目している因子以外を変化しないものと見なして微分するという意味です。式（7.18）に偏微分が用いられているのは、C が時間 t と位置 x の関数であるためです

*7 微分方程式が未知関数の1つの変数に関する微分の一次結合で表されるとき、その微分方程式を線形微分方程式といい、そうでない場合、非線形微分方程式といいます。式（7.18）は未知関数 C が時間 t と位置 x という2つの変数の微分で表されているため、非線形微分方程式となります

*8 時間が経っても変化しない状態

3 拡散現象の物質収支

現実世界での拡散は三次元空間で起こりますが、簡単のため、1つの座標方向にのみ濃度勾配が存在する一次元拡散について物質収支を考えてみましょう。例えば、図7·11のフィックの食塩溶出・拡散実験のように細い管の中を物質が拡散で移動する場合がこれに当てはまります。

静止流体中に厚さ Δx の微小な系（図7·14の太線で囲まれた円柱形の部分）を想定し、微小時間 Δt におけるこの系の物質収支を考えます。この系において着目する物質の濃度を C、拡散流束を J とし、物質の生成・分解が無視できる場合、

［系の蓄積量の時間変化］＝［系への流入速度］－［系からの流出速度］
　　　　　　　　　　　　　　　　　　　　　　　　　＋［系内での生成速度］

より、物質収支式は以下の通りとなります。

$$(C|_{t+\Delta t} - C|_t) A \Delta x = J|_x A \Delta t - J|_{x+\Delta x} A \Delta t$$

ここで、縦線の後ろに小さな添字をつけているのは、添字で表される時点もしくは地点における値を示しています。両辺を $A \Delta x \Delta t$ で割ると

$$\frac{C|_{t+\Delta t} - C|_t}{\Delta t} = -\frac{J|_{x+\Delta x} - J|_x}{\Delta x}$$

$\Delta t \to 0$、$\Delta x \to 0$ とすれば、

$$\lim_{\Delta t \to 0} \frac{C|_{t+\Delta t} - C|_t}{\Delta t} = -\lim_{\Delta x \to 0} \frac{J|_{x+\Delta x} - J|_x}{\Delta x} \quad \therefore \quad \frac{\partial C}{\partial t} = -\frac{\partial J}{\partial x}$$

ここでフィックの第1法則より式（7.17）を代入すると

$$\frac{\partial C}{\partial t} = D \frac{\partial^2 C}{\partial x^2} \qquad\qquad 式（7.18）*^6$$

この式を**フィックの第2法則**といいます。この式は物質濃度変化が物質濃度勾配変化率に比例することを示しています。フィックの第2法則は非線形微分方程式*7であり、一般には解析的に解くことはできません。ここでは、解析的に解ける例として、拡散が定常状態*8にある場合（一次元定常拡散）について考えてみましょう。

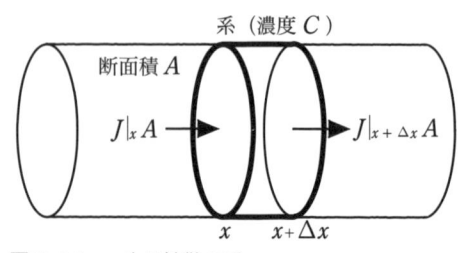

図7·14　一次元拡散の系

例題⑧　一次元定常拡散

図7·11（p.152）のフィックの食塩溶出・拡散実験において、定常状態に達したときの細管内の NaCl 濃度分布を求めましょう（NaCl 濃度 C を x の関数で表します）。ただし、細管の長さを L、NaCl の拡散係数を D、NaCl の飽和濃度を C_S とします。

解答 ▼

フィックの第2法則より

$$0 = D\frac{\partial^2 C}{\partial x^2}$$ （変数は x のみなので、普通の微分記号で表してもかまいません）

境界条件[*9]は $\begin{cases} x=0 & C=0 \\ x=L & C=C_s \end{cases}$

これを解くと

$$\int 0\,dx = D\int \frac{d^2C}{dx^2}dx \rightarrow \alpha = D\frac{dC}{dx}$$

$$\int \alpha\,dx = D\int \frac{dC}{dx}dx \rightarrow \alpha x + \beta = DC$$

境界条件より $\beta = 0$ $\alpha = \dfrac{DC_s}{L} \rightarrow \dfrac{DC_s}{L}x = DC$

整理して $C = \dfrac{C_s}{L}x$ となります。

すなわち、濃度勾配は $\dfrac{dC}{dx} = \dfrac{C_s}{L}$ と一定であり、フィックの第1法則より、拡散流束も $J = -D\dfrac{dC}{dx} = D\dfrac{C_s}{L}$ と場所によらず同じになることがわかります。フィックは食塩の溶出・拡散実験において、細管内の比重分布が直線になったことから（図7・15）、第1法則、第2法則を導いています。

[*9] 取り扱っている系の端（境界部分）で満たされなければならない条件。この例では細管の両端での濃度が境界条件となります

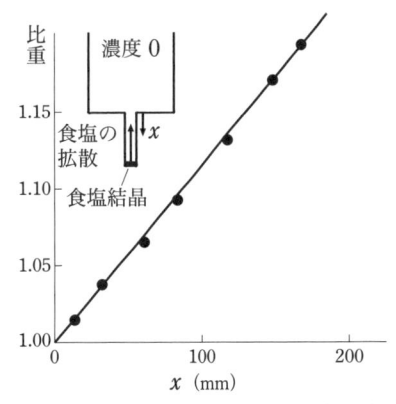

図7・15 フィックの食塩溶出・拡散実験結果（出典：文2）

▲

4 移流・拡散現象の物質収支

これまでに、「系への流入・流出速度」が移流と拡散という現象に関係していることを述べ、それぞれの現象について学んできました。ここでは、移流・拡散がともに物質輸送に寄与している場合の物質収支について見ていきます。簡単のため、拡散の物質収支式の場合と同じように1つの座標方向にのみ移流や拡散が起こる一次元移流・拡散について考えてみましょう。これは物質が前後に拡散しながら管の中をゆっ

＊10 圧力をかけても体積が変化しない流体。水等は圧力変化に対する体積変化が小さいので非圧縮性流体として取り扱われる場合が一般的です。反対に空気等は圧力変化に対する体積変化が大きいので圧縮性流体として扱います

くりと流れている場合に相当します（図7・16）。

管の中の一部に厚さΔxの微小な系（図7・16の太線で囲まれた円柱形の部分）を想定し、微小時間Δtにおけるこの系の物質収支を考えます。管の断面積をA、水溶液の流速をu、溶質の濃度をC、拡散流束をJとおくと、流量は$F = uA$、系の体積は$V = A\Delta x$となるので、

［系の蓄積量の時間変化］＝［系への流入速度］－［系からの流出速度］＋［系内での生成速度］より

$$(C|_{t+\Delta t} - C|_t)A\Delta x = Cu|_x A\Delta t - Cu|_{x+\Delta x}A\Delta t + J|_x A\Delta t - J|_{x+\Delta x}A\Delta t + G\Delta t$$

両辺、$A\Delta x \Delta t$で割ると

$$\frac{C|_{t+\Delta t} - C|_t}{\Delta t} = -\frac{Cu|_{x+\Delta x} - Cu|_x}{\Delta x} - \frac{J|_{x+\Delta x} - J|_x}{\Delta x} + r$$

ここで、$r = \dfrac{G}{A}\Delta x$であり、単位体積当たりの系内での生成速度を表しています。

$\Delta t \to 0$、$\Delta x \to 0$とすると、

$$\lim_{\Delta t \to 0}\frac{C|_{t+\Delta t} - C|_t}{\Delta t} = -\lim_{\Delta x \to 0}\frac{Cu|_{x+\Delta x} - Cu|_x}{\Delta x} - \lim_{\Delta x \to 0}\frac{J|_{x+\Delta x} - J|_x}{\Delta x} + r$$

$$\frac{\partial C}{\partial t} = -\frac{\partial (Cu)}{\partial x} - \frac{\partial J}{\partial x} + r$$

フィックの第1法則より

$$\frac{\partial C}{\partial t} = -\frac{\partial (Cu)}{\partial x} - \frac{\partial}{\partial x}\left(-D\frac{\partial C}{\partial x}\right) + r$$

よって $\dfrac{\partial C}{\partial t} + \dfrac{\partial (Cu)}{\partial x} = D\dfrac{\partial^2 C}{\partial x^2} + r$ 式（7.19）

これは**移流・拡散方程式**と呼ばれ、左辺第2項が移流による物質の出入りを、右辺第1項が拡散による物質の出入りを表しています。この方程式を解くことにより、流れの中の任意の地点、任意の時間における物質濃度を知ることができます。

なお、この式はさらに $\dfrac{\partial C}{\partial t} + u\dfrac{\partial C}{\partial x} + C\dfrac{\partial u}{\partial x} = D\dfrac{\partial^2 C}{\partial x^2} + r$ と変形できます。

非圧縮性流体[*10]の場合は、管の断面積の変化がなければ管の中のどの部分をとっても速度uは同じになる$\left(\dfrac{\partial u}{\partial x} = 0\right)$ので、式（7.19）は

$$\frac{\partial C}{\partial t} + u\frac{\partial C}{\partial x} = D\frac{\partial^2 C}{\partial x^2} + r \qquad 式（7.20）$$

と簡略化されます。

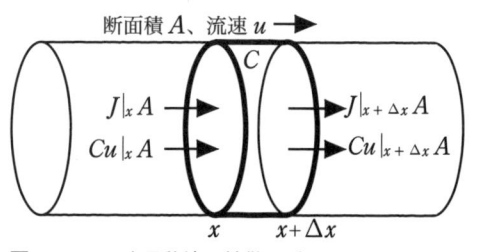

図7・16 一次元移流・拡散の系

▶ 7章　環境システム解析の基礎

7・4 物質の生成・消失
生成項

物質収支式の右辺のうち、「系内での生成速度」は系内での物質の増減を表したもので**生成項**と呼ばれます。物質の場合、化学反応がその主な要因となりますが、環境分野では、物質収支の概念は単なる「物質」に留まらず「生物量」や「生物個体数」等にも応用しますので、生物反応や生態系における個体群挙動等も生成項として取り扱います。ここでは、化学反応を中心に、個々の生成項について説明していきます。

1　化学反応の分類

化学反応は**無機反応**[*11]、**有機反応**[*12]、および**生化学反応**[*13]等に大別されますが、物質収支解析を行う場合は、反応速度を解析し、系を理解することを目的とするため、実際に起こっている反応を理解することが重要です。

一般に1つの化学反応式で反応が表されている場合でも実際には、複数の単純な反応の組み合わせで反応が進行しています。化学反応式を単純な反応に分割していったときに、それ以上分割することができない反応を**素反応**といいます。多くの場合、素反応は電子1つのやり取りもしくは水素原子1つのやり取りで表されます。素反応では、安定に存在できない中間生成物が生成する場合があります。この中間生成物は反応性に富むので**活性中間体**と呼ばれます。一方、複数の素反応が複合して進行している反応を**非素反応**（総括反応）といいます。私たちが観察する実際の反応の大部分は非素反応です。例として、高度浄水処理等で用いられているオゾンが水中で分解して酸素になる反応[*14]を見てみましょう。化学反応式は以下の通り1つの式で表されていますが、実際には、5つの素反応が複合して進行しています。

化学反応式　$2O_3 \rightarrow 3O_2$

素反応　$O_3 + OH^- \rightarrow HO_2 + O_2^-$

$O_3 + HO_2 \rightarrow 2O_2 + OH$

$HO_2 + OH \rightarrow O_2 + H_2O$

$O_2^- + H^+ \rightleftarrows HO_2$

$H_2O \rightleftarrows H^+ + OH^-$

なお、素反応に出てくる HO_2 や O_2^-、OH は活性中間体でそれぞれヒドロペルオキシラジカル、スーパーオキシドラジカル、ヒドロキシルラジカル（水酸基ラジカル）と呼ばれています[*15]。

2　反応速度式

次に反応速度について学びましょう。**反応速度**とは、化学反応が進行する速さのことで、単位時間当たりの反応成分の濃度変化として表されます。例として、$2NH_4^+ + 3HOCl \rightarrow N_2 + 5H^+ + 3Cl^- + 3H_2O$ という反応について考えてみます。この反応は不連続点塩素処理(1・4・①「水道のしくみ」p.18 参照)による窒素除去(1・5・③「栄

*11 無機物質のみが関与する反応
*12 有機物質が関与する反応
*13 生物の中で起こる反応
*14 オゾンは酸素原子が3つ結合した不安定な化合物で、水中の水酸化物イオン等と反応して徐々に分解していきます。これをオゾンの自己分解と呼んでいます
*15 ラジカルは遊離基とも呼ばれる不対電子を持つ化学種であり、多くは非常に反応性が高く、短寿命です

養塩類除去技術」p.35）の総括反応です。この反応によりアンモニウムイオン濃度が毎分 1.0 mol L^{-1} ずつ減少しているとき、アンモニウムイオン（NH_4^+）、次亜塩素酸（HOCl）、塩化物イオン（Cl^-）の反応速度をそれぞれ r_{NH4}、r_{HOCl}、r_{Cl} と表すと、

$$r_{NH4} = \frac{dC_{NH4}}{dt} = -1.0 \text{ mol L}^{-1} \text{ min}^{-1}$$

$$r_{HOCl} = \frac{dC_{HOCl}}{dt} = -1.5 \text{ mol L}^{-1} \text{ min}^{-1}$$

$$r_{Cl} = \frac{dC_{Cl}}{dt} = 1.5 \text{ mol L}^{-1} \text{ min}^{-1}$$

となります。r_{NH4}、r_{HOCl} の値が負になっているのは濃度が減少するからです。また r_{HOCl}、r_{Cl} の絶対値が r_{NH4} の絶対値の1.5倍になっているのはこれらの成分の化学反応式の係数が NH_4^+ の係数の1.5倍になっているからです。このように1つの反応であっても各成分の反応速度は一般に異なります。しかし、ある化学反応の反応速度を議論するときに、注目する成分によって反応速度が異なるのでは議論が複雑になります。そこで**化学反応式の反応速度 r** を各成分の反応速度の絶対値をその成分の係数で割ったものとして定義します。

$$r = \frac{1}{2}\left|\frac{dC_{NH4}}{dt}\right| = \frac{1}{3}\left|\frac{dC_{HOCl}}{dt}\right| = \frac{1}{3}\left|\frac{dC_{Cl}}{dt}\right| = 0.5 \text{ mol L}^{-1} \text{ min}^{-1}$$

反応速度は一般に反応成分の濃度 C、温度 T、触媒濃度等の影響を受けます。これらの関係を式に表したものを**反応速度式**といいます。通常、反応装置では、温度や触媒濃度等を制御した条件で反応を行わせますので、反応成分濃度の関数として表されることが一般的です。以下のような素反応が反応器全体で均一に起こっている場合、

$$aA + bB \rightarrow cC$$

反応速度 r は、単位体積当たりの速度として次のように表されます。

$$r = k[A]^a [B]^b \quad \text{式 (7.21)}$$

ここで、$[A]$、$[B]$：反応成分濃度、r：反応速度で、単位は物質量に mol、体積に L、時間に s を用いると、それぞれ mol L^{-1}、mol L^{-1} s^{-1} となります。k は**反応速度定数**と呼ばれる比例定数で単位は mol^{1-a-b} L^{a+b-1} s^{-1} です。また、指数の和 $(a+b)$ を**反応次数**といい、上記反応は $(a+b)$ 次反応であるといいます。注意したいのは、反応速度定数 k は反応次数によってその単位が変わるということです。例えば、反応速度の単位が mol L^{-1} s^{-1} のとき、一次反応（$r = k[A]$）の反応速度定数の単位は s^{-1} ですが、二次反応（$r = k[A]^2$）の反応速度定数の単位は L mol^{-1} s^{-1} です。ですから、反応速度定数は反応次数が同じ反応同士でなければ比較しても無意味なのです。

さて、以上に述べた反応速度式はあくまでも素反応の場合にのみ成り立ちます。では非素反応の場合はどうなるのでしょうか。反応が非素反応の場合、複数の素反応の反応速度が組み合わさって反応速度が決まるため、厳密には複雑な関数になります。例として、水素の燃焼について見てみましょう。

例題⑨　非素反応の例（水素の燃焼）

水素の燃焼反応における各成分の反応速度を素反応の反応速度 $r_1 \sim r_4$ を使って表しましょう。

化学反応式　$2H_2 + O_2 \rightarrow 2H_2O$

素反応　　　$H_2 + OH \xrightarrow{k_1} H_2O + H$　　　　r_1

　　　　　　$H + O_2 \xrightarrow{k_2} OH + O$　　　　　r_2

　　　　　　$H_2 + O \xrightarrow{k_3} OH + H$　　　　　r_3

　　　　　　$H + OH \xrightarrow{k_4} H_2O$　　　　　　r_4

解答▼

反応式より素反応の反応速度は

$r_1 = k_1 [H_2][OH]$、$r_2 = k_2 [H][O_2]$、$r_3 = k_3 [H_2][O]$、$r_4 = k_4 [H][OH]$

で、各反応成分の反応速度は次のとおりです。

$r_{H_2} = -r_1 - r_3$

$r_{O_2} = -r_2$

$r_{H_2O} = r_1 + r_4$

$r_{OH} = -r_1 + r_2 + r_3 - r_4$

$r_H = r_1 - r_2 + r_3 - r_4$

$r_O = r_2 - r_3$　　　　　　　　　　　　　　　　　　　　　　　　　　▲

例題⑨の各成分の反応速度式には活性中間体（OH、H、O）の濃度が含まれています。活性中間体は不安定なので分析して正確な濃度を求めることはできません。ですから、このままでは残念ながら解析に用いることができません。では、どうすればよいのでしょうか。

◆**非素反応の反応速度の解析方法**

非素反応の反応速度の解析方法として代表的なものに、**定常状態近似法**と**律速段階近似法**があります。

定常状態近似法は活性中間体の変化速度を0に近似 $\left(\dfrac{dC}{dt} \cong 0\right)$ して反応速度解析を行う方法です。無茶な近似だと思われるかもしれませんが、活性中間体は非常に反応性に富んでいるので、安定な化学種に比較して存在濃度が格段に小さく、変化量の絶対値も格段に小さいため、このような取扱いができるのです。定常状態近似法を使って水素の燃焼反応の反応速度を求めてみましょう。

例題⑩　定常状態近似法

例題⑨の解を利用し、定常状態近似法を用いて水素燃焼反応の反応速度を素反応の反応速度定数 $k_1 \sim k_4$ および水素濃度 $[H_2]$、酸素濃度 $[O_2]$ で表しましょう。

解答▼

定常状態近似により

$r_{OH} = -r_1 + r_2 + r_3 - r_4 = 0$、$r_H = r_1 - r_2 + r_3 - r_4 = 0$、$r_O = r_2 - r_3 = 0$

よって、$r_H + r_O = r_1 - r_4 = k_1 [H_2][OH] - k_4 [H][OH] = 0$

式を変形して　$[H] = \dfrac{k_1}{k_4} [H_2]$

O_2 の反応速度の式に代入して　$r_{O_2} = -r_2 = -k_2 \dfrac{k_1}{k_4} [H_2][O_2]$

*16 いくつかの過程を経て逐次的に進む反応において、ある過程が他の過程に比べて非常に遅い場合、全体の反応速度はその遅い過程の速度によって決まってしまいます。この非常に遅い過程を律速段階といいます

化学反応式の反応速度 $r = -r_{O_2} = \dfrac{k_1 k_2}{k_4}[H_2][O_2]$

すなわち、水素燃焼反応の反応次数は水素に対して一次、酸素に対して一次、全体で二次の反応となることがわかります。▲

次に律速段階近似法について見てみましょう。**律速段階近似法**は、反応の律速段階[*16]以外の過程を平衡状態にあると仮定する近似解析法です。ここでは、例として、水素（H_2）とヨウ素（I_2）が気相で反応してヨウ化水素（HI）ができる反応について考えてみます。

> **例題⑪　律速段階近似法**

律速段階近似法を用いて水素とヨウ素からヨウ化水素ができる反応の反応速度を求めましょう。

化学反応式　$H_2 + I_2 \rightarrow 2HI$

素反応　　$I_2 \xleftrightarrow{K_1} 2I$　　　　　（反応1）

$I + H_2 \xleftrightarrow{K_2} IH_2$　　　　（反応2）

$I + IH_2 \xrightarrow{k_3} 2HI$　　　　（反応3）

ただし、K_1、K_2 は平衡定数、k_3 は反応速度定数で、（反応3）が律速段階であるとします。

> **解答▼**

律速段階近似により（反応1）（反応2）は平衡状態にあると仮定し、

$K_1 = \dfrac{[I]^2}{[I_2]}$　　$K_2 = \dfrac{[IH_2]}{[I][H_2]}$

これらの式より

$[I] = K_1^{1/2}[I_2]^{1/2}$

$[IH_2] = K_2 K_1^{1/2}[I_2]^{1/2}[H_2]$

よって HI の生成速度は $r_{HI} = 2k_3[I][IH_2] = 2k_3 K_2 K_1[I_2][H_2]$

化学反応式の反応速度 $r = \dfrac{1}{2} r_{HI} = k_3 K_2 K_1[I_2][H_2]$　　▲

例題⑪の場合、偶然にも化学反応式を素反応と考えて求めた反応速度式と同じ反応次数が得られましたが、一般には、必ずしも一致するとは限りません。

3 反応速度の温度依存性

7・4・2（p.157）において、反応速度の濃度依存性について説明しました。ここでは反応速度の温度依存性について説明します。

物質を構成する分子は、原子が結合してできており、原子は原子核と電子からできています。電子は原子核の周りを運動しています。物質が持つ状態エネルギーはポテンシャルエネルギーと呼ばれ、分子中の電子の状態で決まります。今、分子 A と分子 B が反応して AB という分子が生成する反応（$A + B \rightarrow AB$）を考えます。通常の反応では結合の組み替えが起こる（すなわち反応する）ためにはポテンシャルエネルギーの高い**遷移状態**が存在します。この遷移状態において結合の組み替えが起こり、生成物ができます（図7・17）。問題は、遷移状態に反応分子が到達するためにはエネルギー

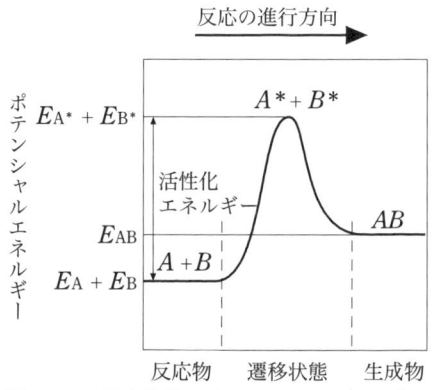

図7·17 反応前後のポテンシャルエネルギーの変化

*17 （1）遷移状態を超えて生成物に変化を始めた化学種はそのまま生成物に変化し、反応物に戻ることはない、（2）遷移状態において反応経路に沿った変化は並進状態として取り扱う、（3）遷移状態と反応物との間の平衡が成り立つ、と仮定して導出された理論

が必要であるということです。このエネルギーを与える1つの方法として、熱エネルギーがあります。私たちが熱を感じるのは、空気中の分子が皮膚にぶつかり、その運動エネルギーが皮膚を構成している分子に受け渡されることによっています。つまり、温度が高いということは分子の運動エネルギーが高いことを表しているのです。

$$\text{分子の平均運動速度 } \bar{c} = \sqrt{\frac{8RT}{\pi M}} \text{ (m s}^{-1}) \qquad 式（7.22）$$

ここで、$\bar{c}$：分子の平均速度（m s^{-1}）、R：気体定数 = 8.314 J mol^{-1} K^{-1}、T：絶対温度（K）、M：分子の質量（kg mol^{-1}）です。この式を見れば分かるように、温度が高いと分子の平均速度は大きくなります。

もし、ある温度において分子の運動エネルギーが反応成分のポテンシャルエネルギーと遷移状態のポテンシャルエネルギーとの差（**活性化エネルギー**といいます）を越える値となった場合、分子が別の分子とぶつかった際に、運動エネルギーの授受が起こり、瞬間的に遷移状態のポテンシャルエネルギーを越えることができます。このときに結合の組み替えが起こります（図7·18）。

式（7.22）はある温度における分子の平均速度を表していますが、実際には同じ温度でも速い分子と遅い分子が混在しています。その存在確率を表した分布を**マックスウェル-ボルツマン分布**（図7·19）といいます。温度が高くなると反応速度が上がるのは、活性化エネルギー以上の運動エネルギーを持つ分子の割合が大きくなるからなのです。

素反応の反応速度定数の温度依存性を表す式に**アレニウス（Arrhenius）の式**があります。

$$k = Ae^{-E/RT} \qquad 式（7.23）$$

ここで、k：反応速度定数（s^{-1}）、A：頻度因子、E：活性化エネルギー（J mol^{-1}）、R：気体定数 = 8.314 J mol^{-1} K^{-1}、T：絶対温度（K）です。アレニウスの式は実験によって経験的に見出された式ですが、遷移状態理論[*17]にしたがって求められた理論式ともほぼ一致することから、慣用されています。なお、マックスウェル-ボルツマン分布を仮定すると $e^{-E/RT}$ は活性化エネルギー以上のエネルギーを持つ分子の割合と考えることができます。

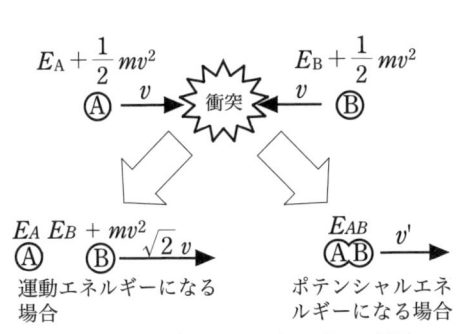

図 7·18　分子の衝突によるエネルギーの授受

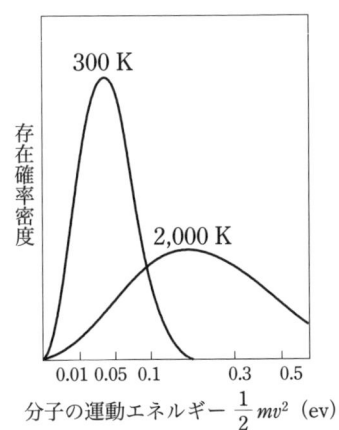

図 7·19　分子の速度分布（マクスウェル–ボルツマン分布）

例題⑫　活性化エネルギー

温度 300 K および 400 K においてある素反応（R → S）の実験を行い、以下の反応速度定数 k を得ました。

$$k = 5.0 \times 10^{-3}\ \mathrm{s^{-1}}\ (300\ \mathrm{K}) \qquad k = 5.0\ \mathrm{s^{-1}}\ (400\ \mathrm{K})$$

1) この素反応の活性化エネルギーを求めましょう。
2) 温度 310 K における反応速度定数を求めましょう。

ただし、気体定数 $R = 8.314\ \mathrm{J\ mol^{-1}\ K^{-1}}$ とします。

解答▼

1) アレニウスの式の両辺の対数を取ると　　$\ln k = \ln A - \dfrac{E}{RT}$

実験値を使って縦軸に $\ln k$、横軸に $\dfrac{1}{T}$ をとってグラフを書くとグラフの切片が $\ln A$、グラフの傾きが $-\dfrac{E}{R}$ となります（図 7·20）。

図 7·20 より、$\ln A = 22.3$　　　　よって $A = 4.8 \times 10^9$

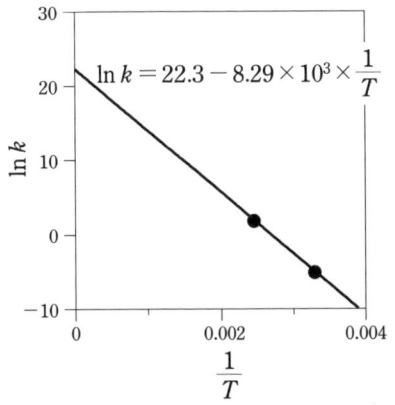

図 7·20　アレニウスプロット

$$\ln k = 22.3 - 8.29 \times 10^3 \times \dfrac{1}{T}$$

$$-\frac{E}{R} = -8.29 \times 10^3 \quad \text{よって } E = 8.29 \times 10^3 \times 8.314 = 6.9 \times 10^4 \text{ J mol}^{-1}$$

2) $T = 310$ K を図 7·20 に示された式に代入して k を求めると $k = 1.2 \times 10^{-2}$ s^{-1} ▲

例題⑫ 1) のように実験により温度 T と反応速度 k の関係を求め、$\frac{1}{T}$ を横軸に $\ln k$ を縦軸にとってデータをプロットすれば、y 切片が $\ln A$、傾きが $-\frac{E}{R}$ となり、A と E を求めることができます。これを**アレニウスプロット**といいます。また、例題⑫ 2) より、温度が 10 K（10℃）上昇すると反応速度定数が 2 倍強に大きくなっていることが判ります。通常の化学反応は概ね活性化エネルギーが 7.0×10^4 J mol^{-1} = 70 kJ mol^{-1} 前後ですので、概算で化学反応は 10 K の上昇毎に 2 倍速くなるということを覚えておくと良いでしょう。

4 生物化学反応

　生物化学反応は生物が関与する化学反応です。バクテリア等の微生物による反応は実際に排水処理や汚泥処理等で実用されています。生物化学反応の特徴は、反応に伴って生物の餌となる物質（**基質**）が減少し、生物が増殖することです。ここでは微生物反応に着目して説明します。

　微生物を密閉した容器で培養すると、初期の増殖が遅い時期を経て、急激に増殖し始めます。しかし、基質の枯渇とともに増殖速度は低下し始め、微生物量が最大に達した後、減少に転じます。その様子（**増殖曲線**）は図 7·21 のように表されます。

　図 7·21 で微生物細胞数を縦軸にとった場合に見られる**遅滞相**は微生物が環境に馴致するための誘導期間で、基質の取り込みや増殖に必要な誘導酵素を合成し、その細胞サイズを大きくしています。そのため、細胞数はあまり増えないものの、微生物細胞重量では生物量は増えています。

　対数増殖相は、基質が十分に存在し、その他の増殖阻害因子もない状態です。そのため、微生物の増殖速度 r_i は微生物量 M に比例します。

$$r_i = \mu M \qquad \text{式 (7.24)}$$

　このとき、μ を**比増殖速度**といいます。密閉系では

$$r_i = \frac{dM}{dt}$$

なので、$t = 0$ のとき、$M = M_0$ という条件のもとで解くと、

$$M = M_0 e^{\mu t} \qquad \text{式 (7.25)}$$

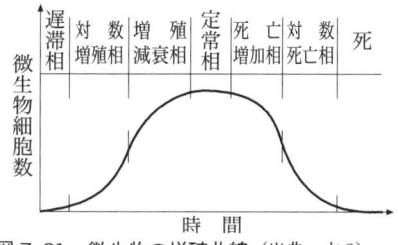

図 7·21 　微生物の増殖曲線（出典：文3）

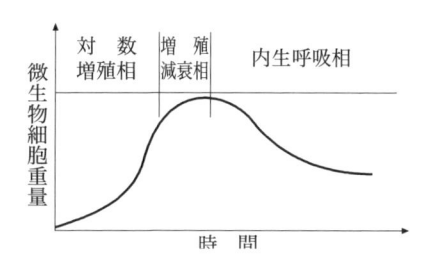

*18 細胞密度が大きくなった結果、増殖に必要な場所（空間）が不足し、基質が十分にあっても増殖が抑制されること

両辺の対数をとれば

$$\ln M = \ln M_0 + \mu t \qquad 式（7.26）$$

このグラフは横軸に時間 t、縦軸に微生物量の対数 $\ln M$ をとると傾きが μ の直線になります。そのため、この増殖相を対数増殖相というのです。

増殖減衰相では、基質の枯渇や混雑効果*18、増殖阻害性物質の蓄積等により、対数増殖相に比較して比増殖速度が低下し始めます。基質の枯渇による比増殖速度の低下を表す式として実験から経験的に導かれた**モノー（Monod）式**（7.27）が一般に用いられます。

$$\mu = \mu_{max} \frac{C_s}{K_s + C_s} \qquad 式（7.27）$$

ここで、μ_{max}：**最大比増殖速度**、C_S：制限となる基質の濃度、K_S：基質 S に関する**半飽和定数**、です。モノー式のグラフは図 7・22 にようになります。式（7.27）から解るように、$C_S \gg K_S$ の場合、分母 $K_S + C_S ≒ C_S$ より、$\mu = \mu_{max}$ となり、$C_S \ll K_S$ のとき、分母 $K_S + C_S ≒ K_S$ より、$\mu = (\mu_{max}/K_S)*C_S$ となり、比増殖速度は濃度 C_S に比例します。また、$C_S = K_S$ のとき、比増殖速度は最大比増殖速度の $\frac{1}{2}$ になります。

内生呼吸相は、細胞外の基質を使い尽くしたバクテリアが細胞内の基質（**内生基質**）を使い始める時期です。細胞内の基質を分解していくため、微生物細胞重量は減少していきます。その減少速度 r_d は微生物量 M に比例します。

$$r_d = -k_d M \quad（減少なので -（マイナス）記号がついています。）$$

これまでバクテリアの増殖を見てきましたが、バクテリアの増殖に伴う基質の増減はどのように考えればいいでしょうか。基質はバクテリアに取り込まれた後、ある一定の割合がバクテリアの細胞の一部となり、残りは老廃物として体外に排出されます。よって、基質の生成速度（減少速度）r_S は、摂取された基質のうちバクテリアの細胞になる割合（**収率**）Y と基質量とバクテリア量の単位を換算する係数 α を用いて、以下のように表すことができます。

$$r_s = -\frac{1}{\alpha Y} r_i = -\frac{\mu}{\alpha Y} M \qquad 式（7.28）$$

ここで、生成する場合を正にとっていますので、右辺にはマイナス（−）記号がついています。

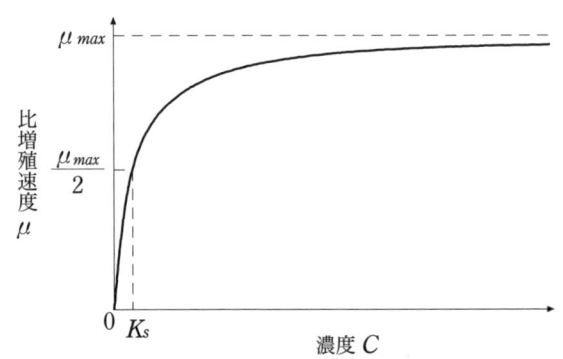

図 7・22 モノー式における基質濃度と比増殖速度の関係

5 個体群挙動

物質収支の考え方は生態系における個体群挙動にも適用することができます。ここでは、生物個体の増殖から種間競争まで、その考え方を説明します。

まず、餌が十分にあり、他の生物や環境因子が増殖の制限になっていない場合を考えます。この場合、各生物個体はその生物が持つ最大の増殖速度で増殖を繰り返すので、増殖速度 r_i は現存する生物個体数 N に比例すると考えられます。よって、

$$r_i = \mu N \qquad 式（7.29）$$

ここで、μ は比増殖速度（増殖率）です。この式は微生物の対数増殖相の式（7.24）と同じであり、**指数関数的増殖**とか**マルサス増殖**と呼ばれます。

一方、現実には、餌等の資源や環境因子に様々な制約があり、生物個体数が無制限に増大することはまず起こりません。一般に個体数や個体密度が増すにつれて増殖率が次第に低下していきます。個体数（密度）の増加に比例して増殖率が低下すると仮定すれば、μ は

$$\mu = \varepsilon - \lambda N = \varepsilon \left(1 - \frac{N}{K}\right) \qquad 式（7.30）$$

で表されます。ここで、ε を**内的自然増殖率（内的自然増加率）**[19]、λ を**種内競争係数**[20]、K を**環境容量**といいます。個体数 N が大きくなっていき、$N = K$ となったとき、増殖率は 0 になりますので、K はその環境条件で維持可能な生物個体数（密度）の上限を与えています。このような増殖を**ロジスティック増殖**といい、初期個体数が小さい場合、その増殖曲線はＳ字カーブを描きます（図 7・23）。

次に、複数の生物種の間で競争が起こる場合を考えましょう。簡単のために競合する種を 2 種に限定して説明します。この場合、種内競争の他に種間競争[21]が起こります。ある生物にとって競争相手の生物個体数が多いほど種間競争の影響を強く受けると考えられますので、競争相手の生物個体数に比例して増殖率が低下すると仮定すると

$$\mu_1 = \varepsilon_1 - \lambda_1 N_1 - \eta_{12} N_2 \qquad 式（7.31）$$
$$\mu_2 = \varepsilon_2 - \lambda_2 N_2 - \eta_{21} N_1$$

となります。ここで、添字 1、2 は生物種を表し、η_{12} は種 2 の存在による種 1 の増殖率の低下を表す係数で**種間競争係数**といいます。このように種内および種間競争によ

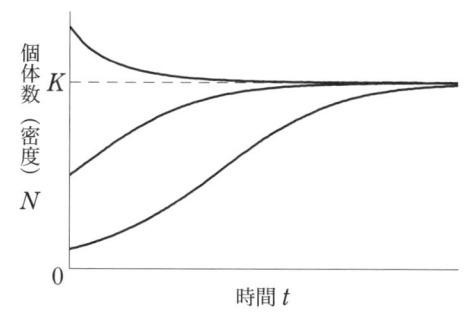

図 7・23 ロジスティック増殖曲線

[19] 増殖制限がない場合の増殖率。マルサス増殖の際の増殖率に等しいと考えられます
[20] 同種の生物がたくさん存在すると、餌の取り合い等により増殖率が抑えられます。その影響を表した係数
[21] 異なる種の個体群間における餌の取り合い等の競争

って、増殖率がそれらの個体数に比例して低下するとする考え方は、アメリカの数理学者ロトカ（A. J. Lotka）とイタリアの数学者ヴォルテラ（V. Volterra）によって独立に提示されたものです。これらの増殖率から求めた増殖速度を物質収支式の生成項に代入し、系への流入・流出速度の項を0と置くと（つまり、回分式反応器と考えると）以下の連立微分方程式が得られます。

$$\frac{dN_1}{dt} = (\varepsilon_1 - \lambda_1 N_1 - \eta_{12} N_2) N_1 \qquad 式（7.32）$$

$$\frac{dN_2}{dt} = (\varepsilon_2 - \lambda_2 N_2 - \eta_{21} N_1) N_2$$

この方程式を2人の名前をとって、**ロトカ・ヴォルテラの競争方程式**もしくは**ロトカ・ヴォルテラの競争モデル**といいます。

個体群挙動のモデルは、上記以外にも様々なものが提起されていますが、いずれにしても、個体数（密度）を物質と同じように考えて、物質収支式に当てはめることにより、化学反応の場合と同じようにモデル化・解析ができます。

※引用文献
1 鹿園直建（1997）『地球システムの化学 環境・資源の解析と予測』東京大学出版会
2 宝沢光紀、都田昌之、菊地賢一、米本年邦、塚田隆夫（1996）『Creative Chemical Engineering Course 6 拡散と移動現象』培風館
3 宗宮功、津野洋（1997）『水環境基礎科学』コロナ社

※参考文献
- 橋本健治（1993）『改訂版反応工学』培風館
- 平岡正勝、田中幹也（1994）『新版移動現象論』朝倉書店
- 小宮山宏（1995）『Creative Chemical Engineering Course 3 反応工学 反応装置から地球まで』培風館
- 宝沢光紀、都田昌之、菊地賢一、米本年邦、塚田隆夫（1996）『Creative Chemical Engineering Course 6 拡散と移動現象』培風館
- 橋本健治、荻野文丸（2001）『現代化学工学』産業図書
- 浅野康一（2004）『物質移動の基礎と応用 Fickの法則から多成分系蒸留まで』丸善
- 荻野文丸（2004）『化学工学ハンドブック』朝倉書店
- 宗宮功、津野洋（1997）『水環境基礎科学』コロナ社
- 寺本英（1997）『数理生態学』朝倉書店
- 巌佐庸（1997）『シリーズ・ニューバイオフィジックス10 数理生態学』共立出版

資料編

8 熱力学的方法

　熱力学もしくは物理化学は、金属精錬（冶金）や、サビの制御等、分野ごとにめざましい発展を遂げました。その成果は、環境科学分野でも適用が期待されます。しかし環境科学は、水、気体、酸・アルカリ、酸化・還元を取り扱う複雑な系であり、従来の分野ごとに確立された体系をつなぎあわせ、実用的な学問にまとめ上げなければなりません。本章は特に、水溶液を題材として、体系化したものです。

　まずは、多数の化学種を含む水溶液での平衡計算を行います。従来の手法では不可能だった計算が、コンピューターの使用で一気に可能になることが分かると思います。

　次に、「雰囲気の概念」を導入します。環境分野では、個々の反応に着目するより、pHや電位等の「雰囲気」が制御対象になるからです。

　熱力学や物理化学は100年くらいの歴史を持ちますが、熱力学データベースの構築は、コンピューターが進歩した1980年代からすすんでいます。しかし未だ、多くの環境工学のエンジニアはこの成果を活用する素養を十分に持っていません。新しい領域の創成は、初学者の意欲をかき立てるはずです。挑戦してみましょう。

▶ 8章　熱力学的方法

8・1 環境分野の熱力学とは

*1 ここでは、「化学ポテンシャルの総和」という表現をしていますが、「系の自由エネルギー」と呼ばれることもあります。しかし、化学平衡を取り扱う目的であれば、「化学ポテンシャルの総和」という表現の方がわかりやすいので、本書ではこの表現を用いました

*2 活量は、「熱力学的濃度」です。「基準となる濃度の何倍か」で表現されます。水溶液であれば、1 mol L^{-1} を活量 1 と定め、モル濃度 (mol L^{-1}) がそのまま活量になります。気体であれば、分圧 (atm) が 1 atm のときを活量 1 と定め、分圧 (atm) がそのまま活量になります。固体の場合は、純粋な物質であれば活量 1 です。しばしば専門書で見られる「活量係数」はひとまず、1 と考えておきます。なお、本書では、厳密さよりも「イメージしやすいこと」を重視して、「活量」という表現とともに、「モル濃度」や「分圧」の表現もあわせて使います

*3 水溶液で 1 mol L^{-1} のときに活量＝1 で、純粋な固体の活量も 1 であることに気づきましたか？ 熱力学的には、水溶液と固体とは、別の化学種として取り扱います。例えば、塩化銀 AgCl の場合、水溶液では $G_{AgCl(aq)}=-118.7$ kJ mol^{-1} で、固体で $G_{AgCl}=-155.7$ kJ mol^{-1} です

　熱力学は、事象がどちらの向きに進むのかを考える学問です。化学的には反応の進む方向が、興味対象になります。その事象が停止する「**釣り合った状態**」（「**熱的な死**」とも呼ばれます）を予測し、現在の状態は、そこへ向かっていることになります。しかし、生命現象等は「熱的な死」に到達することなく、太陽エネルギーを原動力として、常に「釣り合っていない状態（非平衡）」に保たれています（図 8・1 (a)）。この「エネルギーの流れが、不均衡な状態を維持する」現象を研究することは、大変おもしろいのですが、ここで今から学ぶことは、「釣り合った状態（平衡）」（図 8・1 (b)）を予測する方法です。

　しばしば、「反応は、平衡な状態に向かって進む」と説明されることもありますが、「エネルギーの流れが不均衡な状態を維持する」ことから、「平衡でない状態に保たれているのであれば、それを維持するための駆動力があるはずだ」と考えます。そのためには、そもそも、平衡な状態とはどういうものなのかを知っていなければ、いま、平衡なのか非平衡なのかさえも判断できないでしょう。ですから、まず、平衡を取り扱うのです。

　まず、最初に、**化学平衡の式（質量作用の法則）**を導いておきましょう。計算式を表 8・1 にまとめています。化学反応 $aA + bB \cdots = xX + yY \cdots$ が平衡に達しているとき、化学反応式の左右で、「**化学ポテンシャルの総和**^{*1}」が釣り合っています。「化学ポテンシャルの総和」とは、各化学種 i の**化学ポテンシャル**μ_i に反応量論係数を乗じて足し合わせたものです。すなわち、左辺の化学ポテンシャルの総和＝$a\mu_A + b\mu_B \cdots$、右辺の化学ポテンシャルの総和＝$x\mu_X + y\mu_Y \cdots$ です。化学ポテンシャル μ_i は、**標準化学ポテンシャル** G_i（活量^{*2}＝1 のとき^{*3}の化学ポテンシャル）と、**濃度による影響の項**

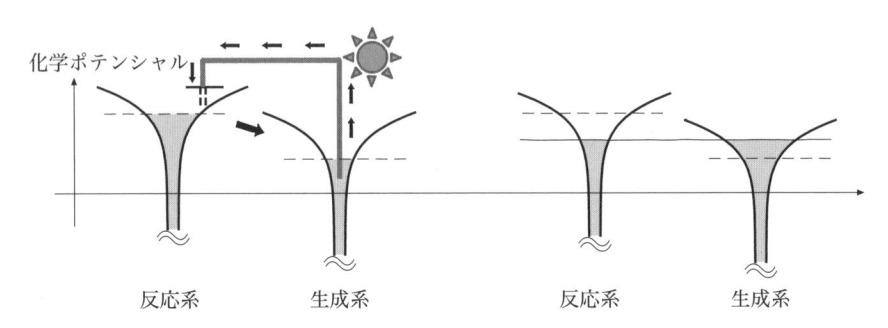

(a) 反応が進行している系　　　　　(b) 化学平衡に到達した状態
　（釣り合っていない状態）　　　　（反応の前後で釣り合っている「熱的な死」）

図 8・1　熱力学における「釣り合っていない状態」と「釣り合った状態」　カクテルグラスのような形状は、$\mu_A = G_A + 2.3RT \log [A]$ の式の意味を図で表したものです。A の濃度（活量）が、[A] = 0.0001, 0.001, 0.01 と 10 倍ずつ増えるに従って、μ が $2.3RT$（室温の場合は 2.3×8.31 J mol^{-1} K^{-1} × 298.15 K = 5.7 kJ mol^{-1}）ずつ上昇していく様子を表現しています。濃度が低い間は、ほんのわずか加えるだけで活量が大きく変動し、濃度が高くなると、少々加えても、活量の変動はわずかです。

である 2.3RT log［活量］を合わせたもの（すなわち、$\mu_A = G_A + 2.3RT \log[A]$）です[*4]。$R$ は気体定数で 8.31 J mol^{-1} K^{-1}、T は絶対温度（K）です。そして、式を展開し、活量の項と G の項を整理すると、質量作用の法則の式が得られます。

化学平衡を計算するとき、化学種ごとの標準化学ポテンシャルを入力するところから始める方法（**G による方法**）と、あらかじめ与えられている表 8・1 の (5) 式の平衡定数 K から計算する方法があります（**K による方法**）。どちらも本質的には同じなのですが、本書では K による方法での水溶液の取り扱いを中心にとりあげ、G から K を求める方法を最後に説明することとします。

[*4] ここで log は底が 10 である常用対数です

表 8・1 化学平衡の式の導出（「化学ポテンシャルの総和」の釣り合いから質量作用の法則まで）

(1) 化学反応式

$$a\mathrm{A} + b\mathrm{B} \cdots = x\mathrm{X} + y\mathrm{Y} \cdots$$

(2) 左右の「化学ポテンシャルの総和」の釣合いの式

$$a\mu_A + b\mu_B \cdots = x\mu_X + y\mu_Y \cdots$$

左辺の「化学ポテンシャルの総和」

(3) 化学ポテンシャルを G と 2.3RT log［ ］に分ける

$$a(G_A + 2.3RT\log[A]) + b(G_B + 2.3RT\log[B]) \cdots = x(G_X + 2.3RT\log[X]) + y(G_Y + 2.3RT\log[Y]) \cdots$$

A の標準化学ポテンシャル　　A の活量（熱力学的濃度）

A の化学ポテンシャル

(4) 活量の対数で整理

$$a\log[A] + b\log[B] - x\log[X] - y\log[Y] = \frac{xG_X + yG_Y - aG_A - bG_B}{2.3RT} = \frac{\Delta G}{2.3RT}$$

(5) 質量作用の法則

$$\frac{[X]^x[Y]^y\cdots}{[A]^a[B]^b\cdots} = 10^{-\frac{\Delta G}{2.3RT}} = K$$

8·2 pHの計算方法

*5 pHは、水素イオン濃度と次の関係にあります。
$[H^+] = 10^{-pH}$
pH 0のとき $[H^+] = 10^0 = 1$ mol L^{-1}、pHが2のとき $[H^+] = 10^{-2} = 0.01$ mol L^{-1}です

*6 [ ]で囲んでいるので、活量すなわちモル濃度を表しています。K_{HAc}の値は文2からの引用です

*7 この理由は次の通りです。電気的中性の式 $[H^+] = [Ac^-] + [OH^-]$ は常に成立し、酢酸水溶液は酸性なので、$[H^+] \gg [OH^-]$です。すなわち、$[H^+] = [Ac^-]$ となります

環境で取り扱う化学では、**強酸・強塩基**とともに、徐々に解離する**弱酸・弱塩基**が存在する系でのpHが大切です。図8·2にそれらの解離の様子を示しています。強酸・強塩基とは、塩酸HClや水酸化ナトリウムNaOHのように、水中に溶ければ完全に解離するものです。弱酸・弱塩基は、酢酸HAcやアンモニアNH$_3$のように水中に溶けているもののうち、一部が解離するものです。例えば、c_1 mol L^{-1} の酢酸の**解離度**をαとすると、αc_1の酢酸イオンAc$^-$と $(1-\alpha)c_1$ の酢酸分子HAcに分かれます。

解離する割合はpH*5に支配されます。酢酸の場合、次の化学平衡を満たしていなければなりません*6。

$$\frac{[H^+][Ac^-]}{[HAc]} = K_{HAc} \qquad K_{HAc} = 10^{-4.7572} \qquad \text{式 (8.1)}$$

HAcの濃度がc_1 mol L^{-1}、NaOHの濃度がc_2 mol L^{-1}となる混合溶液のpHを求めてみましょう（図8·3のような状況です）。まず1番簡単なケースは、c_1もしくはc_2のどちらかが0である場合です。表8·2に手計算で求める方法をまとめました。c_1が0であれば、NaOHが常に完全解離することを利用して、容易にpHを求めることができ、c_2が0であれば、$[H^+]$ が $[Ac^-]$ に等しい*7ので、HAcの解離度αの二次方程式を解くことで、pHが計算されます。

しかし、任意のc_1とc_2に対してpHを求めたいと思いませんか？ $c_2 = 0$のときのpHを求めるときに、「$[H^+]$ が $[Ac^-]$ に等しい」という特殊な設定を行ったことに不満はありませんか？ HAcとNaOHを任意の割合で混合したときに、この設定は通用しないのです。さらに、他のイオンが存在したらどのように計算すればよいのでしょうか？

このように、さらに一般的な場合にも使える方法が、**電気的中性の式**[x1]を用いる方法です。HAcとNaOHの混合溶液の場合、電気的中性の式は、次のようになります。

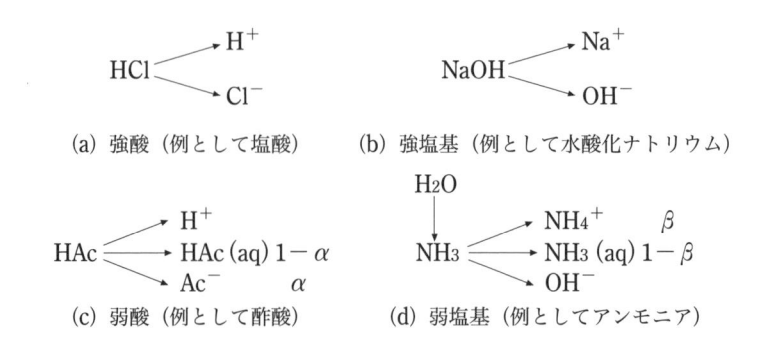

HCl → H$^+$
　　　→ Cl$^-$
(a) 強酸（例として塩酸）

NaOH → Na$^+$
　　　　→ OH$^-$
(b) 強塩基（例として水酸化ナトリウム）

HAc → H$^+$
　　　→ HAc (aq) $1-\alpha$
　　　→ Ac$^-$　　α
(c) 弱酸（例として酢酸）

H$_2$O
NH$_3$ → NH$_4^+$　　β
　　　→ NH$_3$ (aq) $1-\beta$
　　　→ OH$^-$
(d) 弱塩基（例としてアンモニア）

弱酸・弱塩基が環境分野で大切な理由
自然界では、極端な酸性やアルカリ性になることはないでしょう。なぜならば、これらの部分的に乖離する弱酸・弱塩基が、強酸・強塩基の「勢い」を押さえて中性に近づける役割を果たしているからです。この現象を緩衝作用といいます。

図8·2　弱酸・強塩基と弱酸・弱塩基の解離の様子

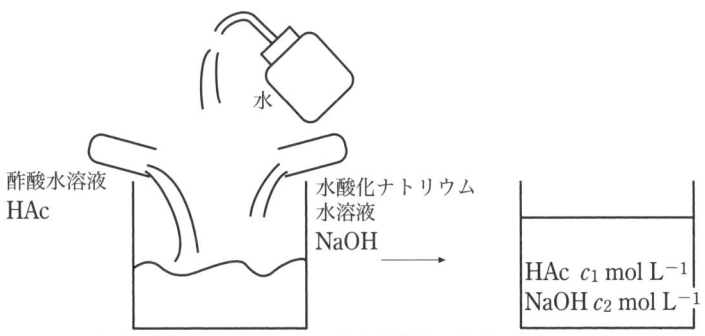

図8・3 酢酸と水酸化ナトリウムの混合水溶液の作成

表8・2 酢酸—水酸化ナトリウム混合水溶液の pH の計算方法(特殊な場合の手計算による方法)

HAc $c_1 = 0$ mol L^{-1} NaOH $c_2 = 0.01$ mol L^{-1}	HAc $c_1 = 0.01$ mol L^{-1} NaOH $c_2 = 0$ mol L^{-1}
[OH$^-$] = 10^{-2} [H$^+$][OH$^-$] = 10^{-14} なので、 [H$^+$] = 10^{-12} ∴ pH 12	$\dfrac{[\text{H}^+][\text{Ac}^-]}{[\text{HAc}]} = K_{\text{HAc}} = 10^{-4.7572}$ [H$^+$] は、HAc の解離によって生じたものがほとんどなので、 [H$^+$] = [Ac$^-$] ここで、HAc の解離度を α とすると、 $\dfrac{(0.01\alpha)^2}{0.01(1-\alpha)} = K_{\text{HAc}}$ この α の二次方程式を解くと、 $\alpha = 0.041$ [H$^+$] = 0.01 α = 0.00041 = $10^{-3.387}$ ∴ pH 3.4

$$[\text{Na}^+] + [\text{H}^+] = [\text{Ac}^-] + [\text{OH}^-] \qquad 式(8.2)$$

図8・4 に各項および電荷を持たない化学種の関連を表しています。[Na$^+$] は c_2 そのものですが、[H$^+$] と [OH$^-$] は pH の関数、[Ac$^-$] は、c_1 と pH の関数です。pH が低ければ、左辺＞右辺、pH が高ければ左辺＜右辺となります。pH を調節してやれば、左辺＝右辺となる(電気的中性の式が成立する)はずです。すなわちそれが求める pH です。

では、実際の計算例を見てみましょう。表8・3 を見てください。[HAc]＋[Ac$^-$] = 0.5 mol L^{-1}、[Na$^+$] = 0.2 mol L^{-1} の場合について、表計算ソフトウエアを用いて、pH の値を連続的に変化させて左辺−右辺の値を計算します。すると、pH が 4〜4.56 までは左辺−右辺は正の値であり、4.6 以上では負の値になります。もう少しきざみ幅を細かくして計算すると、求める pH は、4.58 付近であることがわかります。

このように、「電気的中性を満たす pH の値を試行錯誤的に探し出す」という力まかせの方法は、コンピューターと表計算ソフトウエアが出現するまで、現実的な方法ではなかったと思われますが、コンピューターが普及した現在、初学者にも簡単に取り組むことのできるものになりました。次にもうひとつ例題を示します。

```
       [Na⁺]           [Ac⁻]
              [HAc]
  [H⁺]- - - -[H₂O]- - -[OH⁻]

 プラス電荷 │ 電荷なし │ マイナス電荷
```

┌─ 電気的中性の式 ─────────────────┐
│ $[Na^+] + [H^+] = [OH^-] + [Ac^-]$ │
└──────────────────────────────┘

$[Na^+] = c_2$　　$[OH^-] = 1 \times 10^{-(14-pH)}$

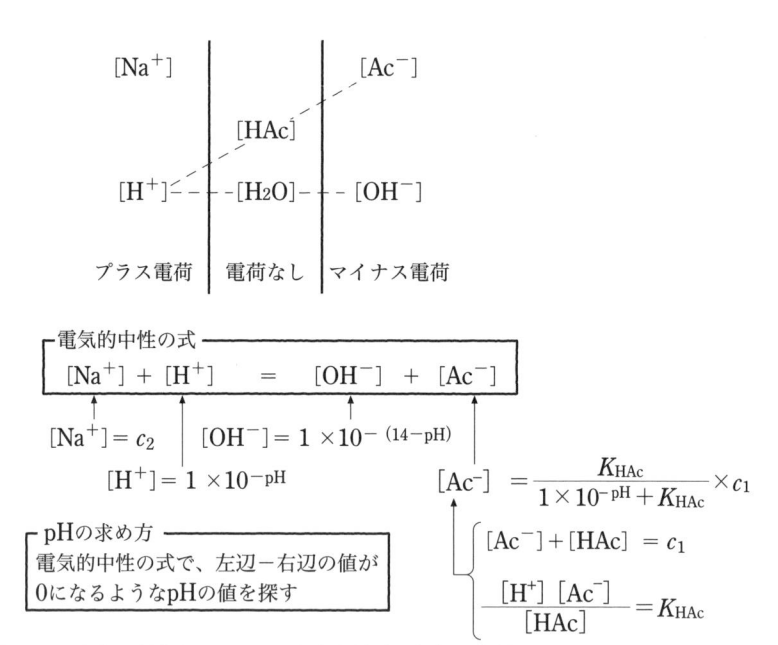

$[H^+] = 1 \times 10^{-pH}$　　$[Ac^-] = \dfrac{K_{HAc}}{1 \times 10^{-pH} + K_{HAc}} \times c_1$

┌─ pHの求め方 ─────────────┐
│ 電気的中性の式で、左辺－右辺の値が │
│ 0になるようなpHの値を探す   │
└──────────────────────┘

$\begin{cases} [Ac^-] + [HAc] = c_1 \\ \dfrac{[H^+][Ac^-]}{[HAc]} = K_{HAc} \end{cases}$

図 8·4　酢酸—水酸化ナトリウム混合水溶液の電気的中世の式

表 8·3　酢酸 c_1 mol L⁻¹、水酸化ナトリウム c_2 mol L⁻¹ の水溶液の pH を求めるための計算表

$c_1 = 0.5$　　$c_2 = 0.2$　　　　　$K_{HAc} = 1.75 \times 10^{-5}$

pH	左辺		右辺		左辺－右辺
	$[Na^+]$	$[H^+]$	$[OH^-]$	$[Ac^-]$	
4.00	0.2	10.00×10^{-5}	1.00×10^{-10}	0.074	0.126
4.10	0.2	7.94×10^{-5}	1.26×10^{-10}	0.090	0.110
4.20	0.2	6.31×10^{-5}	1.58×10^{-10}	0.109	0.092
4.30	0.2	5.01×10^{-5}	2.00×10^{-10}	0.129	0.071
4.40	0.2	3.98×10^{-5}	2.51×10^{-10}	0.153	0.047
4.50	0.2	3.16×10^{-5}	3.16×10^{-10}	0.178	0.022
4.52	0.2	3.02×10^{-5}	3.31×10^{-10}	0.183	0.017
4.54	0.2	2.88×10^{-5}	3.47×10^{-10}	0.189	0.011
4.56	0.2	2.75×10^{-5}	3.63×10^{-10}	0.194	0.006
4.58	0.2	2.63×10^{-5}	3.80×10^{-10}	0.200	**0.000**
4.60	0.2	2.51×10^{-5}	3.98×10^{-10}	0.205	-0.005
4.70	0.2	2.00×10^{-5}	5.01×10^{-10}	0.234	-0.034
4.80	0.2	1.58×10^{-5}	6.31×10^{-10}	0.262	-0.062
4.90	0.2	1.26×10^{-5}	7.94×10^{-10}	0.291	-0.091
5.00	0.2	1.00×10^{-5}	10.00×10^{-10}	0.318	-0.118

例題① 酢酸アンモニウム－塩酸の pH

それでは、同様の方法を使って、酢酸アンモニウムと塩酸の混合水溶液について pH を計算してみましょう。次の溶液の pH を求めなさい。

1) 1M HCl 1 mL と 1M 酢酸アンモニウム水溶液 1 mL をあわせて、水を加えて、100 mL とした水溶液

2) 1M HCl 1 mL と 1M 酢酸アンモニウム水溶液 5 mL をあわせて、水を加えて、100 mL とした水溶液

3) 1M HCl 1 mL と 1M 酢酸アンモニウム水溶液 50 mL をあわせて、水を加えて、100 mL とした水溶液

なお、アンモニアの解離の化学式と、平衡定数は次の通りです[*8]。

$$NH_3(aq) + H_2O = NH_4^+ + OH^- \qquad 式(8.3)$$

$$\frac{[NH_4^+][OH^-]}{[NH_3(aq)][H_2O]} = K_{NH_3} = 1.74 \times 10^{-5} \qquad 式(8.4)$$

[*8] 化学反応式に H_2O が現れることがあります。H_2O は「純粋な化合物」とみなされ、活量を 1 として計算します。すなわち、$[H_2O] = 1$、$\log[H_2O] = 0$ です。K_{NH_3} の値は文 2 からの引用です

解答▼

電気的中性の式は

$$[NH_4^+] + [H^+] = [Cl^-] + [Ac^-] + [OH^-] \qquad 式(8.5)$$

となります。pH を求める表計算の例を表 8・4 に示します。塩酸、酢酸アンモニウム濃度をそれぞれ c_1、c_2 とし、2) の場合の計算例を示しています。この場合の pH は、5.36 となります。同様に計算して、1) の場合の pH は 3.39、3) の場合の pH は 6.45 になります。この計算を、

表 8・4 塩酸 c_1 mol L^{-1}、酢酸アンモニウム c_2 mol L^{-1} の水溶液の pH を求めるための計算表

| 塩　　酸 | $c_1 = 0.01$ |
| 酢酸アンモニウム | $c_2 = 0.05$ |

| $K_{HAc} = 1.75 \times 10^{-5}$ |
| $K_{NH_3} = 1.74 \times 10^{-5}$ |

pH	左辺		右辺			左辺－右辺
	$[NH_4^+]$	$[H^+]$	$[OH^-]$	$[Ac^-]$	$[Cl^-]$	
5.00	0.049997	10.00×10^{-6}	1.00×10^{-9}	0.032	0.01	0.008
5.10	0.049996	7.94×10^{-6}	1.26×10^{-9}	0.034	0.01	0.006
5.20	0.049995	6.31×10^{-6}	1.58×10^{-9}	0.037	0.01	0.003
5.30	0.049994	5.01×10^{-6}	2.00×10^{-9}	0.039	0.01	0.001
5.32	0.049994	4.79×10^{-6}	2.09×10^{-9}	0.039	0.01	0.001
5.34	0.049994	4.57×10^{-6}	2.19×10^{-9}	0.040	0.01	0.000
5.36	0.049993	4.37×10^{-6}	2.29×10^{-9}	0.040	0.01	**0.000**
5.38	0.049993	4.17×10^{-6}	2.40×10^{-9}	0.040	0.01	0.000
5.40	0.049993	3.98×10^{-6}	2.51×10^{-9}	0.041	0.01	-0.001
5.50	0.049991	3.16×10^{-6}	3.16×10^{-9}	0.042	0.01	-0.002
5.60	0.049989	2.51×10^{-6}	3.98×10^{-9}	0.044	0.01	-0.004
5.70	0.049986	2.00×10^{-6}	5.01×10^{-9}	0.045	0.01	-0.005
5.80	0.049982	1.58×10^{-6}	6.31×10^{-9}	0.046	0.01	-0.006
5.90	0.049977	1.26×10^{-6}	7.94×10^{-9}	0.047	0.01	-0.007
6.00	0.049971	1.00×10^{-6}	10.00×10^{-9}	0.047	0.01	-0.007

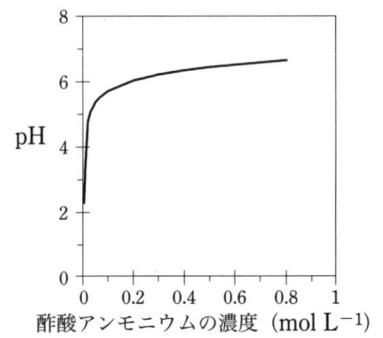

図 8・5　塩酸の濃度を 0.01 mol L^{-1} に固定し、酢酸アンモニウムの濃度を 0 ～ 0.8 mol L^{-1} に変化させたときの水溶液の pH

$c_1 = 0.01$、$c_2 = 0 \sim 0.8$ で行った結果を図 8・5 に示します。塩酸で酸性に調整してから、過剰の酢酸アンモニウムを加えると、pH 6 付近をゆっくりと通過し、pH 7 すなわち中性に近づくことがわかります。　▲

▶ 8 章　熱力学的方法

8・3 ✱ 金属水酸化物の沈殿と溶解

　重金属は、酸性下でイオンとして溶解し、塩基性下で水酸化物の沈殿を作ることがあります。このことから、重金属を含む酸性の廃水を中和させて重金属を沈殿させることで、廃水処理を行うことができます。しかし、亜鉛 Zn 等のような、半金属類（もしくは両性金属といいます）は、塩基性でも水酸化物イオンを配位子とするイオンを形成し、「塩基性でも溶ける」現象が観察されます（図8・6）。

　ここでは Zn の溶解度が最も低くなる pH はどこか、そのときの溶解度はいくらかを調べてみましょう。Zn の沈殿物は $Zn(OH)_2(s)$ です。溶存状態の Zn を含む化学種は、Zn^{2+}、$ZnOH^+$、$Zn(OH)_2(aq)$、$Zn(OH)_3^-$、$Zn(OH)_4^{2-}$ です。

　計算の方法は、次の2通りあります。1つは、段階的に水酸化物イオンが配位していく様子を計算式にしていく方法（図8・7 (a)）で、もう1つは、すべての化学種を特定の1つの化学種（この場合は、Zn^{2+}）に結びつける方法（図8・7 (b)）です。(a)では、「水中に純粋な沈殿物が存在する。すなわち、沈殿物の活量 $[Zn(OH)_2(s)] = 1$ である[*9]」から出発して、「伝言ゲーム」のように、各化学種の活量を計算していく方法です。(b) は、「水中の沈殿物 $Zn(OH)_2(s)$ の活量が1となるような Zn^{2+}」を求めて、そこから、すべての化学種を計算する方法です。

　どちらであっても式の数は同じですが、将来、$ZnCO_3$ とか $ZnCl_2$ 等の、異なる配位子を持つ化合物を計算式に加えて発展させやすいのは、(b) の方ですので、ここでは、(b) の方法で計算をしましょう。

　図8・8 に、各化学種のモル濃度と $[Zn^{2+}]$ を結びつける式を示します。log [ ] の和差算の形になっていますが、式 (8.1) や式 (8.4) の両辺の対数をとって整理するとこのような形になるのです。11.6300 や、-8.9600 などの定数項は $-\log K$ のことで、文2に記載されている値を用いました。「$Zn(OH)_2(s)$ の沈殿が生じる」という条件は、$[Zn(OH)_2(s)] = 1$ です。そこで、pH（すなわち、$[H^+]$）が定まれば、$[Zn^{2+}]$ が定まります。その $[Zn^{2+}]$ から、$[Zn(OH)^+]$、$[Zn(OH)_2(aq)]$、$[Zn(OH)_3^-]$、$[Zn(OH)_4^{2-}]$ が求められます。

　計算結果（図8・8）を見てみましょう。$Zn(OH)_2(aq)$ は常に一定です。溶解している $Zn(OH)_2(aq)$ と沈殿している $Zn(OH)_2(s)$（常に活量＝1）が平衡状態にあるのですから、当然と言えます。図から、Zn の溶解度の最小値は、pH 8 から 10 の間で、[Zn

[*9] 純粋な固体の活量は1です。水溶液における水の活量が1であるのと同じ概念です

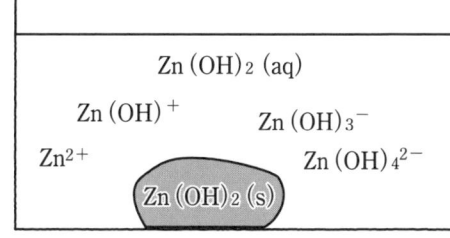

図8・6　水酸化亜鉛の沈殿と平衡な溶存状態の亜鉛を含む化学種

*10 混合状態にあるとき化合物の活量が、存在比に等しいと考える方法を「ラウールの法則（Raoult's law）」といいます。例えば、モル比で100分の1であれば、活量は0.01になります。現実の化合物の混合物（もしくは、固溶体）は、これほど単純ではないのですが、固体や液体の混合物を扱うときの目安になります

$Zn^{2+} \xleftarrow{pH} Zn(OH)^+ \xleftarrow{pH} Zn(OH)_2 (aq) \xrightarrow{pH} Zn(OH)_3^- \xrightarrow{pH} Zn(OH)_4^{2-}$

$Zn(OH)_2 (s)$　活量＝1
（純粋な沈殿物）
START

(a) 段階的に水酸化物イオンを配位させていく方法

START
$Zn(OH)_2 (s)$
活量＝1
（純粋な沈殿物）

$Zn(OH)_2 (aq)$　　　$Zn(OH)_3^-$

$Zn(OH)^+$　　　　　　　　　　$Zn(OH)_4^{2-}$

pH　pH　pH　pH

Zn^{2+}

(b) 全ての化学種を特定の1つの化学種に結びつける方法

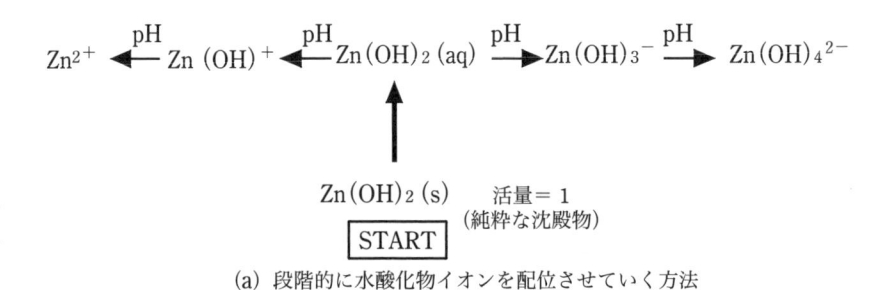

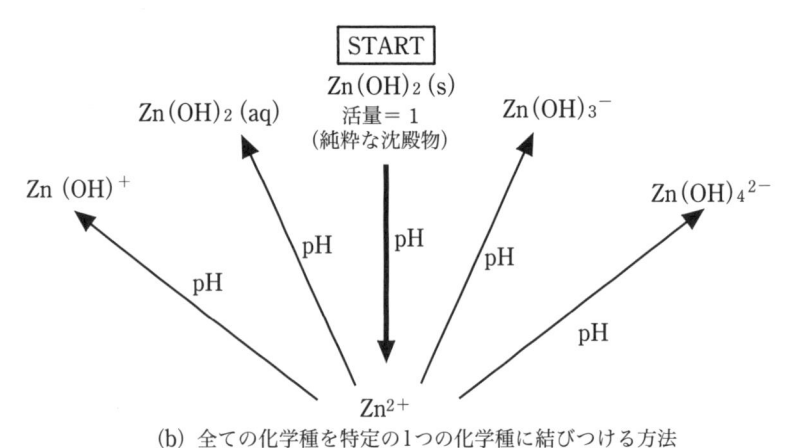

図8・7　亜鉛の溶解度のpH依存性を計算する方法　本書では、(b)の方法を採用しています。

$(OH)_2 (aq)]$をわずかに上回る程度になります。$\log [Zn(OH)_2 (aq)] = -5.7$、すなわち、$10^{-5.7}$ mol L^{-1} = 0.13 mgZn L^{-1} なので、このときのZnの溶解度は、0.13 mgZn L^{-1} をわずかに上回る程度になります。

ところで、河川水等の天然水中のZnの濃度が、0.1 mg L^{-1} を下回ることは珍しくありません。計算結果と矛盾しませんか？ これは、$Zn(OH)_2 (s)$ の活量が1であると仮定したところに無理があるのです。沈殿物は、純粋な化合物ではありません。沈殿物の中に $Zn(OH)_2 (s)$ は含まれると思われますが、それは多量の他の物質に取り囲まれていて、$[Zn(OH)_2 (s)]$ はおそらく、1よりかなり小さい値になっているのだと思われます*10。例えば、$Zn(OH)_2 (s)$ の割合が10%であるならば、$[Zn(OH)_2 (aq)]$ として0.013 mgZn L^{-1} が溶解していると考えます。しかし、炭酸、ケイ素、アルミニウム等の影響が大きいと考えられますので、実際にはもっと低いでしょう。

同じことが、鉛Pbについても言えます。図8・9にPbについてZnと同様の計算を行った結果を示しています。Pbの場合は、さらに溶解度が高く、活量1のPbO (s) と平衡に達するPb(OH)$_2$(aq)のモル濃度は $10^{-4.4514}$ (mol L^{-1}) であり、7.3 mgPb L^{-1} に相当します。しかし、実際の廃水処理では0.1 mgPb L^{-1} 以下が要求されますし、天然水では0.01 mg L^{-1} 以下であることもしばしばです。この違いは一体何なのでしょう？ 1つの答えは大気中のCO_2の影響です。炭酸鉛$PbCO_3$等の化合物の溶解度は、大変低いので、これらの化合物の寄与も考えなければなりません。また、凝集剤を併用したPb

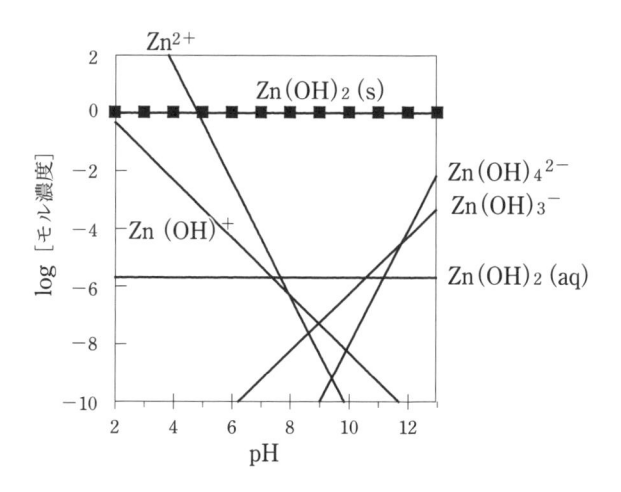

$\log[\mathrm{Zn^{2+}}] = +11.6300 + 2\log[\mathrm{H^+}] - 2\log[\mathrm{H_2O}] + \log[\mathrm{Zn(OH)_2\,(s)}]$
$\log[\mathrm{Zn(OH)^+}] = -8.9600 - \log[\mathrm{H^+}] + \log[\mathrm{H_2O}] + \log[\mathrm{Zn^{2+}}]$
$\log[\mathrm{Zn(OH)_2\,(aq)}] = -17.3282 + 2\log[\mathrm{H^+}] + 2\log[\mathrm{H_2O}] + \log[\mathrm{Zn^{2+}}]$
$\log[\mathrm{Zn(OH)_3^-}] = -28.8369 + 3\log[\mathrm{H^+}] + 3\log[\mathrm{H_2O}] + \log[\mathrm{Zn^{2+}}]$
$\log[\mathrm{Zn(OH)_4^{2-}}] = -41.6052 + 4\log[\mathrm{H^+}] + 4\log[\mathrm{H_2O}] + \log[\mathrm{Zn^{2+}}]$

計算の手順（図8·7 (b) の方法）
1) 設定したpHの値と log [Zn(OH)₂(s)] ＝0 から、log [Zn²⁺] の値を求める。
2) 得られた log [Zn²⁺] とpHから、各化学種の log [モル濃度] を求める。
3) pHの設定値を変化させる。

図8·8　溶存状態の亜鉛を含む化合物の活量を求める計算式と求められた亜鉛の溶解度

含有廃水の中和処理では、0.01 mgPb L⁻¹ 程度の濃度を達成することができますので、沈殿物中の PbO(s) の活量はきわめて低く、鉄やアルミニウム等の凝集剤に取り込まれた状態で存在していることが予測されます。

$\log[\mathrm{Pb}^{2+}] = +12.6388 + 2\log[\mathrm{H}^+] - \log[\mathrm{H_2O}] + \log[\mathrm{PbO(s)}]$
$\log[\mathrm{Pb(OH)}^+] = -7.6925 - \log[\mathrm{H}^+] + \log[\mathrm{H_2O}] + \log[\mathrm{Pb}^{2+}]$
$\log[\mathrm{Pb(OH)_2(aq)}] = -17.0902 - 2\log[\mathrm{H}^+] + 2\log[\mathrm{H_2O}] + \log[\mathrm{Pb}^{2+}]$
$\log[\mathrm{Pb(OH)_3}^-] = -28.0852 - 3\log[\mathrm{H}^+] + 3\log[\mathrm{H_2O}] + \log[\mathrm{Pb}^{2+}]$

図8・9　溶存状態の鉛を含む化合物の活量を求める計算式と求められた鉛の溶解度

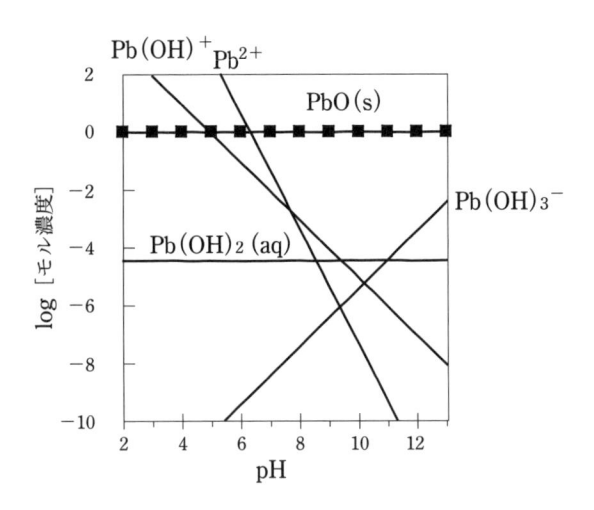

▶ 8 章　熱力学的方法

8・4 ✺ 雰囲気の概念

　これまで、まず水溶液の pH を求め、次にその pH に応じての金属の溶解度を求める方法を学びました。pH に応じて、複数の化学種の存在割合が変わっていきます。pH のように座標軸となる量を「**雰囲気**」と呼びます。ちょっと変な言葉に感じるかもしれませんが、立派な理化学用語です。pH の場合は、系内のどこであっても、$[H^+]$ が一定に保たれているという意味です。「pH に変化を与えるような何らかの反応が起こったとしても、外部から強制的に pH が設定値に戻される系」と表現するほうがわかりやすいかもしれません。

　pH と並んで、もう 1 つの代表的な雰囲気が**酸化・還元状態**を表すもので、ここでは**溶存酸素のモル濃度** $[O_2(aq)]$ を用います。

1　pH の雰囲気 −炭酸を例として−

　炭酸は、段階的に解離する酸の 1 つです。$CO_2(aq)$、HCO_3^-、CO_3^{2-} の 3 種類があり、図 8・10 にそれぞれの関係式を記しています。HCO_3^- を基礎化学種として、H^+ に応じて、$CO_2(aq)$ と CO_3^{2-} が求められる構造になっています。3 種類のこれらの化学種の総和である全炭酸濃度 $[TCO_2]$ が $0.1\ mol\ L^{-1}$ で一定であるとしたときの、各化学種の存在比を計算した結果を図 8・10 に示します。酸性域では $CO_2(aq)$ が優勢で、中性域では HCO_3^- が、塩基性域では CO_3^{2-} が優勢になります。

　ここで、計算の方法について触れておかなければなりません。計算のフローチャー

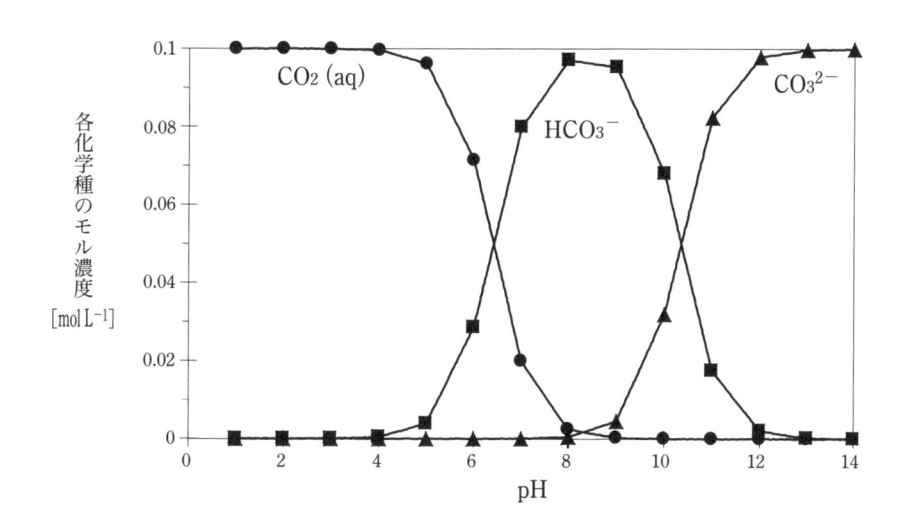

$\log[CO_2(aq)] = 6.3477 - \log[H_2O] + \log[H^+] + \log[HCO_3^-]$
$\log[CO_3^{2-}] = -10.3288 - \log[H^+] + \log[HCO_3^-]$
$[CO_2(aq)] + [HCO_3^-] + [CO_3^{2-}] = [TCO_2] = 0.1$
図 8・10　各 pH における水中での炭酸の存在割合

*11 このような計算は、マイクロソフトエクセル等のコンピューター上の表計算ソフトウエアの収束計算機能（「ゴールシーク」等）を使って行います

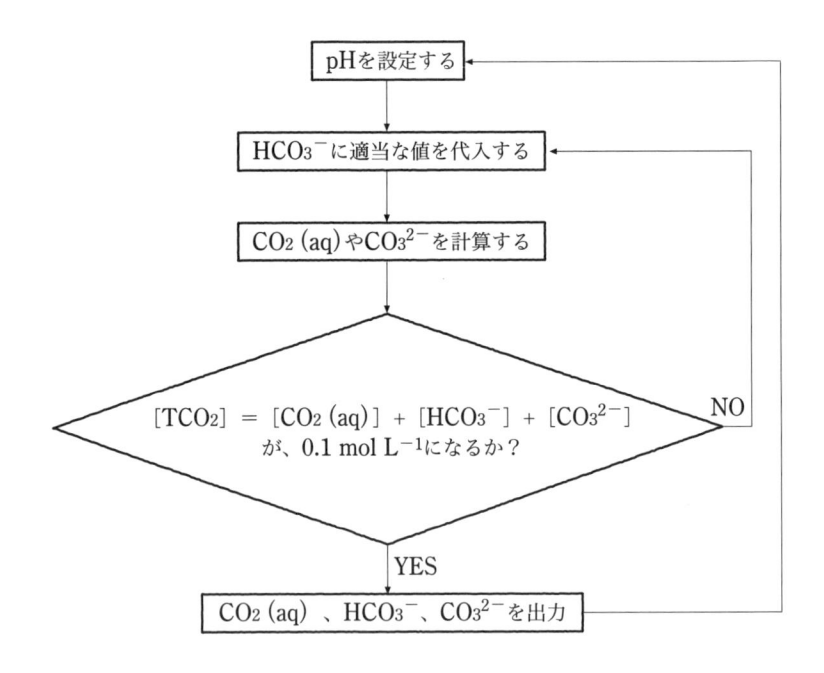

```
         ┌─────────────────┐
         │   pHを設定する    │←──────┐
         └────────┬────────┘        │
                  ↓                  │
    ┌──────────────────────────┐    │
    │ HCO₃⁻に適当な値を代入する │←──┐│
    └────────────┬─────────────┘   ││
                 ↓                  ││
    ┌──────────────────────────┐   ││
    │ CO₂(aq)やCO₃²⁻を計算する │   ││
    └────────────┬─────────────┘   ││
                 ↓                  ││
           ／＼                      ││
         ／    ＼                    ││
    ／[TCO₂]=[CO₂(aq)]+[HCO₃⁻]＼ NO ││
   ＜ +[CO₃²⁻]が、0.1 mol L⁻¹ ＞────┘│
    ＼   になるか？          ／      │
         ＼            ／            │
           ＼／                       │
            │YES                     │
            ↓                        │
    ┌──────────────────────────┐
    │ CO₂(aq)、HCO₃⁻、CO₃²⁻を出力 │
    └──────────────────────────┘
```

pH	[TCO$_2$]	[CO$_2$(aq)]	[HCO$_3^-$]	[CO$_3^{2-}$]
4	1×10^{-1}	0.0996	0.000398	1.87×10^{-10}
5	1×10^{-1}	0.0962	0.00385	1.81×10^{-8}
6	1×10^{-1}	0.0714	0.0286	1.34×10^{-6}
⋮	⋮	⋮	⋮	⋮

図 8・11　炭酸の化学種の存在比を計算する際のフローチャート

トを図 8・11 に示しています。あるpHを定めておいて、HCO_3^-に適当な値を代入して、CO_2(aq)とCO_3^{2-}を求めます。それらの総和が全炭酸濃度[TCO_2]に等しいかどうかを調べます。一致しなければ、HCO_3^-の値を再調整しながら、もう一度代入します。これを、[CO_2(aq)]＋[HCO_3^-]＋[CO_3^{2-}]が全炭酸濃度[TCO_2]に等しくなるまで繰り返します*11。表 8・3 や表 8・4 の操作と似ているでしょう。そして、設定pHを変化させたときも同様に計算を行うと、図 8・10 の結果が得られます。

2　酸化還元の雰囲気－窒素を例として－

窒素 N は、酸化還元雰囲気が変化することで、様々な形をとります。N の価数は、アンモニア NH_3(aq)もしくはアンモニウムイオン NH_4^+で－3、窒素ガス N_2(aq)で0、亜硝酸イオン NO_2^- で＋3、硝酸イオン NO_3^- で＋5 となります。酸素が非常に少なければ NH_3(aq)/NH_4^+ が、酸素が多く存在していれば NO_3^- が優勢であることが想像されますので、その境界を調べてみましょう。

基礎式は、図 8・12 に示すとおりです。NH_3(aq)を基礎化学種として、H^+とO_2(aq)に応じて、NH_4^+、N_2(aq)、NO_2^-、NO_3^-が計算されます。O_2(aq)が変化するときの様子を見たいので、ひとまず、pHを8に固定して計算しましょう。NH_3(aq)に適当な

pH8のとき

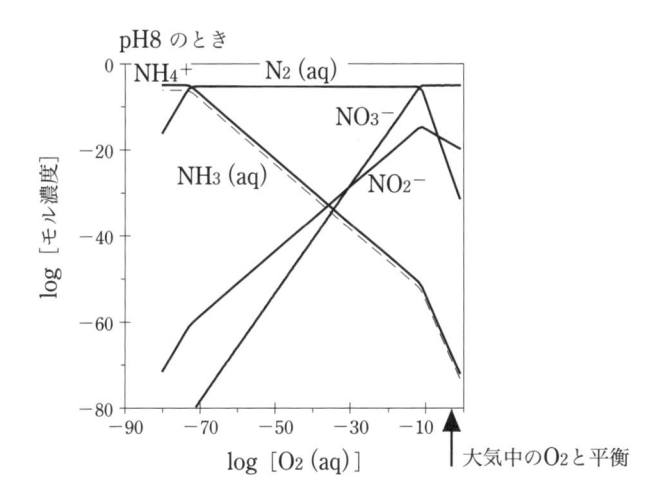

(図: 縦軸 log[モル濃度] 0〜−80、横軸 log[O₂(aq)] −90〜−10、曲線 NH₄⁺、N₂(aq)、NO₃⁻、NH₃(aq)、NO₂⁻、矢印「大気中のO₂と平衡」)

$\log[NH_4^+] = 9.2410 + \log[H^+] + \log[NH_3\,(aq)]$
$\log[N_2\,(aq)] = 116.4609 - 3\log[H_2O] + 1.5\log[O_2\,(aq)] + 2\log[NH_3\,(aq)]$
$\log[NO_2^-] = 46.8653 - \log[H_2O] - \log[H^+] + 1.5\log[O_2\,(aq)] + \log[NH_3\,(aq)]$
$\log[NO_3^-] = 62.1001 - \log[H_2O] - \log[H^+] + 2\log[O_2\,(aq)] + \log[NH_3\,(aq)]$
$[TN] = [NH_3\,(aq)] + [NH_4^+] + 2[N_2\,(aq)] + [NO_2^-] + [NO_3^-] = 1 \times 10^{-5}$

図8・12 酸化還元雰囲気を変化させたときのNの化学種の存在比

値を代入して、水中の全N濃度［TN］が、一定の値（ここでは、1×10^{-5}）になるような$NH_3\,(aq)$の値を求め、そこから、各化学種の活量を計算するのです。

すると pH 8 の条件において、NO_3^- と N_2 の境界となる $\log[O_2(aq)]$ は−11.5でした（図8・12）。すなわち、$[O_2\,(aq)] = 3.16 \times 10^{-12}$ です。大気中の酸素に触れている水の中の $[O_2\,(aq)]$ は、DOの飽和値（約10 mgO₂/L）から計算すると、

$[O_2(aq)] = 3.1 \times 10^{-4}$ すなわち、$\log[O_2(aq)] = -3.5$ です。

そこから、どんどん酸素を減らしていって、最初の1億分の1にまで減らせば、NO_3^- が $N_2\,(aq)$ に変化する境界に到達するのです。脱窒（水中の NO_3^- や NO_2^- が $N_2\,(aq)$ に変換されること）が空気由来の酸素が届かない泥や粒子の中で進行することがよく分かるでしょう。NO_2^- は、すべての範囲で、主要な化学種になることはありません。すなわち不安定な反応の中間生成物として現れることはあっても、その状態で保っておくことは難しいのです[*12]。アンモニア（NH_4^+）が発生するのは、さらに $O_2\,(aq)$ が少ないところで、

$\log[O_2\,(aq)] < -72$ の領域です。

いま、説明したのは、pH 8 のときの計算結果でした。図8・12の基礎式を見ると、$[H^+]$ が変数として入っているので、pHが異なれば、NO_3^- と $N_2\,(aq)$ の境界も変化するはずです。pHが4のときについて計算すると $\log[O_2\,(aq)] = -8.3$ です。pHが8のときの $NO_3^-/N_2\,(aq)$ の境界が $\log[O_2\,(aq)] = -11.5$ でしたから、pHを4にすれば、$NO_3^-/N_2\,(aq)$ の境界が大気中酸素との平衡状態 $\log[O_2\,(aq)] = -3.5$ に近づくことになります。脱窒を目的とした廃水処理では、酸を添加することがありますが、この計算結果からも、その理由が説明されます。

---

*12 底泥や廃水処理工程で、アンモニア性窒素と硝酸性窒素が、同時に消失していく現象があり、アナモックス反応と呼ばれています。この反応経路では、反応活性がある亜硝酸 NO_2^- が関与します

*13（コラム）$2.3\dfrac{RT}{F}$ の意味は次の通りです。

　2.3：自然対数（底を自然数 = 2.716... とする）と、常用対数（底を10とする）の換算係数（= ln 10）

R：気体定数
　（= 8.31 J mol⁻¹ K⁻¹）

T：室温（水溶液の場合、T = 298.15 K を用いる）

F：ファラデー定数
　（= 96,500 C mol⁻¹）

以上をまとめて、
$2.3\dfrac{RT}{F} = 0.0591$ V
となります

*14（コラム）電気化学の共通の約束として「電位＝0」と定められている電極のことです

*15（コラム）溶存酸素のモル濃度 $[O_2\,(aq)]$ と酸素分圧 p_{O_2} [atm] の関係は次の通りです

$\log[O_2\,(aq)] = -2.899 + \log p_{O_2}$

*16（コラム）
$H^+ + \dfrac{1}{4}O_2 + e^- = \dfrac{1}{2}H_2O$
$E_0 = 1.229$ V

Column　酸化還元雰囲気の表現方法

　通常、物理化学の教科書のなかで、電気化学は、化学ポテンシャルと平衡定数 K を結びつける章とは別に、分かれて説明されています。これは、歴史的に、別々に発展してきたものであるためと思われます。電気化学では、半電池反応

$$a\mathrm{A} + b\mathrm{B}\cdots + \mathrm{e}^- = x\mathrm{X} + y\mathrm{Y}\cdots \qquad 式 (8.6)$$

の電極電位の式（ネルンストの式[*13]）

$$E = E_0 + \frac{2.3RT}{F} \log \frac{[\mathrm{A}]^a [\mathrm{B}]^b \cdots}{[\mathrm{X}]^x [\mathrm{Y}]^y \cdots} \qquad 式 (8.7)$$

が主軸となっていて、電子の移動を伴う反応の方向は、電極電位を比べる方法で予測されます。図 8・13 を見てください。左側が「酸素と酸から水を生成する反応」、中央が「Fe^{3+} が Fe^{2+} に還元される反応」、左側が「標準水素電極[*14]」です。このように半電池反応は、2 つ以上の半電池反応を仮想的に接続して、「その反応が自発的に進むか」を判断するのに便利です。

　しかし、電気化学だけ独立して取り扱うのは、環境分野では大変不便です。自然環境での酸化還元反応は、酸素 O_2 によって行われることがほとんどなので、電極電位のデータ E_0 から、それが、溶存酸素のモル濃度 $[O_2(aq)]$ もしくは酸素分圧 p_{O_2} に換算する[*15]といくらになるのかの読み替えをしなければなりません。そこで、化学ポテンシャルの釣合いの式とネルンストの式を組み合わせて、電極電位から $[O_2(aq)]$ もしくは p_{O_2} に読み替える式を導きましょう。

　酸素と酸から水を生成する反応[*16]のネルンストの式

$$E = 1.229 + \frac{2.3RT}{F} \log \frac{[\mathrm{H}^+] p_{O_2}^{1/4}}{[\mathrm{H_2O}]^{1/2}} \qquad 式 (8.8)$$

を変形すると、

$$E = 1.229 + 0.0591 \left(\frac{1}{4} \log p_{O_2} - \mathrm{pH} \right) \qquad 式 (8.9)$$

が得られます。式 (8.9) を眺めるだけではイメージが湧きませんから、実際に早見表を作ってみましょう。pH を 4、7、10 に設定して、p_{O_2} を 1、0.2、0.1、0.01、0.001 atm と変化させたときの E を計算しました（表 8・5）。pH 7 で $p_{O_2} = 0.2$ のとき、$E = 0.81$ V です。そこから p_{O_2} を下げていくと、p_{O_2} が 10 分の 1 になるたびに、E が 0.0148 V（式 (8.9) の $\log p_{O_2}$ の係数 0.0591/4 に等しい）ずつ下がっていくことがわかります。すなわち、E が高いと酸化的雰囲気、E が低いと還元的雰囲気であるということがわかります。また E の値は、pH によっても大きく変化します。$p_{O_2} = 0.2$ のとき、$E = 0.98$ V（pH が 4 のとき）、0.63 V（pH が 10 のとき）です。

　図 8・13 の中央の反応「Fe^{3+} が Fe^{2+} に還元される」は、大気に接触している水中では起こりませんが、底泥では容易に起こります。その電気化学的根拠は、「Fe^{3+}/Fe^{2+} の境界が 0.77 V である」です。すなわち、pH 中性領域で大気と接触している系では $E = 0.8$ V 付近で、そこから酸素が減少してアルカリ性に傾けば、容易に E が 0.77 V を下回るからです。

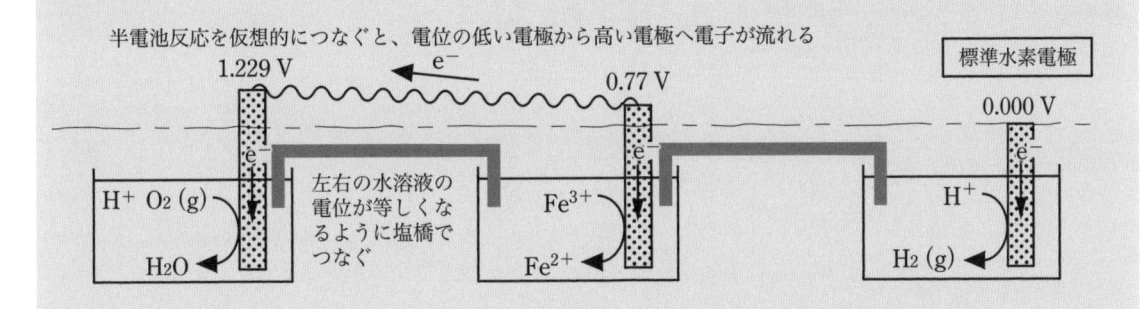

半電池反応のイメージ図

半電池反応を仮想的につなぐと、電位の低い電極から高い電極へ電子が流れる

標準水素電極

1.229 V ← e⁻   0.77 V   0.000 V

（左側）H⁺, O₂(g) → H₂O
左右の水溶液の電位が等しくなるように塩橋でつなぐ
（中央）Fe³⁺ → Fe²⁺
（右側）H⁺ → H₂(g)

半電池反応

$$H^+ + \frac{1}{4}O_2(g) + e^- = \frac{1}{2}H_2O$$

$$Fe^{3+} + e^- = Fe^{2+}$$

$$H^+ + e^- = \frac{1}{2}H_2(g)$$

$E_0 = 1.229$ V $E_0 = 0.77$ V $E_0 = 0.000$ V

ネルンストの式

$$E = E_0 + \frac{2.3RT}{F}\log\frac{[H^+]p_{O_2}^{1/4}}{[H_2O]^{1/2}}$$

$$E = E_0 + \frac{2.3RT}{F}\log\frac{[Fe^{3+}]}{[Fe^{2+}]}$$

$$E = E_0 + \frac{2.3RT}{F}\log\frac{[H^+]}{p_{H_2}^{1/2}}$$

図8·13 半電池反応、化学ポテンシャル釣合いの式およびネルンストの式　半電池反応は、式だけを見るとイメージがわかりにくいのですが、このような図にして考えると理解しやすくなります。まず、反応系(反応式の左辺)を水中の上の方に書き、それと電極内の電子が結びついて生成系(反応式の右辺)を作ると考えます。ひとつの半電池反応だけ見ていてもわかりませんから、比較したい別の半電池反応の図を描いて、両方の水溶液の電位が等しくなるものとして、電極の高さ（標準電極電位 E_0 に等しい）を比較します。

電子は、マイナスの電荷を持ちますから、電極の低いほうから高いほうへ電子が流れようとします。たとえば、上図の左側の半電池反応（酸素と水から水を生成する）と、中央の半電池反応（Fe^{3+} が Fe^{2+}に還元される）をつなぐと、右側の電極の電子は左側の電極へ移動しようとします。すなわち、左側の半電池反応の順反応と、中央の半電池反応の逆反応が起こることになります。

電極電位の共通の基準として標準水素電極を用いるという約束があります。上図右側のもので pH 0（$[H^+] = 1$ mol L⁻¹）の水溶液に不活性な電極棒（通常白金を使います）を挿入し、1 atm の水素ガスを吹き込んでいます。この電極棒の電位を 0 V と定めて、他の半電池反応の電極電位を決めています。

表8·5　酸化還元雰囲気尺度の計算例

大気中の酸素	水中の酸素		電位 E(V)		
酸素分圧 p_{O_2} (atm)	モル濃度 (mol L⁻¹)	重量濃度 (mg O₂ L⁻¹)	pH = 4	pH = 7	pH = 10
1	0.001264	40.0	0.99	0.82	0.64
0.2	0.000253	8.1	0.98	0.81	0.63
0.1	0.000126	4.0	0.98	0.80	0.62
0.01	1.26×10^{-5}	0.40	0.96	0.79	0.61
0.001	1.26×10^{-6}	4.0×10^{-2}	0.95	0.77	0.59

$T = 25$ ℃

8・5 データの入手方法

▶ 8章　熱力学的方法

化学平衡計算をするとき、「信頼できるデータを正しく解釈する」ことが、もっとも大切なことです。特に注意しなければならないことは、「資料ごとに定義が異なることがある」点です。

近年は、書物でデータを探すより、ソフトウェアパッケージを購入して、その中のデータベースを利用するほうが多くなってきています。ソフトウェアの場合、データベースを参照しなくても、濃度予測図等の計算結果を得ることができます。しかしそのような使い方は、誤った解釈をする危険性があり、どのような前提条件で計算したものなのかをよく理解するためにも、データベース[※2,3,4]から自分で計算することは大変重要です。

1 標準化学ポテンシャル G の算出

表8・1 (p.169) に示したように、平衡定数 K は、標準化学ポテンシャル G から求められます。さらに G は、標準生成エンタルピー H と絶対エントロピー S から以下の式で求められます。

$$G = H - TS \qquad 式(8.10)$$

　G：標準化学ポテンシャル（$J\,mol^{-1}$）
　H：標準生成エントロピー（$J\,mol^{-1}$）
　T：絶対温度（K）
　S：絶対エントロピー（$J\,mol^{-1}\,K^{-1}$）

環境分野で重要な化学種の H と S の値を表8・6に示します[*17]。G は式(8.10)にしたがって計算したものです。表8・6には、常温 298.15 K より高い 500 K や 1300 K での値も記しています。温度が変わると、H や S の値も変化することが分かると思います。

2 平衡定数 K の算出

(1) 二酸化炭素の一次解離

実際に表8・6の値を使って、二酸化炭素の一次解離[*18]を例にとって平衡定数を計算してみましょう。少し式が複雑なので、表8・7にまとめました。まず化学平衡の式から、化学ポテンシャルの釣合いの式をつくります。次に、それぞれの化学種の化学ポテンシャルを G と $2.3\,RT\,\log\,[モル濃度]$ の式に分割し、$\log\,[モル濃度]$ の項だけで整理をするのです。すると、定数項が 6.3 になりました。図8・10 (p.179) の化学平衡式の定数項は 6.3477[※2] でしたから、良く一致していると見なせるでしょう[*19]。

(2) 水溶液と気相の平衡

表8・6をもう少しよく見てください。これまで $CO_2(aq)$ とか $N_2(aq)$ の aq という

[*17] 表8・6の中で、CO_3^{2-} など、いくつかの水溶液中でのイオン化学種で、絶対エントロピー S が負の値になっています。単体や化合物の S が負になることは、エントロピーの定義上、あってはならないことですが、水溶液中のイオンについては、$G_{H^+} = 0$ というルールを最初に決めてから、G と H から S が決定されているので、便宜上、負の S が現れることがあるのです。

[*18] 図8・10 (p.179) に記載している式です

[*19] 値 6.3 は、冶金分野から発展した熱力学計算・データベースソフトウェア FactSage (文3) に記載されている H、S の値から計算したもので、6.3477 は地球科学分野のデータベースソフトウェアである Geochemist's Workbench (文2) に直接記載されているものです

表 8・6 環境分野で重要な化学種の標準生成エンタルピー H、絶対エントロピー S および標準化学ポテンシャル G

		H_2(g)	H_2(aq)	H^+	H_2O(l)	H_2O(g)	OH^-		
298.15K	H (J mol^{-1})	0	$-4,148$	0	$-285,830$	$-241,834$	$-230,354$		
	S (J mol^{-1} K^{-1})	130.6	57.7	0	69.9	188.72	-10.73		
	$G = H - TS$ (kJ mol^{-1})	-38.9	-21.4	0.0	-306.7	-298.1	-227.2		

		O_2(g)	O_2(aq)						
298.15 K	H (J mol^{-1})	0	$-11,715$						
	S (J mol^{-1} K^{-1})	205	110.9						
	$G = H - TS$ (kJ mol^{-1})	-61.1	-44.8						
500 K	H (J mol^{-1})	6,084				$-234,909.3$			
	S (J mol^{-1} K^{-1})	220.6				206.4			
	$G = H - TS$ (kJ mol^{-1})	-104.2				-338.1			
1,300 K	H (J mol^{-1})	33,348				$-202,893.6$			
	S (J mol^{-1} K^{-1})	252.8				243.9			
	$G = H - TS$ (kJ mol^{-1})	-295.3				-520.0			

		C(s)	C_2H_2(g)	CH_4(g)	C_2H_5OH(l)	CH_3COOH(l)	CO_2(g)	CO_2(aq)	HCO_3^-	CO_3^{2-}
298.15 K	H (J mol^{-1})	0	226,731	$-74,873$	$-277,608$	$-484,507$	$-393,522$	$-413,798$	$-691,918$	$-677,119$
	S (J mol^{-1} K^{-1})	5.74	200.8	186	160.7	159.8	213.8	117.6	91.2	-56.9
	$G = H - TS$ (kJ mol^{-1})	-1.7	166.9	-130.3	-325.5	-532.2	-457.3	-448.9	-719.1	-660.2

		S(s)		H_2S(aq)	H_2S (g)		SO_2(g)	SO_3(g)	SO_3^{2-}	SO_4^{2-}
298.15 K	H (J mol^{-1})	0		$-39,748$	$-20,502$		$-296,842$	$-395,765$	$-626,244$	$-908,856$
	S (J mol^{-1} K^{-1})	32		121.3	205.6		248.1	256.7	-29.3	20
	$G = H - TS$ (kJ mol^{-1})	-9.5		-75.9	-81.8		-370.8	-472.3	-617.5	-914.8

		N_2(g)	N_2(aq)	NH_4^+	NH_3(aq)	NH_3(g)	NO(g)	NO_2(g)	NO_2^-	NO_3^-
298.15 K	H (J mol^{-1})	0	$-10,460$	$-132,633$	$-80,291$	$-45,898$	90,291	33,095	$-104,600$	$-207,526$
	S (J mol^{-1} K^{-1})	191.5	95	113.4	111.3	192.7	210.6	239.9	140.2	146.4
	$G = H - TS$ (kJ mol^{-1})	-57.1	-38.8	-166.4	-113.5	-103.4	27.5	-38.4	-146.4	-251.2
500 K	H (J mol^{-1})	5,909					96,350	41,194		
	S (J mol^{-1} K^{-1})	206.6					226.2	260.5		
	$G = H - TS$ (kJ mol^{-1})	-97.4					-16.8	-89.1		
1,300 K	H (J mol^{-1})	31,500					122,918	81,450		
	S (J mol^{-1} K^{-1})	236.8					257.5	307.8		
	$G = H - TS$ (kJ mol^{-1})	-276.3					-211.8	-318.7		

■ で示しているものは水溶液中の化合物もしくはイオン化学種です。

8 熱力学的方法

*20 $CO_2(g)$ のように、気体であることを強調するために、ここでは (g) を付け加えています

表 8・7 二酸化炭素の一次解離の平衡定数の算出

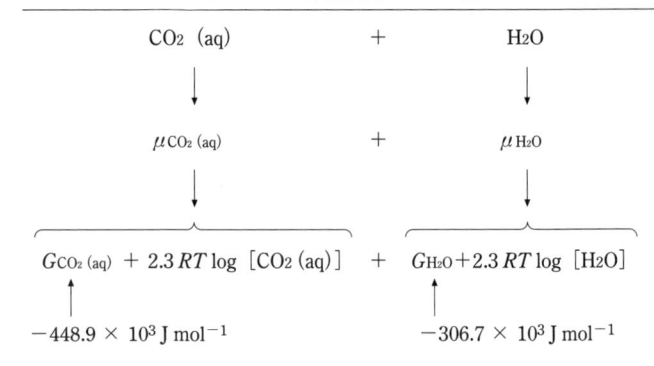

$$CO_2\,(aq) \quad + \quad H_2O$$
$$\downarrow \qquad\qquad\qquad \downarrow$$
$$\mu_{CO_2(aq)} \quad + \quad \mu_{H_2O}$$
$$\downarrow \qquad\qquad\qquad \downarrow$$
$$\overbrace{G_{CO_2(aq)} + 2.3RT\log[CO_2(aq)]} + \overbrace{G_{H_2O} + 2.3RT\log[H_2O]}$$
$$\uparrow \qquad\qquad\qquad \uparrow$$
$$-448.9\times 10^3\,J\,mol^{-1} \qquad -306.7\times 10^3\,J\,mol^{-1}$$

$$\log[CO_2(aq)] + \log[H_2O] - \log[H^+] - \log[HCO_3^-]$$

注釈をあまり説明せずに使ってきました。表 8・6 の中に、$CO_2(aq)$ や $N_2(aq)$ とは別に、$CO_2(g)$ や $N_2(g)$[*20] が入っているのに気がつきましたか？ $CO_2(aq)$ と $CO_2(g)$ の H、S は違うでしょう。熱力学的には、別に扱うのです。水中の $CO_2(aq)$ と、気相中の $CO_2(g)$ の平衡を調べてみましょう。

化学ポテンシャルの釣合いの式は

$$\mu_{CO_2(aq)} = \mu_{CO_2(g)} \qquad\qquad 式(8.12.a)$$

で、これを、G と $2.3RT\log[活量]$ の式に分割すると、

$$G_{CO_2(aq)} + 2.3RT\log[CO_2(aq)] = G_{CO_2(g)} + 2.3RT\log p_{CO_2(g)} \qquad 式(8.12.b)$$

となります。水中の化学種の活量は、モル濃度 ($mol\,L^{-1}$) を用いますが、気相の化学種では分圧 (atm) を用いるのです。対数の項を整理して、G の値を代入すると、次式が得られます。

$$\frac{\log[CO_2(aq)]}{p_{CO_2}} = \frac{448.9 - 457.3}{2.3RT} = -1.47 \qquad 式(8.12.c)$$

$$\frac{[CO_2(aq)]}{p_{CO_2}} = 10^{-1.47} = 0.034 \qquad 式(8.12\,d)$$

式 (8.12d) を見ると、$CO_2(aq)$ のモル濃度 ($mol\,L^{-1}$) と大気中での CO_2 の分圧 (atm) の比例関係ですから、0.034 はヘンリー定数です。

少し気をつけておきたいことですが、式 (8.12d) のヘンリー定数は ($mol\,L^{-1}\,atm^{-1}$) という単位を持っているのに対して、4 章の化学物質の環境運命で取り扱う単位系 (水コンパートメント中であっても大気コンパートメント中であっても、($mol\,m^{-3}$) で表されます) でのヘンリー定数は、($mol\,m^{-3}$) / ($mol\,m^{-3}$) = 無次元 となります。すなわち、ヘンリー定数を考えるとき、単位に気をつけなければなりません。

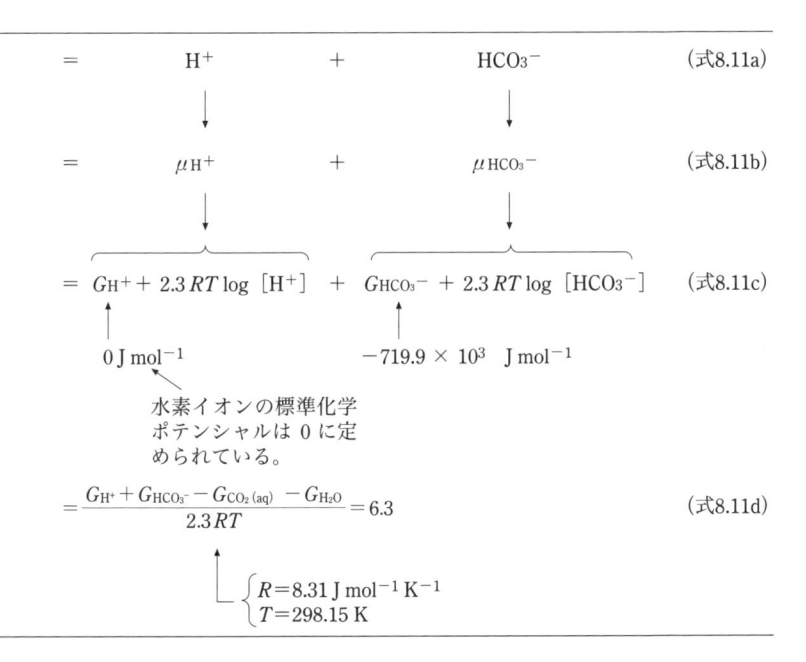

$$= \quad H^+ \quad + \quad HCO_3^- \qquad \text{(式8.11a)}$$

$$\downarrow \qquad\qquad \downarrow$$

$$= \quad \mu_{H^+} \quad + \quad \mu_{HCO_3^-} \qquad \text{(式8.11b)}$$

$$\downarrow \qquad\qquad\qquad \downarrow$$

$$= \quad \underbrace{G_{H^+} + 2.3RT \log[H^+]}_{0 \text{ J mol}^{-1}} \quad + \quad \underbrace{G_{HCO_3^-} + 2.3RT \log[HCO_3^-]}_{-719.9 \times 10^3 \text{ J mol}^{-1}} \qquad \text{(式8.11c)}$$

水素イオンの標準化学ポテンシャルは 0 に定められている。

$$= \frac{G_{H^+} + G_{HCO_3^-} - G_{CO_2(aq)} - G_{H_2O}}{2.3RT} = 6.3 \qquad \text{(式8.11d)}$$

$$\begin{cases} R = 8.31 \text{ J mol}^{-1} \text{ K}^{-1} \\ T = 298.15 \text{ K} \end{cases}$$

3 標準生成ギブスエネルギー ΔG について

　最後に、『理科年表[※5]』や『化学便覧[※6]』等に記載されている標準生成ギブスエネルギー ΔG と標準化学ポテンシャル G の関係について説明しておかなければなりません。これらの書物には、H、S とともに ΔG の値が記載されています。G と ΔG の関係については、図 8・14 を見てください。ある化学種の ΔG は、その化学種の G から、その化学種を構成する元素の単体の G を差し引いたものです。例えば、H_2O (l) の G は -306.7 kJ mol^{-1} ですが、$\Delta G = G(H_2O) - G(H_2) - \frac{1}{2} G(O_2) = -306.7 - (-38.9) - \frac{1}{2}(-61.1) = -237.3$ kJ mol^{-1} ということになります[※3]。O_2 や H_2 等、単体であれば、

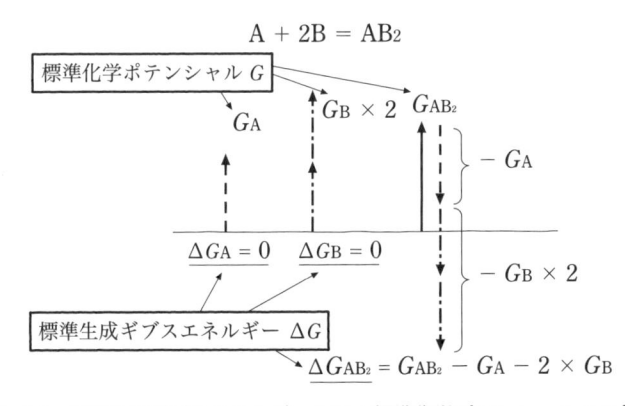

図 8・14　標準生成ギブスエネルギー ΔG と標準化学ポテンシャル G の関係

Column 海水の酸性化は2つの悲劇

大気中のCO₂が増えると温暖化を招くことはよく知られていますが、海水にCO₂が溶け込んでpHが酸性に傾くことによる2つの悲劇が心配されています。

1) 二酸化炭素を吐き出す

大気中の$CO_2(g)$は、直接的には水中の$CO_2(aq)$と平衡に達していて、水中の$CO_2(aq)$は、「水中の在庫分」として、HCO_3^-とCO_3^{2-}を後ろにたくわえています（図8・15）。pH 8のときは、$CO_2(aq)$の42倍の「在庫」を抱えることができるのですが、pH 7になると、5倍の「在庫」を持つだけになります。すなわち、水中にCO₂を蓄える機能が低下するのです。このことから、「在庫を蓄えられない」→「CO₂を吐き出す」という効果が生じます[*21]。

2) 貝が溶ける[*7]

もう1つの問題は、pHが低下する（酸性に傾く）とCO_3^{2-}の割合が減ることです。海水中では、$Ca^{2+} + CO_3^{2-} = CaCO_3$の反応が過飽和に達している[*22]ので、貝類等が生存できるのです。しかし、pHが小さくなることで、このCO_3^{2-}が減れば、$CaCO_3$の過飽和を下回り、一部の貝類等が溶けていくことが予測されています[*7]。

図8・15ではpH 8からpH 7への変化という極端な例を示していますが、実際の海水のpHの変化はとても微妙です。それに、地球は丸くて、場所によって温度も変化し、そもそも、塩分の影響もあって、水中のCO₂解離の平衡定数も、場所によって変化するのです。ですから、近い将来に、このコラムにあるような、はっきりした変化を見て取ることはできないかもしれません。しかし、「見えてからでは遅い」のです。極端な例を使ってでも、問題をわかりやすく解説し、その影響が現れないうちに対策を考えることは、環境熱力学の目的でもあります。

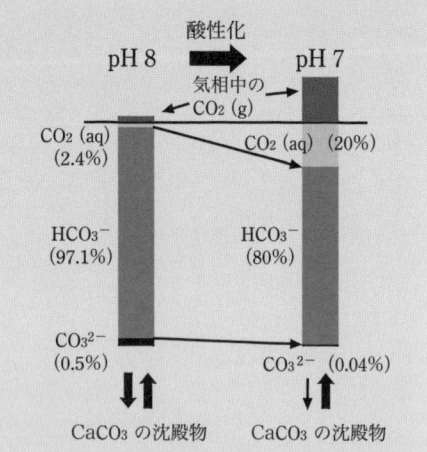

水中の$CO_2(aq)$の後ろに、その42倍もの炭酸イオンをしまっておくことができる。

水中の$CO_2(aq)$の後ろに、しまっておくことができるHCO_3^-とCO_3^{2-}は、$CO_2(aq)$の5倍だけになる。
さらに、CO_3^{2-}が減るので、$CaCO_3$が過飽和状態でなくなり、$CaCO_3$が溶け始める。

図8・15 海水が酸性化した場合の水中の炭酸化合物存在比の変化

それ以上、構成元素の単体に分割することができませんから、$\Delta G = 0$と表現されます。

ΔGは、その化学種が構成元素の単体に比べてどれほど安定なのかの目安になります。例えば、$H_2O(l)$のΔGは-237.3 kJ mol^{-1}ですから、「H_2OはH_2やO_2より安定」といえます。比較の対象として、過酸化水素$H_2O_2(aq)$を例にしてみましょう。過酸化水素は酸素を放出しながら分解していく不安定な化合物です。この化合物のΔGは-134.1 kJ mol^{-1}ですから、水よりもΔGが高く、「過酸化水素は水よりも不安定」ということが分かると思います。

しかし、気をつけなければならないのは、異なる元素から構成される化合物間の比較には、使えないということです。例えば、五塩化アンチモン$SbCl_5$のΔGは-350.2 kJ mol^{-1}です。五塩化アンチモンは、空気中で緑色の塩素ガスを発生しながら分解し

ていく強力な塩素化剤です。はたして、これが、「水より安定」と見なせるでしょうか[*23]？ そんなことはありません。塩素ガス Cl_2 や単体アンチモン Sb がそもそも不安定で、「それらに比べると、五塩化アンチモンのほうが安定」という意味なのです。

※引用文献

1. Werner Stumm and James J. Morgan（1996）*Aquatic Chemistry: Chemical Equilibria and Rates in Natural Waters*（*Environmental Science and Technology*）3rd edition, Wiley-Interscience
2. Geochemist's Workbench（GWB essential ver. 7.0, RockWare）内のデータベース "*thermo.com.v8.r6+.dat*"（2006）を用いた。
3. Fact Sage (CRCT-ThermFact Inc & GTT Technologies) 内のデータベース "ver 5.3"（2004）を用いた。
4. 『MALT2』科学技術社（1996）
5. 『理科年表』丸善
6. 『化学便覧 基礎編』改訂5版、丸善出版（2004）
7. Orr JC 他（2005）*Anthropogenic ocean acidification over the twenty-first century and its impact on calcifying organisms*, Nature, Vol.437, No.7059, pp. 681-686

＊21（コラム）厳密には、「大気中の CO_2 が増えても、pHの低下にともなって、海水が CO_2 を吸い込まないようになる」と表現するのが正しいのですが、「在庫をたくわえる能力が低下する」ところが重要なポイントです

＊22（コラム）海では $CaCO_3$ の溶解度を超えた Ca^{2+} と CO_3^{2-} が存在しているのですが、沈殿しません。このことは、今でも、「海の謎」です

＊23 著者は、五塩化アンチモンの ΔG が低いことから安定な化合物だと思い、実験室でアンプル管を開けたことがあります。緑色の塩素ガスが吹き出し、「まずい。死ぬかも」という経験をしたことがあります

索　引

【英数字】
ICRP······························ 118
IRIS······························· 114
JECFA····························· 116
NIPPON DATA 80··············· 120
pH································ 170
PRTR 法···························· 95
PTWI······························ 116
WLM······························ 118

【あ】
亜硝酸イオン······················ 180
圧縮式破砕························· 72
圧縮力····························· 71
アルカリ度························· 15
アレニウス（Arrhenius）の式··· 161
アレニウスプロット·············· 163
安定化····························· 30
安定型最終処分場················· 91
アンモニア························ 180
アンモニアストリッピング法···· 35

【い】
イオン交換法······················ 36
異化······························· 9
一次（簡易）処理················· 22
一般基準··························· 46
一般廃棄物························· 68
移流····························· 152
移流・拡散項···················· 152
移流・拡散方程式················ 156
飲料水ユニットリスク············ 114

【う】
渦拡散··························· 153
埋立跡地··························· 91
上乗せ基準························· 46

【え】
エコロジカルフットプリント···· 136
エネルギー作物··················· 135
エネルギーフロー················ 133
遠心濃縮··························· 30
塩素消毒··························· 19
塩素要求量························· 19

【お】
オゾン処理························· 34

【か】
階段ストーカ······················ 53
回転円筒ストーカ················· 53
回転式破砕························· 72
回転板接触法··················· 25, 28
解離度···························· 170
化学反応式の反応速度··········· 158
化学平衡······················ 8, 168
化学ポテンシャル················ 168
拡散····························· 152
拡散係数·························· 153
拡散流束（フラックス）········· 152
化審法····························· 94
ガス化燃焼工程··················· 53
カスケード（多段階）利用······· 87
仮想水····························· 7
活性汚泥··························· 25
活性汚泥法························· 25
活性化エネルギー················ 161
活性炭吸着························· 34
活性中間体······················· 157
活量························ 169, 175

可燃分が燃焼して発生するガス··· 43
過飽和···························· 188
カルノーサイクル················ 130
カロリー·························· 126
環境容量·························· 165
間隙水···························· 100
間隙率···························· 101
還元······························· 40
還元剤······························ 8
乾式······························· 58
乾式ガス処理法····················· 60
乾燥工程··························· 53
緩速ろ過··························· 18
管理施設··························· 14

【き】
基質···························· 163
気相····························· 100
揮発····························· 104
逆浸透···························· 33
逆浸透法··························· 36
給水施設··························· 14
急速ろ過··························· 18
強塩基···························· 170
強酸····························· 170
凝集······························· 14
凝集剤······························ 14
凝集沈殿··························· 33
凝集沈殿法························· 35
凝集補助剤························· 15
金属水酸化物····················· 175

【く】
空間時間·························· 148
空気比····························· 42
グラスホッパーイフェクト······ 106

【け】
系······························· 139
経口スロープファクター········· 114
形質変更··························· 91
下水道····························· 20
結合塩素··························· 19
限外ろ過··························· 33
嫌気好気活性汚泥法··············· 27
嫌気処理··························· 24
嫌気性消化························· 31
嫌気無酸素好気法·················· 28
嫌気ろ床法····················· 25, 29
減容化····························· 30

【こ】
高位発熱量······················ 128
高温集じん························· 57
好気処理··························· 24
公共下水道························· 21
光合成···························· 134
合流式····························· 22
固液分離··························· 33
固相····························· 100
コンパートメントモデル·········· 96

【さ】
最終覆土··························· 89
最大比増殖速度··················· 164
作業環境管理濃度················ 116
酢酸····························· 171
サーマル（thermal）NOx·········· 49
サーマルリサイクル··············· 84
酸化······························· 40

酸化・還元状態·················· 179
酸化還元反応······················· 8
酸化剤······························ 8
産業廃棄物························· 68
三次（高度）処理················· 22
散水ろ床法···················· 25, 28
酸性化···························· 188
残留（有効）塩素················· 19

【し】
自己燃焼··························· 40
指数関数的増殖··················· 165
湿式······························· 58
湿式ガス処理法····················· 61
質量作用の法則··················· 168
弱塩基···························· 170
弱酸····························· 170
遮水工····························· 89
遮断型最終処分場·················· 91
収着····························· 100
収着態···························· 101
収率····························· 164
重力濃縮··························· 30
種間競争係数····················· 165
取水施設··························· 14
種内競争係数····················· 165
循環式硝化脱窒法·················· 27
準好気性埋立······················· 90
常圧浮上濃縮······················· 30
硝化······························· 24
生涯過剰発ガンリスク············ 111
浄化槽····························· 20
焼却処理··························· 31
衝撃力····························· 71
硝酸イオン························ 180
浄水施設··························· 14
晶析脱リン法······················· 35
消毒······························· 22
蒸発燃焼··························· 40
触媒脱硝法························· 62
ジョークラッシャー式············· 72
処分場の閉鎖······················· 91
処理施設··························· 20
深層ろ過方式······················· 18
振動ふるい························· 75

【す】
水質汚濁（有機汚濁）············· 10
水相····························· 100
水分が蒸発した水蒸気············· 43
水面積負荷························· 16
水理学的滞留時間················ 148
ストーカ··························· 53
スーパーごみ発電·················· 83
素反応···························· 157
スプレッダストーカ··············· 53
スロープファクター············· 114

【せ】
生化学反応······················· 157
成績係数（COP）················ 132
生物化学的酸素要求量（BOD）··· 10
生物学的硝化脱窒法··············· 27
生物学的リン除去法················ 28
生物膜法··························· 25
精密ろ過··························· 33
接触曝気法···················· 25, 29
絶対エントロピー S············ 184

切断式破砕··················71	燃焼熱··················126	ベンゼン··················114
遷移状態··················160	燃焼の3要素··················40	返送汚泥··················25
線形性··················107	燃焼ボンブ··················127	ヘンリー定数··················186
せん断力··················71	【の】	【ほ】
潜熱··················125, 129	農業集落排水施設··················20	ボックス式··················72
全量発電··················83	【は】	ポロニウム··················118
【そ】	廃止··················92	【ま】
総括反応··················157	排水施設··················20	前処理··················22
増殖曲線··················163	配水施設··················14	膜分離活性汚泥法··················33
増殖減衰相··················164	発ガンリスク··················111	膜ろ過··················32
増殖収率··················24	発熱量··················77, 128	膜ろ過方式··················17
総発熱量··················128	パルスジェット式··················57	マックスウェル－ボルツマン分布··················161
総量基準··················46	半乾式酸性ガス処理··················61	マテリアルリサイクル··················84
促進酸化法··················34	半揮発性化学物質··················106	マルサス増殖··················165
速度··················139	半金属類··················175	【む】
損失余命··················120	半減期··················103	無機反応··················157
【た】	半電池反応··················182	無触媒脱硝法··················61
大気ユニットリスク··················114	反応器··················142	【も】
対数増殖相··················163	反応次数··················158	モノー（Monod）式··················164
体内被曝··················118	反応速度··················157	【や】
滞留時間··················148	反応速度式··················158	薬品混和池··················15
脱水··················31	反応速度定数··················158	【ゆ】
脱窒··················24, 181	半飽和定数··················164	有機反応··················157
たばこ··················120	【ひ】	遊離塩素··················19
タービン··················124, 130	光··················40	ユニットリスク··················114
炭酸··················179	ひじき··················116	【よ】
タンクアナロジー··················96	ヒ素··················116	溶解度··················175
【ち】	ヒートポンプ··················131	溶存酸素··················179
遅滞相··················163	比増殖速度··················163	溶存状態··················175
窒素··················180	非素反応··················157	溶存態··················101
窒素ガス··················180	比熱··················125	余剰汚泥··················25
沈殿··················16, 175	標準化学ポテンシャル··················168, 187	【ら】
【て】	標準活性汚泥法··················25	ラウールの法則（Raoult's law）··················176
低位発熱量··················128	標準生成エンタルピー H··················127, 184	ラジウム··················118
定常状態近似法··················159	標準生成ギブスエネルギー ΔG··················187	ラドン··················118
電気式集じん··················58	表面積負荷··················16	【り】
電気透析法··················36	表面燃焼··················40	理想沈殿池··················16
電気的中性の式··················170	表面燃焼工程··················53	律速段階近似法··················159, 160
電極電位··················182	【ふ】	リバースエアー式··················57
電子供与体··················9	フィックの第1法則··················152	流域下水道··················21
天然起源リスク··················116	フィックの第2法則··················154	流動床式燃焼炉··················54
【と】	富栄養化··················11	両性金属··················175
同化··················9	フガシティ··················99	理論空気量··················41
灯芯燃焼··················40	付着生物処理··················24	【れ】
導水施設··················14	物質移動係数··················103	レッドフィールド（Redfield）比··················11
特定環境保全公共下水道··················21	物質収支··················138	レベルⅠ··················97
特別基準··················46	物質収支式··················139	レベルⅢ··················98
都市下水路··················21	フューエル（fuel）NO$_x$··················49	連続式反応器··················146
トロンメル··················75	浮遊生物処理··················24	【ろ】
【な】	不連続点··················20	労災死亡度数率··················112
内生基質··················164	不連続点塩素処理··················20	労働災害統計··················112
内生呼吸相··················164	不連続点塩素処理法··················35	労働災害度数率··················112
内的自然増殖（増加）率··················165	フロック··················14	ろ過··················17
【に】	フロック形成池··················15	ろ過式集じん··················57
二次（高級）処理··················22	分圧··················186	ロジスティック増殖··················165
【ね】	雰囲気··················179	ロータリーキルン式燃焼··················55
熱··················40	分解速度定数··················103	ロトカ・ヴォルテラの競争方程式··················166
熱化学方程式··················127	分解燃焼··················40	ロトカ・ヴォルテラの競争モデル··················166
熱機関··················130	分解燃焼工程··················53	
熱効率··················131	分子拡散··················153	
熱精算··················124	分配係数··················96, 99	
熱的な死··················168	噴霧燃焼··················40	
ネルンストの式··················182	分流式··················22	
燃焼··················40	【へ】	
燃焼空気に含まれる窒素··················43	平衡定数··················8	
燃焼に未利用の空気··················43	ヘスの法則··················127	

編著者略歴

渡辺信久（わたなべ　のぶひさ／担当：4、5、6、8章）
大阪工業大学工学部環境工学科教授。1963年生まれ。1992年京都大学大学院工学研究科博士課程衛生工学専攻修了。京都大学博士（工学）。専門は廃棄物共存工学。

岸本直之（きしもと　なおゆき／担当：1、7章）
龍谷大学理工学部環境ソリューション工学科教授。1970年生まれ。1995年京都大学大学院工学研究科修士課程衛生工学専攻修了。京都大学博士（工学）。専門は水質システム工学。

石垣智基（いしがき　とものり／担当：2、3章）
国立環境研究所資源循環・廃棄物研究センター主任研究員。1974年生まれ。2000年大阪大学大学院工学研究科博士後期課程環境工学専攻修了。大阪大学博士(工学)。専門は持続可能な廃棄物管理、環境微生物工学。

図説 わかる環境工学

2008年11月10日　第1版第1刷発行
2021年 7月20日　第1版第4刷発行

編著者　渡辺信久・岸本直之・石垣智基
発行者　前田裕資
発行所　株式会社学芸出版社
　　　　京都市下京区木津屋橋通西洞院東入
　　　　〒600-8216　電話 075-343-0811
　　　　http://www.gakugei-pub.jp/
　　　　E-mail info@gakugei-pub.jp
印刷　創栄図書印刷
装丁　KOTO DESIGN Inc.

© Nobuhisa Watanabe, Naoyuki Kishimoto, Tomonori Ishigaki 2008
ISBN978-4-7615-2444-9　　Printed in Japan

JCOPY 〈(社)出版者著作権管理機構委託出版物〉
本書の無断複写（電子化を含む）は著作権法上での例外を除き禁じられています。複写される場合は、そのつど事前に、(社)出版者著作権管理機構（電話 03-5244-5088、FAX 03-5244-5089、e-mail: info@jcopy.or.jp）の許諾を得てください。
また本書を代行業者等の第三者に依頼してスキャンやデジタル化することは、たとえ個人や家庭内での利用であっても一切認められておりません。